微积分导学与能力训练

主　编　杨社平　黄永彪　梁丽杰
副主编　梁元星　贺仁初　沈彩霞　蒙江凌

北京理工大学出版社
BEIJING INSTITUTE OF TECHNOLOGY PRESS

内 容 简 介

本书是指导学习者夯实微积分基础并提高能力的教辅书.本书内容包括函数、函数极限、连续函数、导数与微分、中值定理与导数应用、不定积分、定积分和微积分思想作文八个部分.其中各部分内容分为基本要求、内容提要、本章知识网络图、习题、自测题和习题答案与提示.本书适当降低理论深度,突出微积分中的思想方法和基本训练,习题由浅入深,题型多样,全方位帮助学习者掌握微积分的基本理论与基本技能.

本书可作为高等院校预科生的教辅书,也可供本科生、高职生参考.

图书在版编目(CIP)数据

微积分导学与能力训练 / 杨社平,黄永彪,梁丽杰主编. —北京:北京理工大学出版社,2021.8重印

ISBN 978-7-5682-3130-5

Ⅰ.①微…　Ⅱ.①杨…②黄…③梁…　Ⅲ.①微积分-高等学校-教学参考资料　Ⅳ.①O172

中国版本图书馆 CIP 数据核字(2016)第 227100 号

出版发行 / 北京理工大学出版社有限责任公司
社　　址 / 北京市海淀区中关村南大街 5 号
邮　　编 / 100081
电　　话 / (010)68914775(总编室)
　　　　　 (010)82562903(教材售后服务热线)
　　　　　 (010)68948351(其他图书服务热线)
网　　址 / http://www.bitpress.com.cn
经　　销 / 全国各地新华书店
印　　刷 / 三河市华骏印务包装有限公司
开　　本 / 710 毫米×1000 毫米　1/16
印　　张 / 11.25　　　　　　　　　　责任编辑 / 李秀梅
字　　数 / 270 千字　　　　　　　　　文案编辑 / 杜春英
版　　次 / 2021 年 8 月第 1 版 第 10 次印刷　责任校对 / 周瑞红
定　　价 / 28.00 元　　　　　　　　　责任印制 / 马振武

广西民族大学预科教育学院预科教材
编审指导委员会

目　录

第一章 函 数

在数学的天地里,重要的不是我们知道什么,而是我们怎么知道.

——毕达哥拉斯

一、基本要求

(1)理解函数的概念及表示法.

(2)掌握函数的有界性、单调性、奇偶性和周期性.

(3)理解分段函数、反函数及复合函数的概念.

(4)掌握基本初等函数的性质及图形.

(5)理解初等函数的概念.

二、内容提要

(一)函数的概念

定义 设 D、B 为非空数集,若存在对应关系 f,对 D 中任意数 $x(\forall x \in D)$,按照对应关系 f,总有唯一一个 $y \in B$ 与之对应,则称 f 是定义在 D 上的函数,记为 $f: D \to B$. 数 x 对应的数 y 称为 x 的函数值,记为 $y = f(x)$. x 称为**自变量**,y 称为因变量. 数集 D 称为函数 f 的**定义域**,而所有函数值的集合 $W = \{y \mid y = f(x), x \in D\}$ 称为函数的**值域**.

函数的定义域 D 和对应关系 f 是函数的两个要素,如果两个函数具有相同的定义域和对应关系,则它们是相同的函数.

函数常用的表示法有解析法(公式法)、表格法、图像法.

分段函数:一个函数在定义域的不同范围内用不同的解析式表示,这样的函数称为分段函数.

(二)函数的几种特性

1. 函数的有界性

设函数 $f(x)$ 有区间 I 上有定义,如果存在正数 M,使得对于区间 I 内所有 x,恒有 $|f(x)| \leqslant M$,则称函数 $f(x)$ 在区间 I 上有界,否则称函数 $f(x)$ 在区间 I 上是无界的.

2. 函数的单调性

设函数 $f(x)$ 在区间 I 上有定义,如果对于区间 I 内的任意两点 x_1、x_2,当 $x_1 <$

x_2 时,都有 $f(x_1) < f(x_2)$(或 $f(x_1) > f(x_2)$),则称函数 $f(x)$ 在区间 I 上是单调增加(或单调减少)的. 单调增加(或单调减少)的函数又称为递增(或递减)函数. 递增函数和递减函数统称为单调函数,使函数保持单调性的自变量的取值区间称为该函数的单调区间.

3. 函数的奇偶性

设函数 $y = f(x)$ 的定义域 D 关于原点对称,如果对于任意 $x \in D$,恒有 $f(-x) = -f(x)$(或 $f(-x) = f(x)$),则称函数 $f(x)$ 为奇函数(或偶函数).

奇函数的图形关于原点对称,偶函数的图形关于 y 轴对称.

4. 函数的周期性

设函数 $f(x)$ 的定义域为 D,如果存在一个常数 $T \neq 0$,使得对任意的 $x \in D$ 有 $(x \pm T) \in D$,且 $f(x \pm T) = f(x)$,则称函数 $f(x)$ 为周期函数,T 称为 $f(x)$ 的周期,通常我们所说的周期是指函数 $f(x)$ 的最小正周期.

(三)反函数

设函数 $y = f(x)$ 的定义域为 D,其值域为 W,如果对每一数值 $y \in W$,有唯一确定的且满足 $y = f(x)$ 的数值 $x \in D$ 与之对应,其对应关系记为 f^{-1},则定义在 W 上的函数 $x = f^{-1}(y)$ 称为函数 $y = f(x)$ 的反函数. 此时,原函数 $y = f(x)$ 称为直接函数.

习惯上常用 x 表示自变量,y 表示因变量,故常把 $y = f(x)$ 的反函数记为 $y = f^{-1}(x)$.

若把函数 $y = f(x)$ 与其反函数 $y = f^{-1}(x)$ 的图形画在同一平面直角坐标系内,那么这两个函数的图形关于直线 $y = x$ 对称.

(四)复合函数

定义　设 y 是 u 的函数 $y = f(u)$,而 u 又是 x 的函数 $u = \varphi(x)$. 如果对于 $\varphi(x)$ 的定义域中某些 x 值所对应的 u 值,使得函数 $y = f(u)$ 有定义,则 y 通过 u 也成为 x 的函数,则称该函数为由 $y = f(u)$ 及 $u = \varphi(x)$ 复合而成的复合函数,记为 $y = f[\varphi(x)]$,其中 u 称为中间变量,$u = \varphi(x)$ 称为内层函数,$y = f(u)$ 称为外层函数.

(五)基本初等函数

(1)常数函数:$y = C$(C 为常数).

(2)幂函数:$y = x^{\alpha}$(α 为实数).

(3)指数函数:$y = a^x$($a > 0, a \neq 1$).

(4)对数函数:$y = \log_a x$($a > 0, a \neq 1$).

(5)三角函数:$y = \sin x, y = \cos x, y = \tan x, y = \cot x, y = \sec x, y = \csc x$.

(6)反三角函数:$y = \arcsin x, y = \arccos x, y = \arctan x, y = \text{arccot } x$.

以上六类函数统称为基本初等函数.

(六)初等函数

由基本初等函数经过有限次四则运算或有限次复合运算所构成,并可用一个解析式表示的函数称为初等函数.

(七)参数方程

在给定的直角坐标系中,如果曲线上任意一点的坐标(x,y)都是某个变量t的函数$\begin{cases}x=f(t)\\y=g(t)\end{cases}$(Ⅰ),并且对于$t$的每一个允许值,由方程组(Ⅰ)所确定的点$M(x,y)$都在曲线上,那么方程组(Ⅰ)就叫作这条曲线的参数方程,联系x和y之间关系的变量t叫作参变数,简称参数.

相对于参数方程来说,直接给出点的坐标间关系而得到的曲线方程叫作普通方程.

三、本章知识网络图

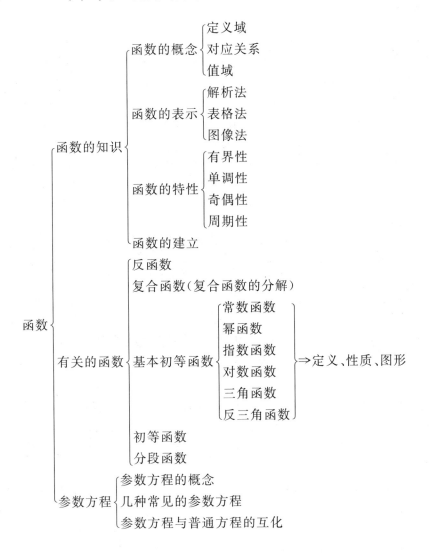

四、习题

(一)单项选择题

（A）

1.下列函数对中,两函数相同的是(　　　).

A. $y=x$ 与 $y=2^{\log_2 x}$

B. $y=x$ 与 $y=\arcsin(\sin x)$

C. $y=\lg(3-x)-\lg(x-2)$ 与 $y=\lg\dfrac{3-x}{x-2}$

D. $y=\arctan x^2$ 与 $y=\arctan\dfrac{1+x^2}{1-x^2}$

2.函数 $y=1+\sin x$ 是(　　　).

A. 无界函数　　　B. 单调减少函数　　　C. 单调增加函数　　　D. 有界函数

3.下列函数中为奇函数的是(　　　).

A. $y=2x+1$ 　　　　　　　　B. $y=\ln(\sqrt{x^2+1}-x)$

C. $y=\ln(1-x)$ 　　　　　　　D. $y=\cos 2x$

4.设 $f(x)=\begin{cases}x^2, & x\leqslant 0\\ x^2+x, & x>0\end{cases}$,则 $f(-x)=(\quad)$.

A. $f(-x)=\begin{cases}-x^2, & x\leqslant 0\\ -(x^2+x), & x>0\end{cases}$ 　　　B. $f(-x)=\begin{cases}-(x^2+x), & x<0\\ -x^2, & x\geqslant 0\end{cases}$

C. $f(-x)=\begin{cases}-x^2, & x\leqslant 0\\ x^2-x, & x>0\end{cases}$ 　　　D. $f(-x)=\begin{cases}x^2-x, & x<0\\ x^2, & x\geqslant 0\end{cases}$

5.函数 $f(x)=\dfrac{1}{2}+\dfrac{1}{2^x-1}$ 是(　　　).

A. 奇函数　　　　　　　　　B. 偶函数

C. 既是奇函数又是偶函数　　　D. 既非奇函数又非偶函数

6.已知函数 $y=f(x)$ 的反函数是 $y=-\sqrt{1-x^2}$,则 $y=f(x)$ 的定义域是(　　　).

A. $(-1,0)$ 　　　B. $(-1,1]$ 　　　C. $[-1,0]$ 　　　D. $[0,1]$

7.若 $f(2x-1)=x+1$,则 $f^{-1}(x)$ 等于(　　　).

A. $x-1$ 　　　B. $2x-3$ 　　　C. $\dfrac{1}{2}x+\dfrac{3}{2}$ 　　　D. $2x+3$

8.已知 $f(x)$ 是奇函数,$g(x)$ 是偶函数,并且 $f(x)+g(x)=x+1$,则 $f(x)$ 与 $g(x)$ 的表达式分别是(　　　).

A. $f(x)=x^2,g(x)=-x^2+x+1$

B. $f(x)=3x,g(x)=-2x+1$

C. $f(x)=x,g(x)=1$

D. $f(x)=3x^2+1,g(x)=-3x^2+x$

9. 函数 $f(x)=\dfrac{1}{\ln(x-2)}+\sqrt{5-x}$ 的定义域是（　　　）.

A. $[2,3)\bigcup(3,5]$ 　　　　　　　　B. $3<x\leqslant5$

C. $(-3,1)$ 　　　　　　　　D. $\{x\mid2<x<3\}\bigcap\{x\mid3<x\leqslant5\}$

10. 函数 $f(x)=\begin{cases}x-3,-4\leqslant x\leqslant0\\x^2+1,0<x\leqslant3\end{cases}$ 的定义域是（　　　）.

A. $-4\leqslant x\leqslant0$ 　　　　　　　　B. $0<x\leqslant3$

C. $(-4,3)$ 　　　　　　　　D. $[-4,3]$

11. 与 $f(x)=\sqrt{x^2}$ 等价的函数是（　　　）.

A. x 　　　　　　B. $(\sqrt{x})^2$ 　　　　　　C. $(\sqrt[5]{x})^3$ 　　　　　　D. $|x|$

（B）

1. 设 $f(x)=\dfrac{x^2+2kx}{kx^2+2kx+3}$ 的定义域为 $(-\infty,+\infty)$，则 k 的取值范围是（　　　）.

A. $(0,3)$ 　　　　　　　　B. $[0,3)$

C. $(3,+\infty)$ 　　　　　　　　D. $(-\infty,0)\bigcup(3,+\infty)$

2. 已知 $f(x)=ax^5+b\sin^3x+\cot x+1$，且 $f(1)=5$，则 $f(-1)=$（　　　）.

A. 3 　　　　　B. 5 　　　　　C. -5 　　　　　D. -3

3. 设 $f(x)=\dfrac{a^x+a^{-x}}{2}$，则函数 $f(x)$ 的图形关于（　　　）对称.

A. $y=x$ 　　　　　B. x 轴 　　　　　C. y 轴 　　　　　D. 坐标原点

4. 设 $f(x)=\dfrac{1}{\sqrt{a^2+x^2}}\left(a>0,0<x<\dfrac{\pi}{2}\right)$，则 $f(a\tan x)=$（　　　）.

A. $\dfrac{\sin x}{a}$ 　　　　B. $-\dfrac{\cos x}{a}$ 　　　　C. $\dfrac{\cos x}{a}$ 　　　　D. $-\dfrac{\sin x}{a}$

5. 已知 $f(3x)=\log_2\sqrt{\dfrac{9x+1}{2}}$，则 $f(1)=$（　　　）.

A. 0 　　　　　B. $\dfrac{1}{3}$ 　　　　　C. $\dfrac{1}{2}$ 　　　　　D. 1

6. 若 $y=\dfrac{1}{2}(a^x-a^{-x})(a>0,a\neq1)$ 的反函数为 $\varphi(x)$，则 $\varphi(1)=$（　　　）.

A. $\log_a(1+\sqrt{2})$ 　　　　　　　　B. $\log_a(1-\sqrt{2})$

C. $\dfrac{1}{2}\left(a-\dfrac{1}{a}\right)$ 　　　　　　　　D. $\dfrac{1}{2}\left(a+\dfrac{1}{a}\right)$

7. $\cos 20° \cos 40° \cos 60° \cos 80°$ 的值为（　　）.

A. $\dfrac{1}{16}$　　　　B. $\dfrac{1}{8}$　　　　　　C. $\dfrac{1}{4}$　　　　　　D. $\dfrac{1}{2}$

8. 若 $\sin^4 \theta + \cos^4 \theta = 1$，则 $\sin \theta + \cos \theta$ 的值为（　　）.

A. 0 或 1　　　　　　　　　　B. -1 或 0

C. 1 或 -1　　　　　　　　　D. $-1, 0$ 或 1

9. 若 $\sin \alpha + \cos \alpha = \sqrt{2}$，则 $\tan \alpha + \cot \alpha = $（　　）.

A. 1　　　　　　B. 2　　　　　　　C. -1　　　　　　D. -2

(二)填空题

(A)

1. 函数 $y = \dfrac{\sqrt{x^2 - 9}}{x - 3}$ 的定义域为_____.

2. 设函数 $f(x)$ 的定义域是 $[0, 4]$，则 $f(x^2)$ 的定义域是_____.

3. 设 $f(x) = \sqrt{x} + 1$，则 $f(x^2) = $_____.

4. 设 $f(x + 1) = x^2 + x + 1$，则 $f(x) = $_____.

5. 函数 $f(x) = x^2 \sin x$ 是_____函数（奇或偶）.

6. 函数 $y = e^{\sin x^2}$ 是由_____复合而成的.

7. 若 $f(x)$ 是增函数，$g(x)$ 是减函数，$h(x)$ 是减函数，则 $f[g(x)]$ 是_____函数，$g[f(x)]$ 是_____函数，$g[h(x)]$ 是_____函数，$h[g(x)]$ 是_____函数（都在 **R** 上有定义）.

8. 设 $f^{-1}(x) = \begin{cases} \log_2(x+1), & -1 < x < 1 \\ \sqrt{x}, & 1 \leqslant x \leqslant 16 \\ \log_2 x, & x > 16 \end{cases}$，则 $f(x)$ 的值域为_____.

9. 设函数 $f(x) = \begin{cases} 1, & |x| \leqslant 1 \\ 0, & |x| > 1 \end{cases}$，则函数 $f[f(x)]$_____.

10. 设 $f(x) = \dfrac{ax}{2x + 3}$，且 $f[f(x)] = x$，则 $a = $_____.

11. 设 $f(x)$ 对一切正值 x 和 y 恒有 $f(x \cdot y) = f(x) + f(y)$，则 $f(x) + f\left(\dfrac{1}{x}\right) = $_____.

(B)

1. 函数 $y = |1 + 2x| + |2 - x|$ 的单调减区间是_____.

2. 已知函数 $f(x) = \log_2 \left(x^2 - 4mx + 4m^2 + m + \dfrac{1}{m-1} \right)$ 的定义域是 **R**，则 m 的

取值范围是_____.

3.设 $f(x)=\ln x$,则 $f\left[f^{-1}\left(\dfrac{1}{3}\right)\right]=$ _____.

4.已知 $f(\mathrm{e}^x-1)=x^2-1$,则 $f(x)$ 的定义域为_____.

5.函数 $y=\dfrac{2^x-2^{-x}}{2^x+2^{-x}}$ 与函数 $y=g(x)$ 的图形关于直线 $y=x$ 对称,则 $g(x)=$

_____.

6.已知 $f\left(x-\dfrac{1}{x}\right)=\dfrac{x^2}{1+x^4}$,则 $f(x)=$ _____.

7.已知 $f(x^2-1)=\ln\dfrac{x^2}{x^2-2}$,且 $f[\varphi(x)]=\ln x$,则 $\varphi(x)=$ _____.

8.函数 $f(x)=\dfrac{x}{1+x^2}$ 在定义域内为_____(有界或无界)函数.

9. $\sin\left[\dfrac{1}{2}\mathrm{arccot}\left(-\dfrac{3}{4}\right)\right]=$ _____.

10. $\sin\left[\arcsin\dfrac{1}{2}+\arccos\left(-\dfrac{3}{5}\right)\right]=$ _____.

(三)解答题

(A)

1.求下列各函数的定义域:

(1) $y=\sqrt{3x-2}$;

(2) $y=\dfrac{1}{1-x^2}$;

(3) $y=\dfrac{1}{x}-\sqrt{1-x^2}$;

(4) $y=\dfrac{1}{\sqrt{4-x^2}}$;

(5) $y=\sin\sqrt{x}$;

(6) $y=\tan(x+1)$;

(7) $y=\ln(x+1)$;

(8) $y=\mathrm{e}^{\frac{1}{x}}$.

2.下列各题中,函数 $f(x)$ 与 $g(x)$ 是否相同? 为什么?

(1) $f(x)=x,g(x)=\sqrt{x^2}$;

(2) $f(x)=\sqrt[3]{x^4-x^3},g(x)=x\cdot\sqrt[3]{x-1}$;

(3) $f(x)=1,g(x)=\sec^2 x-\tan^2 x$;

(4) $f(x)=\ln x^2,g(x)=2\ln x$.

3.设 $\varphi(x)=\begin{cases}|\sin x|, & |x|<\dfrac{\pi}{3}\\[2mm] 0, & |x|\geqslant\dfrac{\pi}{3}\end{cases}$,求 $\varphi\left(\dfrac{\pi}{6}\right),\varphi\left(\dfrac{\pi}{4}\right),\varphi\left(-\dfrac{\pi}{4}\right),\varphi(-2)$,并作出

函数 $y=\varphi(x)$ 的图形.

4. 证明下列函数在指定区间内的单调性:

(1) $y=\dfrac{x}{1-x}$, $x\in(-\infty,1)$;

(2) $y=x+\ln x$, $x\in(0,+\infty)$.

5. 设 $f(x)$ 为定义在 $(-l,l)$ 内的奇函数, 若 $f(x)$ 在 $(0,l)$ 内单调增加, 证明 $f(x)$ 在 $(-l,0)$ 内也单调增加.

6. 设下面所考虑的函数都是定义在区间 $(-l,l)$ 内的, 证明:

(1) 两个偶函数的和是偶函数, 两个奇函数的和是奇函数;

(2) 两个偶函数的乘积是偶函数, 两个奇函数的乘积是偶函数, 偶函数与奇函数的乘积是奇函数.

7. 下列函数中哪些是偶函数? 哪些是奇函数? 哪些既非偶函数又非奇函数?

(1) $y=\sin(\sin x)$;   (2) $y=\arccos x$;

(3) $y=\ln\dfrac{1-x}{1+x}$;   (4) $y=\lg(|x|+1)$;

(5) $y=\dfrac{a^x+a^{-x}}{2}$;   (6) $y=\sqrt[3]{x}\arctan x$;

(7) $y=x\lg(\sqrt{1+x^2}-x)$;   (8) $y=\dfrac{x^2-x}{x-1}$.

8. 设 $f(x)$ 为奇函数, $g(x)$ 为偶函数, 试确定下列复合函数的奇偶性:

(1) $f[g(x)]$;   (2) $f[f(x)]$;

(3) $g[f(x)]$;   (4) $g[g(x)]$.

9. 求下列函数的反函数, 并指出其定义域:

(1) $y=\dfrac{2^x}{2^x+1}$;   (2) $y=\dfrac{2x+1}{4x-1}$;

(3) $y=\sqrt[5]{1-x^5}$.

10. 求下列函数构成的复合函数 $f[\varphi(x)]$:

(1) $f(x)=x^3$, $\varphi(x)=x+2$;

(2) $f(x)=\sqrt{x^2+1}$, $\varphi(x)=\tan x$.

11. 若 $f(x)=\dfrac{1}{1+x}$, $g(x)=1+x^2$, 求 $f\left(\dfrac{1}{x}\right)$, $g\left(\dfrac{1}{x}\right)$, $f[f(x)]$, $g[g(x)]$, $f[g(x)]$, $g[f(x)]$, $g[f(1)]$, $f[g(2)]$, $f\{f[f(1)]\}$.

12. 将下列复合函数"分解"为简单函数:

(1) $y=\sqrt[3]{\arcsin a^x}$;   (2) $y=\sin^3[\ln(x+1)]$;

(3) $y=\ln(\cos\sqrt[3]{\arccos x})$;   (4) $y=a^{\sin(3x^2-1)}$;

(5) $y=\ln[\ln^2(\ln^3 x)]$;   (6) $y=\arctan[\ln(ax+b)]$.

13. 已知 $f\left(x+\dfrac{1}{x}\right)=x^3+\dfrac{1}{x^3}$，求 $f(x)$.

14. 设 $f(x)=\dfrac{x}{x-1}$，试验证 $f\{f[f(f(x))]\}=x$，并求 $f\left[\dfrac{1}{f(x)}\right]$（$x\neq0,x\neq1$）.

15. 已知 $f(x)=e^{x^2}$，$f[\varphi(x)]=1-x$，且 $\varphi(x)\geqslant0$，求 $\varphi(x)$ 并写出它的定义域.

(B)

1. 求下列各函数的定义域：

(1) $y=\arcsin(x-3)$；

(2) $y=\sqrt{3-x}+\arctan\dfrac{1}{x}$；

(3) $f(x)=\begin{cases}x, & x>1 \\ 1-x, & |x|\leqslant1\end{cases}$；

(4) $y=\dfrac{1}{\sqrt{(\lg x)^3-\lg x^4}}$.

2. 求由下列函数构成的复合函数 $f[\varphi(x)]$：

$$f(x)=\begin{cases}2, & x\leqslant0 \\ x^2, & x>0\end{cases},\varphi(x)=\begin{cases}-x^2, & x\leqslant0 \\ x^3, & x>0\end{cases}.$$

3. 设 $f(x)=\begin{cases}1, & |x|<1 \\ 0, & |x|=1,g(x)=e^x \\ -1, & |x|>1\end{cases}$，求 $f[g(x)]$，$g[f(x)]$.

4. 设函数 $f(x)$ 的定义域是 $[0,1]$，求下列函数的定义域：

(1) $f(x+a)$；　　(2) $f(x^2)$；　　(3) $f(\sin x)$.

5. 设函数 $f(x)$ 在 $(-\infty,+\infty)$ 内是奇函数，$f(1)=a$，且对任何 x 值均有 $f(x+2)-f(x)=f(2)$.

(1) 试用 a 表示 $f(2)$ 与 $f(5)$；

(2) a 取何值时，$f(x)$ 是以 2 为周期的周期函数？

五、自测题

自测题 A（100 分）

(一)单项选择题（每题 2 分，共 16 分）

1. 点 x_0 的 δ 邻域（$\delta>0$）是指（　　　）.

A. $(x_0-\delta,x_0+\delta]$ 　　　　　　B. $[x_0-\delta,x_0+\delta)$

C. $(x_0-\delta,x_0+\delta)$ 　　　　　　D. $[x_0-\delta,x_0+\delta]$

2. 设 $f(x)=|1+x|+\dfrac{9(x-1)}{|2x-5|}$，则 $f(-2)=$（　　　）.

A. 4 　　　　　B. 8 　　　　　　C. -2 　　　　　　D. -4

3.下列各组中,$f(x)$ 与 $g(x)$ 是相同函数的是(　　).

A. $f(x)=x$,$g(x)=(\sqrt{x})^2$

B. $f(x)=\dfrac{|x|}{x}$,$g(x)=1$

C. $f(x)=\ln x^2$,$g(x)=2\ln x$

D. $f(x)=\sqrt{x^2}$,$g(x)=|x|$

4.函数 $f(x^3)$ 是(　　).

A. 奇函数　　　　　　　　　　　B. 偶函数

C. 非奇非偶函数　　　　　　　　D. 不能确定

5.在下列函数中,奇函数是(　　).

A. $\dfrac{|x|}{x^2}$　　　　　　　　　　　B. $x\sin x$

C. $\dfrac{e^{2x}-1}{e^x-1}$　　　　　　　　　D. $\ln(\sqrt{x^2+1}-x)$

6.下列函数在定义区间内,单调递增的函数是(　　).

A. $y=e^{-x}$　　　　　　　　　　B. $y=3-5x$

C. $y=\arccos x$　　　　　　　　D. $y=\ln x+1$

7.下列各组函数中能构成复合函数的是(　　).

A. $y=\ln u$,$u=-x^2$　　　　　　B. $y=\arccos u$,$u=x^2+2$

C. $y=\sqrt{-u}$,$u=1+x^2$　　　　D. $y=\ln u$,$u=\tan v$,$v=\dfrac{x}{2}$

8.下列函数中不是初等函数的是(　　).

A. $y=C(C$ 为常数$)$　　　　　　B. $y=\sqrt{\dfrac{x}{x+1}}+\tan\dfrac{1}{x}$

C. $y=e^{-\cos^2 x}+\ln 2$　　　　D. $y=\begin{cases}\dfrac{\sin x}{x}, & x\neq0 \\ 0, & x=0\end{cases}$

(二)填空题(每空 2 分,共 24 分)

1.函数 $f(x)=\arcsin\dfrac{x-1}{5}+\dfrac{1}{\sqrt{25-x^2}}$ 的定义域是_____.

2.设 $f(x-1)=x^2$,则 $f(x)=$_____.

3.$f(x)=\dfrac{1}{x}$,则 $f\{f[f(x)]\}=$_____.

4.函数 $y=2^{x+1}$ 的反函数是_____.

5.函数 $y=\sin^2\left(3x+\dfrac{\pi}{4}\right)$ 可分解为几个简单函数_____的

复合.

6.若指数函数 $y=a^x$ 为单调递减函数,则底数 a 必须满足_____.

7.$\arcsin\dfrac{1}{2}=$_____,$\arccos 0=$_____.

8.$|\arctan x|<$_____,$|\arcsin x|\leqslant$_____.

9.设 $f(x)=a^{x-\frac{1}{2}}(a>0)$,且 $f(\lg a)=\sqrt{10}$,则 $f\left(\dfrac{3}{2}\right)=$_____.

10.若函数 $f(x)$ 的定义域为 $[0,1]$,则 $f(\ln x)$ 的定义域是_____.

(三)解答题(每小题 10 分,共 60 分)

1.设 $g(x-1)=2x^2-3x-1$.

(1)试确定 a,b,c 的值,使 $g(x-1)=a(x-1)^2+b(x-1)+c$;

(2)求 $g(x+1)$ 的表达式.

2.求 $f(x)=(1+x^2)\operatorname{sgn} x$ 的反函数 $f^{-1}(x)$.

3.设函数 $f(x)=x^3+2$,$g(x)=\sqrt{x+1}-2$,求 $f[g(x)]$,$g[f(x)]$.

4.设 $f(x)$ 的定义域为 $[0,1]$,试求 $f(x+a)-f(x-a)$ 的定义域 $(a>0)$.

5.设 $f(x)=\begin{cases}-1, & x<-1\\ x, & -1\leqslant x\leqslant 1,\\ 1, & x>1\end{cases}$ 求 $f(x^2+5)\cdot f(\sin x)-5f(4x-x^2-6)$.

6.在半径为 R 的半圆中内接一个梯形,梯形的一边与半圆的直径重合,另一底边的端点在半圆周上,试建立梯形面积和梯形高之间的函数模型.

自测题 B(100 分)

(一)单项选择题(每题 3 分,共 21 分)

1.不等式 $|x-1|+|x-2|<3$ 的解集是(　　　).

A.$x<1$　　　　B.$0<x\leqslant 2$　　　　C.$0<x<3$　　　　D.$x<3$

2.奇函数 $y=f(x)$ 在 $(0,+\infty)$ 上是减函数,则在 $(-\infty,0)$ 上是(　　　).

A. 增函数　　　B. 减函数　　　　C. 先增后减　　　D. 无法确定

3.设 $u=g(x)$ 是减函数,$y=f(u)$ 增函数,则 $y=f[g(x)]$ 在相应的区间上是(　　　).

A. 减函数　　　　B. 增函数　　　　C. 不增不减　　　D. 无法确定

4.函数 $f(x)=\begin{cases}x^2+1, & x\geqslant 0\\ -x^2, & x<0\end{cases}$ 单调性为(　　　).

A.在 $(0,+\infty)$ 内是减函数

B.在 $(-\infty,+\infty)$ 内是增函数

C.在$(-\infty,0)$内是增函数,在$(0,+\infty)$内是减函数

D.不能判断单调性

5.设$0<x<1$,且有$\log_a x<\log_b x<0$,则a,b的关系是(　　).

A.$0<a<0<1$　　　　　　　　　　B.$0<b<a<1$

C.$1<a<b$　　　　　　　　　　　D.$1<b<a$

6.下列关系中正确的是(　　).

A.$\arccos\left[\cos\left(-\dfrac{2\pi}{3}\right)\right]=-\dfrac{2\pi}{3}$　　　　B.$\operatorname{arccot}(\cot x)=x,x\in\left(-\dfrac{\pi}{2},\dfrac{\pi}{2}\right)$

C.$\sin\left(\arcsin\dfrac{\pi}{3}\right)=\dfrac{\pi}{3}$　　　　　　D.$\arcsin\left(\sin\dfrac{\pi}{4}\right)=\sin\left(\arcsin\dfrac{\pi}{4}\right)$

7.函数$y=\lg(\arccos x)$的定义域是(　　).

A.$[-1,1]$　　　　B.$(-1,1)$　　　　C.$[-1,1)$　　　　D.$(-1,1)$

(二)填空题(每空 3 分,共 27 分)

1.若$f[\log_2(x-3)]$的定义域是$[4,11]$,则$f(x)$的定义域是_____.

2.不等式$|3-2x|\leqslant1$的解集是_____.

3.函数$y=\sqrt{7-6x-x^2}$的单调增加区间是_____.

4.若函数$f(x)=\dfrac{1}{x+1}$,则函数$f[f(x)]$的定义域为_____.

5.已知$f\left(x-\dfrac{1}{x}\right)=x^2+\dfrac{1}{x^2}$,则$f(x+1)=$_____.

6.函数$f(x)=\dfrac{1}{x}-\log_2\dfrac{1+x}{1-x}$的定义域是_____,它是_____(奇、偶、非奇非偶)函数.

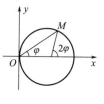

图 1-1

7.设圆$(x-r)^2+y^2=r^2(x>0)$如图 1-1 所示,点 M 在圆上,O 为原点,$\angle MOx=\varphi$ 为参数,那么圆的参数方程为_____.

8.椭圆$\dfrac{x^2}{b^2}+\dfrac{y^2}{a^2}=1(a>b>0)$的参数方程为_____.

(三)解答题(第 1~4 题,每题 9 分,第 5 题 7 分,第 6 题 9 分,共 52 分)

1.已知$\sin\alpha=\dfrac{4}{5}$,并且 α 是第二象限角,求 α 的其他三角函数值.

2.设$f(x)=\dfrac{e^x-e^{-x}}{2}$,求$f(x)$的单调区间与$f(x)$的反函数.

3.化简下列各式:

(1)$\sin^2\alpha\tan\alpha+\cos^2\alpha\cot\alpha+2\sin\alpha\cos\alpha$;

(2) $\left(\dfrac{1}{\cos^2\alpha}-1\right)\left(\dfrac{1}{\sin^2\alpha}-1\right)-(1+\cot^2\alpha)\sin^2\alpha.$

4. 已知 $\tan\alpha=-\dfrac{1}{2}$，求下列各式的值：

(1) $\dfrac{\sin\alpha+2\cos\alpha}{\sin\alpha-2\cos\alpha}$;　　　　　　　　　(2) $(\sin\alpha-\cos\alpha)^2.$

5. 试证狄黎赫莱(Dirichlet)函数 $f(x)=\begin{cases}1,x\text{ 为有理数}\\0,x\text{ 为无理数}\end{cases}$ 是周期函数.

6. 设某商店以每件 a 元的价格出售某种商品，可销售 1 000 件，若在此基础上降价 10%，最多可再售出 300 件，又知该商品每件进价为 b 元，写出销售该商品的利润与进货数 x 的函数关系.

习题答案与提示

(一)单项选择题

(A)

1. C　　　2. D　　　3. B　　　4. D　　　5. A　　　6. C

7. B　　　8. C　　　9. D　　　10. D　　　11. D

(B)

1. B　提示：依题意，即求得 $kx^2+2kx+3\neq0$ 的取值范围. 即有 $\begin{cases}k>0\\kx^2+2kx+3>0\end{cases}$ 或 $\begin{cases}k<0\\kx^2+2kx+3<0\end{cases}$ 或 $k=0$，解得 $0\leqslant k<3$.

2. D　提示：令 $f(x)=g(x)+1,g(x)=ax^5+b\sin^3x+\cot x$.

3. C　　4. C　　5. C　　6. A　　7. A　　8. C　　9. B

(二)填空题

(A)

1. $(-\infty,-3]\bigcup(3,+\infty)$　　2. $[-2,2]$　　　3. $|x|+1$　　　4. x^2-x+1

5. 奇　　　　　　　　　　6. $y=e^u,u=\sin v,v=x^2$　　7. 减，减，增，增

8. $(-1,+\infty)$　　　　9. 1　　　　　10. -3　　　　　11. 0

(B)

1. $\left(-\infty,-\dfrac{1}{2}\right)$

2. $(1,+\infty)$　提示：因为 $f(x)$ 的定义域为 **R**，所以 $x^2-4mx+4m^2+m+\dfrac{1}{m-1}>0$ 恒成立. 即 $\Delta=(4m)^2-4\left(4m^2+m+\dfrac{1}{m-1}\right)<0$，解得 $m>1$.

3. $\dfrac{1}{3}$　　　　4. $(-1,+\infty)$　　　5. $g(x)=\dfrac{1}{2}\log_2\dfrac{1+x}{1-x}$

6. $f(x)=\dfrac{1}{x^2+2}$　　　　7. $\varphi(x)=\dfrac{x+1}{x-1}$　　　　8. 有界

9. $\dfrac{2\sqrt{5}}{5}$　提示:设 $\operatorname{arccot}\left(-\dfrac{3}{4}\right)=\alpha$,则 $\cot\alpha=-\dfrac{3}{4}$,其中 $\dfrac{\pi}{2}<\alpha<\pi$. $\csc\alpha=$ $-\sqrt{1+\cot^2\alpha}=-\dfrac{5}{3}$,$\cos\alpha=-\dfrac{3}{5}$,$\sin\dfrac{\alpha}{2}=\sqrt{\dfrac{1-\cos\alpha}{2}}=\dfrac{2\sqrt{5}}{5}$.

10. $\dfrac{4\sqrt{3}-3}{10}$　提示:设 $\arcsin\dfrac{1}{2}=\alpha$,$\arccos\left(-\dfrac{3}{5}\right)=\beta$.则 $\sin\alpha=\dfrac{1}{2}$,$\cos\alpha=$ $-\dfrac{1}{5}$,$\alpha\in\left[-\dfrac{\pi}{2},\dfrac{\pi}{2}\right]$,$\beta\in[0,\pi]$,所以 $\cos\alpha=\dfrac{\sqrt{3}}{2}$,$\sin\beta=\dfrac{4}{5}$,$\sin(\alpha+\beta)=\sin\alpha\cos\beta+$ $\cos\alpha\sin\beta$.

(三)解答题

(A)

1. (1) $\left[\dfrac{2}{3},+\infty\right]$　(2) $(-\infty,-1)\cup(-1,1)\cup(1,+\infty)$　(3) $[-1,0)\cup(0,1]$

(4) $(-2,2)$　(5) $[0,+\infty)$　　(6) $x\neq k\pi+\dfrac{\pi}{2}-1,k\in\mathbf{Z}$　　(7) $(-1,+\infty)$

(8) $(-\infty,0)\cup(0,+\infty)$

2. (1)不同　(2)相同　(3)不同　(4)不同

4. (1)递增　(2)递增

7. (1)奇函数　(2)非奇非偶函数　(3)奇函数　(4)偶函数　(5)偶函数

(6)偶函数　(7)偶函数　(8)非奇非偶函数

8. (1)偶函数　(2)奇函数　(3)偶函数　(4)偶函数

9. (1) $y=\log_2\dfrac{x}{1-x}$,$0<x<1$　　(2) $y=\dfrac{1+x}{4x-2}$,$x\neq\dfrac{1}{2}$　　(3) $y=\sqrt[5]{1-x^5}$,$x\in\mathbf{R}$

10. (1) $(x+2)^3$　　(2) $|\sec x|$

11. $f\left(\dfrac{1}{x}\right)=\dfrac{x}{1+x}$,$g\left(\dfrac{1}{x}\right)=1+\dfrac{1}{x^2}$,$f[f(x)]=\dfrac{1+x}{2+x}$,$g[g(x)]=x^4+2x^2+2$, $f[g(x)]=\dfrac{1}{2+x^2}$,$g[f(x)]=1+\dfrac{1}{(1+x)^2}$,$g[f(1)]=\dfrac{5}{4}$,$f[g(2)]=\dfrac{1}{6}$, $f\{f[f(1)]\}=\dfrac{3}{5}$

12. (1) $y=\sqrt[3]{u}$,$u=\arcsin v$,$v=a^x$

(2) $y=u^3$,$u=\sin v$,$v=\ln z$,$z=x+1$

(3) $y=\ln u$,$u=v^3$,$v=\cos z$,$z=\sqrt{w}$,$w=\arccos x$

(4) $y=a^u$,$u=\sin v$,$v=3x^2-1$

(5) $y=\ln u$,$u=v^2$,$v=\ln z$,$z=w^3$,$w=\ln x$

(6) $y=\arctan u,u=\ln v,v=ax+b$

13. $f(x)=x^3-3x$

14. $1-x$

15. $\varphi(x)=\sqrt{\ln(1-x)}$

(B)

1. (1)$[2,4]$　(2)$(-\infty,0)\bigcup(0,3]$　(3)$[-1,+\infty)$　(4)$(0.01,1)\bigcup(100,+\infty)$

2. $f[\varphi(x)]=\begin{cases}2, & x>0\\ x^6, & x\leqslant0\end{cases}$

3. $f[g(x)]=\begin{cases}1, & x<0\\ 0, & x=0;\\ -1, & x>0\end{cases} g[f(x)]=\begin{cases}e, & |x|<1\\ 1, & [x]=1\\ e^{-1}, & |x|>1\end{cases}$

4. (1)$[-a,1-a]$　　(2)$[-1,1]$　　(3)$[2k\pi,(2k+1)\pi]$,$(k=0,\pm1,\pm2\cdots)$

5. (1)$f(2)=2a,f(5)=5a$　　(2)$a=0$

自测题答案与提示
自测题 A

(一)单项选择题

1. C　　2. C　　3. D　　4. D　　5. D　　6. D　　7. D　　8. D

(二)填空题

1. $[-4,5)$　2. $(x+1)^2$　3. $\dfrac{1}{x}$　4. $y=\log_2x-1$　5. $y=u^2,u=\sin v,v=3x+\dfrac{\pi}{4}$

6. $0<a<1$　　7. $\dfrac{\pi}{6},\dfrac{\pi}{2}$　　8. $\dfrac{\pi}{2},\dfrac{\pi}{2}$　　9. 10 或 $\dfrac{1}{\sqrt{10}}$　　10. $1\leqslant x\leqslant e$

(三)解答题

1. (1)$a=2,b=1,c=-2$　　(2)$g(x+1)=2x^2+5x+1$

2. $f^{-1}(x)=\begin{cases}\sqrt{x-1}, & x>1\\ 0, & x=0\\ -\sqrt{-x-1}, & x<-1\end{cases}$

3. $f[g(x)]=(\sqrt{x+1}-2)^3+2,g[f(x)]=\sqrt{x^3+3}-2$

4. 若 $0<a<\dfrac{1}{2}$,则$[a,1-a]$;若 $a>\dfrac{1}{2}$,则无定义域;若 $a=\dfrac{1}{2}$,则$\left\{\dfrac{1}{2}\right\}$

5. $\sin x+5$

6. 若梯形面积为 S,高为 h,则 $S=(R+\sqrt{R^2-h^2})\cdot h$

自测题 B

(一)单项选择题

1. C　　2. B　　3. A　　4. B　　5. C　　6. D　　7. C

(二)填空题

1. $[0,3]$　　2. $[1,2]$　　3. $[-7,-3]$　　4. $\{x \mid x \in \mathbf{R}, x \neq -1 \text{ 且 } x \neq -2\}$

5. $x^2 + 2x + 3$　　6. $(-1,0) \cup (0,1)$，奇　　7. $\begin{cases} x = r(1 + \cos 2\varphi) \\ y = r\sin 2\varphi \end{cases}$

8. $\begin{cases} x = b\cos \varphi \\ y = a\sin \varphi \end{cases}$ (φ 为参数)

(三)解答题

1. $\cos \alpha = -\dfrac{3}{5}$，$\tan \alpha = -\dfrac{4}{3}$，$\cot \alpha = -\dfrac{3}{4}$，$\sec \alpha = -\dfrac{5}{3}$，$\csc \alpha = \dfrac{5}{4}$

2. $f(x)$ 在 $(-\infty, +\infty)$ 内递增，$f(x)$ 的反函数为 $\varphi(x) = \ln(x + \sqrt{1 + x^2})$

3. (1) $\tan \alpha + \cot \alpha$　　(2) 0

4. (1) $-\dfrac{3}{5}$　　(2) 原式 $= \dfrac{\sin^2 \alpha - 2\sin \alpha \cos \alpha + \cos^2 \alpha}{\sin^2 \alpha + \cos^2 \alpha} = \dfrac{\tan^2 \alpha - 2\tan \alpha + 1}{\tan^2 \alpha + 1} = \dfrac{9}{5}$

6. 设商品的利润为 y，则 $y = \begin{cases} (a-b)x, & 0 \leqslant x \leqslant 1\,000 \\ 1\,000(a-b) + (0.9a - b)(x - 1\,000), & 1\,000 < x \leqslant 1\,300 \\ 1\,270a - bx, & x > 1\,300 \end{cases}$

第二章　函数极限

要发明,就要挑选恰当的符号,要做到这一点,就要用含义简明的少量符号来表达和比较忠实地描绘事物的内在本质,从而最大限度地减少人的思维劳动.

——莱布尼茨

一、基本要求

(1)了解数列的概念和特性,掌握常见数列的性质、通项公式和求和公式,了解数列极限的有关定理.

(2)了解数列极限的 $\varepsilon-N$ 定义,函数极限的 $\varepsilon-\delta$ 定义、$\varepsilon-M$ 定义及左、右极限的概念;能正确地叙述数列极限的 $\varepsilon-N$ 定义及函数极限的 $\varepsilon-\delta$ 定义和 $\varepsilon-M$ 定义;理解函数极限存在的充要条件.

(3)掌握极限的四则运算法则,会用复合函数的极限法则,了解函数极限存在准则.

(4)熟练掌握两个重要极限,并会利用它们求函数的极限.

(5)了解无穷大和无穷小的概念及其相互关系.

(6)理解无穷小的性质及无穷小与具有极限的函数的关系,了解无穷小的比较,会用等价无穷小替换定理求两个无穷小之比的极限.

二、内容提要

(一)数列

1. 定义

数列是按照一定次序排列的一列数,或者说,数列是定义在正整数集(或它的有限子集)上的函数 $f(n)$,当自变量从 1 开始依次取自然数时,相对应的一列函数值为 $f(1),f(2),f(3),\cdots,f(n),\cdots$.

通常用 a_n 代替 $f(n)$,于是数列的一般形式记为 $a_1,a_2,a_3,\cdots,a_n,\cdots$. 或简记为 $\{a_n\}$,其中 a_n 表示数列 $\{a_n\}$ 的通项.

2. 数列的通项公式

数列就是有规律的一列数,其内涵的本质属性就是确定这一列数的规律,这个规律通常就是用通项公式 $a_n=f(n)(n\in \mathbf{N}^+)$ 来表示的.

当一个数列 $\{a_n\}$ 的第 n 项 a_n 与项数 n 之间的函数关系可以用一个公式 $a_n = f(n)$ 来表示时，我们就把这个公式叫作这个数列的通项公式.

3. 数列的表示方法

数列的表示方法有三种：解析法、列表法、图像法.

4. 数列的分类

1）有穷数列、无穷数列

按数列的项数是有限还是无限来分类，可分为有穷数列和无穷数列.

2）单调数列、摆动数列、常数列

按前后项之间的大小关系来分类，若前面的项永远大于它后面的项，称之为递减数列；若前面的项永远小于它后面的项，称之为递增数列；若前面的项时而大于它后面的项，时而小于它后面的项，称之为摆动数列；若数列里面的所有项均为同一个常数，则称之为常数列.

递增数列和递减数列，统称为单调数列.

3）有界数列、无界数列

按照数列中任何一项的绝对值是否都小于某一个正数来分类，若小于某一个正数，则为有界数列，否则为无界数列.

5. 等差数列

一般的，如果一个数列从第 2 项起，每一项与它前一项的差等于同一个常数，这个数列就叫等差数列. 这个常数叫作等差数列的公差，公差通常用字母 d 表示，即 $d = a_n - a_{n-1}$（$n \in \mathbf{N}^+$，$n \geqslant 2$）.

公差 d 可以为正数、负数或零，当 $d = 0$ 时，数列为常数列.

等差数列的通项公式为 $a_n = a_1 + (n-1)d = a_m + (n-m)d$，其中 $n > m$，也可以 $n \leqslant m$，但 a_m 和 a_n 必须是数列中的项.

等差数列的求和公式（可由倒序相加法推得）：

$$S_n = \frac{n(a_1 + a_n)}{2}, S_n = na_1 + \frac{n(n-1)}{2}d.$$

6. 等比数列

一般的，如果一个数列从第 2 项起，每一项与它前一项的比等于同一个常数，这个数列就叫作等比数列，这个常数叫作等比数列的公比，公比通常用字母 q 表示（$q \neq 0$），可表示为 $q = \dfrac{a_n}{a_{n-1}}$（$n \in \mathbf{N}^+$，$n \geqslant 2$）.

公比 q 可以是正数，也可以是负数，但不能为零，q 是一个与 n 无关的常数.

等比数列的通项公式为 $a_n = a_1 q^{n-1}$，$a_n = a_m q^{n-m}$，其中 $n > m$，也可以 $n \leqslant m$.

等比数列的求和公式(可由错位相减法推得):

当 $q \neq 1$ 时,

$$S_n = \frac{a_1(1-q^n)}{1-q} = \frac{a_1(q^n-1)}{q-1},$$

也可以

$$S_n = \frac{a_1 - a_n q}{1-q} = \frac{a_n q - a_1}{q-1}.$$

当 $q=1$ 时,

$$S_n = na_1.$$

(二)数列极限

1. 定义

设有数列 $\{a_n\}$ 及定数 A,若对任意给定的正数 ε,总存在自然数 N,使得当 $n > N$ 时,恒有不等式

$$|a_n - A| < \varepsilon$$

成立,则称数列 $\{a_n\}$ 收敛于 A,或称 A 是数列 $\{a_n\}$ 的极限,记作 $\lim\limits_{n \to \infty} a_n = A$ 或 $a_n \to A$ $(n \to \infty)$.

通常简记为:

$$\lim_{n \to \infty} a_n = A \Leftrightarrow \forall \varepsilon > 0, \exists \text{一个正整数} N, \text{当} n > N \text{时},\text{恒有} |a_n - A| < \varepsilon.$$

若数列没有极限,则称该数列发散.

2. 数列极限的存在准则及四则运算法则

(1)单调有界数列一定收敛. 因此,数列单调有界是数列收敛的充分条件.

(2)夹逼定理:设 $a_n \leqslant C_n \leqslant b_n$,$\lim\limits_{n \to \infty} a_n = \lim\limits_{n \to \infty} b_n = A$,则 $\lim\limits_{n \to \infty} C_n = A$.

(3)四则运算法则:若数列 $\{a_n\}$ 和 $\{b_n\}$ 收敛,则有

$$\lim_{n \to \infty}(a_n \pm b_n) = \lim_{n \to \infty} a_n \pm \lim_{n \to \infty} b_n,$$

$$\lim_{n \to \infty}(a_n b_n) = (\lim_{n \to \infty} a_n) \cdot (\lim_{n \to \infty} b_n).$$

若 $\lim\limits_{n \to \infty} b_n \neq 0$,则

$$\lim_{n \to \infty} \frac{a_n}{b_n} = \frac{\lim\limits_{n \to \infty} a_n}{\lim\limits_{n \to \infty} b_n}.$$

注意:使用四则运算的前提是每个数列的极限存在,且当分母的极限不为零时,才可使用商的极限法则.该法则可推广至有限个数列的情形.

(三)函数极限

函数的极限反映了自变量在某一变化过程中因变量(或函数)的变化趋势,主要讨论两种自变量变化过程的函数极限.各种极限的定义如表 2-1 所示.

表 2-1 各种极限的定义

名称	定义	说明
$\lim\limits_{x\to\infty}f(x)=A$	对于任意给定的正数 ε,总存在正数 M,使当 $|x|>M$ 时,恒有 $|f(x)-A|<\varepsilon$	
$\lim\limits_{x\to-\infty}f(x)=A$	对于任意给定的正数 ε,总存在正数 M,使当 $x<-M$ 时,恒有 $|f(x)-A|<\varepsilon$	$\lim\limits_{x\to\infty}f(x)=A$ 的充要条件是 $\lim\limits_{x\to+\infty}f(x)=A$ 且 $\lim\limits_{x\to-\infty}f(x)=A$
$\lim\limits_{x\to+\infty}f(x)=A$	对于任意给定的正数 ε,总存在正数 M,使当 $x>M$ 时,恒有 $|f(x)-A|<\varepsilon$	
$\lim\limits_{x\to x_0}f(x)=A$	对于任意给定的正数 ε,总存在正数 δ,使当 $0<|x-x_0|<\delta$ 时,恒有 $|f(x)-A|<\varepsilon$	
左极限 $\lim\limits_{x\to x_0^-}f(x)=A$	对于任意给定的正数 ε,总存在正数 δ,使当 $0<x_0-x<\delta$ 或 $x_0-\delta<x<x_0$ 时,恒有 $|f(x)-A|<\varepsilon$	$\lim\limits_{x\to x_0}f(x)=A$ 的充要条件是 $\lim\limits_{x\to x_0^+}f(x)=A$ 且 $\lim\limits_{x\to x_0^-}f(x)=A$
右极限 $\lim\limits_{x\to x_0^+}f(x)=A$	对于任意给定的正数 ε,总存在正数 δ,使当 $0<x-x_0<\delta$ 或 $x_0<x<x_0+\delta$ 时,恒有 $|f(x)-A|<\varepsilon$	

(四)函数极限的性质与运算法则

函数极限的性质与运算法则如表 2-2 所示.

表 2-2 函数极限的性质与运算法则

性质与运算法则	含义
唯一性	若极限 $\lim\limits_{x\to x_0}f(x)$ 存在,则极限值唯一
局部保号性	若极限 $\lim\limits_{x\to x_0}f(x)=A$,且 $A>0$(或 $A<0$),则 $f(x)$ 在 x_0 的某个去心 δ 邻域 $\mathring{U}(x_0,\delta)$ 内有 $f(x)>0$(或 $f(x)<0$)
局部有界性	若极限 $\lim\limits_{x\to x_0}f(x)$ 存在,则 $f(x)$ 在 x_0 的某个去心邻域 $\mathring{U}(x_0,\delta)$ 内有界
极限四则运算	若 $\lim\limits_{x\to x_0}f(x)=A$,$\lim\limits_{x\to x_0}g(x)=B$,则 $\lim\limits_{x\to x_0}[f(x)\pm g(x)]=A\pm B$, $\lim\limits_{x\to x_0}[f(x)\cdot g(x)]=A\cdot B$;当 $B\ne0$ 时,$\lim\limits_{x\to x_0}\dfrac{f(x)}{g(x)}=\dfrac{A}{B}$;$\lim\limits_{x\to x_0}[f(x)]^n=A^n$
复合函数极限运算	设函数 $u=\varphi(x)$,$y=f(u)$,若 $\lim\limits_{x\to x_0}\varphi(x)=u_0$,且 $\lim\limits_{u\to u_0}f(u)=f(u_0)$,则 $\lim\limits_{x\to x_0}f[\varphi(x)]=f(u_0)=f[\lim\limits_{x\to x_0}\varphi(x)]$

(五)函数极限的夹逼定理及两个重要极限

1. 夹逼定理

若函数 $f(x),g(x)$ 和 $h(x)$ 在 x_0 的某个去心邻域内满足 $h(x)\leqslant f(x)\leqslant g(x)$ 且 $\lim\limits_{x\to x_0}h(x)=\lim\limits_{x\to x_0}g(x)=A$,则 $\lim\limits_{x\to x_0}f(x)=A$.

2.重要极限

$$\lim_{x\to 0}\frac{\sin x}{x}=1,\text{推广}\lim_{\square\to 0}\frac{\sin\square}{\square}=1.$$

3.重要极限

$$\lim_{x\to\infty}\left(1+\frac{1}{x}\right)^x=\mathrm{e},\text{推广}\lim_{\square\to\infty}\left(1+\frac{1}{\square}\right)^\square=\mathrm{e},\lim_{\square\to 0}(1+\square)^{\frac{1}{\square}}=\mathrm{e}.$$

(六)无穷小与无穷大

1.无穷小与无穷大的定义和性质(见表2-3)

表 2-3 无穷小和无穷大的定义和性质

定义	性质	说明
极限为零的数列或函数称为无穷小量,简称无穷小,记为$\lim u=0$	有限个无穷小的和、差、积仍为无穷小. 无穷小与有界量的积仍为无穷小. $\lim u=A\Leftrightarrow u=A+\alpha$,其中$\lim\alpha=0$	$\lim u=0$ 包括 $\lim_{n\to\infty}a_n=0$; $\lim f(x)=0$; $\lim_{x\to x_0}f(x)=0$
绝对值无限增大的数列或函数称为无穷大量,简称无穷大,记为$\lim u=\infty$	若 v 为无穷大,则$\frac{1}{v}$为无穷小; 若 v 为无穷小且$v\neq 0$,则$\frac{1}{v}$为无穷大; 无穷大必定无界,无界未必是无穷大	"0"是作为无穷小的唯一常数,无穷大包括$+\infty、-\infty$

2.无穷小的阶

两个无穷小之比的极限可以有不同的结果,从而引进了两个无穷小之间阶的比较,如表2-4所示,它们描述了两个无穷小趋于零的"快慢".

表 2-4 无穷小量阶的比较

名称	定义
高阶无穷小	设 $f(x)$ 和 $g(x)$ 均为同一变化过程中的无穷小,若 $\lim\frac{f(x)}{g(x)}=0$,则称 $f(x)$ 为 $g(x)$ 的高阶无穷小,即 $f(x)\to 0$ 比 $g(x)\to 0$ 快些(在同一变化过程中)
低阶无穷小	设 $f(x)$ 和 $g(x)$ 均为同一变化过程中的无穷小,若 $\lim\frac{f(x)}{g(x)}=\infty$,则称 $f(x)$ 为 $g(x)$ 的低阶无穷小,即 $f(x)\to 0$ 比 $g(x)\to 0$ 慢些
同阶无穷小	设 $f(x)$ 和 $g(x)$ 均为同一变化过程中的无穷小,若 $\lim\frac{f(x)}{g(x)}=C\neq 0$,则 $f(x)$ 为 $g(x)$ 的同阶无穷小
等价无穷小	设 $f(x)$ 和 $g(x)$ 均为同一变化过程中的无穷小,若 $\lim\frac{f(x)}{g(x)}=1$,则称 $f(x)$ 为 $g(x)$ 的等价无穷小,记作 $f(x)\sim g(x)$

说明:熟记常用的等阶无穷小,利用无穷小的等价代换(见表 2-5)来计算极限是一种非常有效且简便的方法,但必须记住,在乘除运算时可使用等价代换,在加减运算时尽量不要使用,否则可能会得到错误的答案.

表 2-5　无穷小的等价代换

定理	设 $f(x)$ 和 $g(x)$ 均为同一变化过程中的无穷小,且 $f(x) \sim f_1(x)$, $g(x) \sim g_1(x)$,$\lim \dfrac{f_1(x)}{g_1(x)}$ 存在,则 $\lim \dfrac{f(x)}{g(x)} = \lim \dfrac{f_1(x)}{g_1(x)}$, $$\lim\left[\frac{f(x)}{g(x)} \cdot h(x)\right] = \lim\left[\frac{f_1(x)}{g_1(x)} \cdot h(x)\right],$$ $\lim[f(x) \cdot h(x)] = \lim[f_1(x) \cdot h(x)]$	求极限时可用等阶无穷小代换
常用等价代换公式	当 $x \to 0$ 时, $\sin x \sim x$, $\arcsin x \sim x$, $\tan x \sim x$, $e^x - 1 \sim x$, $a^x - 1 \sim x\ln a$, $\arctan x \sim x$, $1 - \cos x \sim \dfrac{x^2}{2}$, $\ln(1+x) \sim x$, $\sqrt[n]{1+x} - 1 \sim \dfrac{x}{n}$, $(1+x)^a - 1 \sim \alpha x$	

(七)常见基本初等函数的极限

$\lim\limits_{x \to \infty} \dfrac{1}{x} = 0$　　$\lim\limits_{x \to 0^-} \dfrac{1}{x} = -\infty$, $\lim\limits_{x \to 0^+} \dfrac{1}{x} = +\infty$　　$\lim\limits_{x \to 0} \dfrac{1}{x} = \infty$

$\lim\limits_{x \to -\infty} e^x = 0$　　$\lim\limits_{x \to +\infty} e^x = +\infty$　　$\lim\limits_{x \to \infty} e^x$ 不存在

$\lim\limits_{x \to 0^-} e^x = 1$　　$\lim\limits_{x \to 0^+} e^x = 1$　　$\lim\limits_{x \to 0} e^x = 1$

$\lim\limits_{x \to -\infty} e^{-x} = +\infty$　　$\lim\limits_{x \to +\infty} e^{-x} = 0$　　$\lim\limits_{x \to \infty} e^{-x}$ 不存在

$\lim\limits_{x \to 0^-} e^{\frac{1}{x}} = 0$　　$\lim\limits_{x \to 0^+} e^{\frac{1}{x}} = +\infty$　　$\lim\limits_{x \to 0} e^{\frac{1}{x}}$ 不存在

$\lim\limits_{x \to -\infty} e^{\frac{1}{x}} = 1$　　$\lim\limits_{x \to +\infty} e^{\frac{1}{x}} = 1$　　$\lim\limits_{x \to \infty} e^{\frac{1}{x}} = 1$

$\lim\limits_{x \to 0^-} e^{-\frac{1}{x}} = +\infty$　　$\lim\limits_{x \to 0^+} e^{-\frac{1}{x}} = 0$　　$\lim\limits_{x \to 0} e^{-\frac{1}{x}}$ 不存在

$\lim\limits_{x \to 1} \ln x = 0$　　$\lim\limits_{x \to 0^+} \ln x = -\infty$　　$\lim\limits_{x \to +\infty} \ln x = +\infty$

$\lim\limits_{x \to 0} \sin x = 0$　　$\lim\limits_{x \to \infty} \sin x$ 不存在　　$\lim\limits_{x \to \infty} \sin \dfrac{1}{x} = 0$

$\lim\limits_{x \to 0} \sin \dfrac{1}{x}$ 不存在　　$\lim\limits_{x \to 0} \cos x = 1$　　$\lim\limits_{x \to \infty} \cos x$ 不存在

$\lim\limits_{x \to \infty} \cos \dfrac{1}{x} = 1$　　$\lim\limits_{x \to 0} \cos \dfrac{1}{x}$ 不存在　　$\lim\limits_{x \to 0} \tan x = 0$

$\lim\limits_{x \to \frac{\pi}{2}^-} \tan x = +\infty$　　$\lim\limits_{x \to \frac{\pi}{2}^+} \tan x = -\infty$　　$\lim\limits_{x \to \frac{\pi}{2}} \tan x = \infty$

$\lim\limits_{x \to 0^-} \cot x = -\infty$　　$\lim\limits_{x \to 0^+} \cot x = +\infty$　　$\lim\limits_{x \to 0} \cot x = \infty$　　$\lim\limits_{x \to \frac{\pi}{2}} \cot x = 0$

$$\lim_{x\to-\infty}\arctan x=-\frac{\pi}{2} \qquad \lim_{x\to+\infty}\arctan x=\frac{\pi}{2} \qquad \lim_{x\to\infty}\arctan x \text{ 不存在} \qquad \lim_{x\to0}\arctan x=0$$

$$\lim_{x\to-\infty}\text{arccot}\,x=\pi \qquad \lim_{x\to+\infty}\text{arccot}\,x=0 \qquad \lim_{x\to0}\text{arccot}\,x=\frac{\pi}{2}$$

三、本章知识网络图

极限
- 定义
  - 数列极限
    - 描述性定义
    - $\varepsilon-N$ 定义及证明
    - 收敛数列的性质
      - 唯一性
      - 有界性
  - 函数极限
    - 描述性定义
    - $\lim\limits_{x\to\infty}f(x)=A,\varepsilon-M$ 定义及证明
    - $\lim\limits_{x\to x_0}f(x)=A,\varepsilon-\delta$ 定义及证明
    - 左、右极限
      - $\lim\limits_{x\to-\infty}f(x),\ \lim\limits_{x\to+\infty}f(x)$
      - $\lim\limits_{x\to x_0^-}f(x),\ \lim\limits_{x\to x_0^+}f(x)$
    - 极限存在的充要条件
    - 性质
      - 唯一性
      - 局部有界性
      - 局部保号性
- 存在准则
  - 单调有界必有极限
  - 夹逼定理
- 无穷小与无穷大
  - 定义
  - 性质
    - 有限个无穷小的和、积仍是无穷小
    - 无穷小与有界量的积仍是无穷小
  - 比较(高阶、低阶、同阶、等价)
- 求极限的方法
  - 利用极限存在准则
    - 单调有界必有极限
    - 夹逼定理
  - 利用四则运算和复合运算法则
  - 两个重要极限($\frac{0}{0}$型、1^∞型)
  - 无穷小量的性质(无穷小量乘有界变量)
  - 无穷小量等价代换:常用等价代换
  - $\frac{\infty}{\infty}$型:同除法
  - $\infty-\infty$型:通分或有理化
  - $\frac{0}{0}$型(第一个重要极限、因式分解、有理化、等价无穷小代换、换元法、三角恒等变换)
  - 利用单侧极限判别法(极限存在充要条件):求分段函数极限

四、习题

(一)单项选择题

(A)

1. 在下列数列中,发散的数列是( ).

A. $\dfrac{1}{1}, \dfrac{1}{-4}, \dfrac{1}{9}, \dfrac{1}{-16}, \dfrac{1}{25}, \dfrac{1}{-36}, \cdots$ 　　　B. $\dfrac{1}{4}, \dfrac{1}{5}, \dfrac{1}{6}, \cdots, \dfrac{1}{n+3}, \cdots$

C. $\left\{ \dfrac{3n}{n+2} \right\}$ 　　　　　　　　　　D. $1, 2, 4, 8, 16, \cdots, 2^{n-1}, \cdots$

2. 下列极限存在的是( ).

A. $\lim\limits_{x\to\infty} e^x$ 　　　B. $\lim\limits_{x\to+\infty} \arctan x$ 　　　C. $\lim\limits_{x\to 0} \dfrac{1}{2^x - 1}$ 　　　D. $\lim\limits_{x\to 0} \sin \dfrac{1}{x}$

3. 当 $x \to 2$ 时,函数 $f(x) = \dfrac{|x-2|}{x-2}$ 的极限为( ).

A. 1 　　　　　B. -1 　　　　　C. 0 　　　　　D. 不存在

4. $\lim\limits_{n\to\infty} \dfrac{\sin n}{n+1} = ($ 　　).

A. 0 　　　　　B. 1 　　　　　C. -1 　　　　　D. ∞

5. 下列各式正确的是( ).

A. $\lim\limits_{x\to\infty} \left(1 + \dfrac{1}{x}\right)^x = 1$ 　　　　　　　B. $\lim\limits_{x\to 0^+} \left(1 + \dfrac{1}{x}\right)^x = e$

C. $\lim\limits_{x\to\infty} \left(1 - \dfrac{1}{x}\right)^x = e$ 　　　　　　　D. $\lim\limits_{x\to\infty} \left(1 + \dfrac{1}{x}\right)^{-x} = e^{-1}$

6. 下列极限正确的是( ).

A. $\lim\limits_{x\to\infty} e^{\frac{1}{x}} = \infty$ 　　B. $\lim\limits_{x\to 0^-} e^{\frac{1}{x}} = \infty$ 　　C. $\lim\limits_{x\to 0^+} e^{\frac{1}{x}} = \infty$ 　　D. $\lim\limits_{x\to\infty} e^{\frac{1}{x}} = 1$

7. 当 $x \to 0$ 时,与 x 相比是等价无穷小的是( ).

A. $\dfrac{\sin x}{\sqrt{x}}$ 　　　　　　　　　　B. $\ln x$

C. $\sqrt{1+x} - \sqrt{1-x}$ 　　　　　　　D. $x^2(x+1)$

8. 若 $\lim\limits_{x\to x_0} f(x)$ 和 $\lim\limits_{x\to x_0} g(x)$ 均存在,则 $\lim\limits_{x\to x_0} \dfrac{f(x)}{g(x)}($ 　　).

A. 存在 　　　　B. 不存在 　　　　C. 不一定存在 　　D. 恒为 1

9. 数列有界是数列极限存在的( ).

A. 充分条件 　　　　　　　　　　B. 必要条件

C. 充要条件 　　　　　　　　　　D. 非充分非必要条件

10. 下列各式正确的是( ).

A. $\lim\limits_{x\to 0} \dfrac{x}{\sin x} = 0$ 　　　　　　　　B. $\lim\limits_{x\to 0} \dfrac{\sin x}{x} = 1$

C. $\lim\limits_{x \to \infty} \dfrac{x}{\sin x} = 0$
　　　　　　　　　　D. $\lim\limits_{x \to \infty} \dfrac{\sin x}{x} = 1$

11. 下列极限等于 e 的是(　　).

A. $\lim\limits_{x \to \infty} (1+x)^{\frac{1}{x}}$
　　　　　　　　　B. $\lim\limits_{x \to \infty} \left(1+\dfrac{1}{x}\right)^{x}$

C. $\lim\limits_{x \to 0} \left(1+\dfrac{1}{x}\right)^{x}$
　　　　　　　　　D. $\lim\limits_{x \to \infty} (1+x)^{x}$

12. $\lim\limits_{x \to 0} \left(\dfrac{1}{x} \sin x + x \sin \dfrac{1}{x}\right) = ($　　$)$.

A. 1　　　　　　B. 0　　　　　　C. 2　　　　　　D. 不存在

13. 函数 $f(x)$ 在点 x_0 处有左、右极限是函数 $f(x)$ 在点 x_0 处有极限的(　　).

A. 充分条件　　B. 必要条件　　C. 充要条件　　D. 无关条件

14. 若 $\lim\limits_{x \to \infty} \dfrac{f(x)}{g(x)} = 1$, 则(　　).

A. $f(x) \sim g(x)$
　　　　　　　　　B. 当 $x \to 0$ 时, $f(x) \sim g(x)$

C. $f(x) = g(x)$
　　　　　　　　　D. 不确定

15. 下列命题成立的是(　　).

A. $\lim\limits_{x \to a}[f(x) + g(x)] = \lim\limits_{x \to a} f(x) + \lim\limits_{x \to a} g(x)$

B. $\lim\limits_{x \to a}[f(x) \cdot g(x)] = \lim\limits_{x \to a} f(x) \cdot \lim\limits_{x \to a} g(x)$

C. 若 $\lim\limits_{x \to a} f(x) = A$, 且 $\lim\limits_{x \to a} g(x) = B$, 则 $\lim\limits_{x \to a} \dfrac{f(x)}{g(x)} = \dfrac{A}{B}$

D. 若 C 为常数, 且 $\lim\limits_{x \to a} f(x) = A$, 则 $\lim\limits_{x \to a}[C \cdot f(x)] = C \cdot A$

16. 若函数 $f(x)$ 在点 x_0 处的极限存在, 则(　　).

A. $f(x)$ 在点 x_0 处的函数值必存在且等于极限 $\lim\limits_{x \to x_0} f(x)$

B. $f(x)$ 在点 x_0 处的函数值必存在但不一定等于极限 $\lim\limits_{x \to x_0} f(x)$

C. $f(x)$ 在点 x_0 处的函数值不一定存在

D. 如果 $f(x)$ 在点 x_0 处的函数值存在, 则必等于极限 $\lim\limits_{x \to x_0} f(x)$

(B)

1. 函数 $f(x)$ 在点 x 处有定义, 是当 $x \to x_0$ 时 $f(x)$ 有极限的(　　).

A. 必要条件　　　　　　　　B. 充分条件

C. 充要条件　　　　　　　　D. 无关条件

2. 设函数 $\varphi(x) = x+1$, 函数 $g(x) = \dfrac{x^2-1}{x-1}$, 且 $\lim\limits_{x \to 1} \varphi(x) = a$, $\lim\limits_{x \to 1} g(x) = b$,
则(　　).

A. $\varphi(x)$ 与 $g(x)$ 不同, a 与 b 也不相同

B. $\varphi(x)$ 与 $g(x)$ 不同, a 与 b 相同

C. $\varphi(x)$ 与 $g(x)$ 相同, a 与 b 也相同

D. $\varphi(x)$ 与 $g(x)$ 相同，a 与 b 不同

3. 当 $x \rightarrow 1$ 时，函数 $\dfrac{x^2-1}{x-1} \mathrm{e}^{\frac{1}{x-1}}$ 的极限是（　　）.

A. 2　　　　　　　　　　　　　　B. 0

C. ∞　　　　　　　　　　　　　D. 不存在但不为 ∞

4. 当 $x \rightarrow 0$ 时，下列四个无穷小量中，哪一个是比其他三个更高阶的无穷小量？（　　）

A. x^2　　　　　B. $1-\cos x$　　　　C. $\sqrt{1-x^2}-1$　　D. $x-\tan x$

5. $\lim\limits_{x \to 1} \dfrac{\sin(x^2-1)}{x-1}=$（　　）.

A. 1　　　　　　B. 0　　　　　　　C. 2　　　　　　D. $\dfrac{1}{2}$

6. 函数 $f(x)=\mathrm{e}^{\frac{1}{x-1}}$ 在点 $x=1$ 处（　　）.

A. 存在左极限　　　　　　　　　　B. 存在右极限

C. 存在极限　　　　　　　　　　　D. 左、右极限都不存在

7. 若当 $x \rightarrow 0$ 时 $x^2\cos^3 x\sin^4 x$ 与 x^n 是等价无穷小量，则有 $n=$（　　）.

A. 2　　　　　　B. 3　　　　　　C. 6　　　　　　D. 9

8. $\lim\limits_{x \to 0} \dfrac{1}{x}\sin x + \lim\limits_{x \to \frac{\pi}{2}} \dfrac{1}{x}\sin x=$（　　）.

A. $1+\dfrac{2}{\pi}$　　　　B. $1+\dfrac{\pi}{2}$　　　　C. 1　　　　　　D. 2

9. 下列极限计算正确的是（　　）.

A. $\lim\limits_{x \to \infty}(\sqrt{x^2+x}-x)=\lim\limits_{x \to \infty}\sqrt{x^2+x}-\lim\limits_{x \to \infty}x=0$

B. $\lim\limits_{x \to 0}x \cdot \sin\dfrac{1}{x}=\lim\limits_{x \to 0}x \cdot \lim\limits_{x \to 0}\sin\dfrac{1}{x}=0$

C. $\lim\limits_{x \to 0}\dfrac{\tan 2x}{\sin 3x}=\lim\limits_{x \to 0}\dfrac{2}{3} \cdot \dfrac{\dfrac{\tan 2x}{2x}}{\dfrac{\sin 3x}{3x}}=\dfrac{2}{3}$

D. $\lim\limits_{x \to 0}\left(1+\dfrac{2}{x}\right)^x=\lim\limits_{x \to 0}\left[\left(1+\dfrac{2}{x}\right)^{\frac{x}{2}}\right]^2=\mathrm{e}^2$

10. 设 $f(x)=\dfrac{1-x}{1+x}$，$g(x)=1-\sqrt[3]{x}$，则当 $x \rightarrow 1$ 时，下列结论中正确的是（　　）.

A. $f(x)$ 是比 $g(x)$ 高阶的无穷小　　B. $f(x)$ 是比 $g(x)$ 低阶的无穷小

C. $f(x)$ 与 $g(x)$ 是同阶无穷小　　　D. $f(x)$ 与 $g(x)$ 是等价无穷小

11. 若 $f(x)$ 是 $x \rightarrow a$ 时的无穷小，则必定有（　　）.

A. $\lim\limits_{n \to \infty}f^n(x)=0$　　　　　　　B. $\lim\limits_{n \to \infty}f^n(x)$ 不存在

C. $\lim\limits_{x \to a} f(x) = 1$　　　　　　　　　　D. $\lim\limits_{x \to a} f(x) \sin n = 0$

12. 若 $\lim\limits_{x \to 0} \dfrac{f(x)}{x} = 2$，则 $\lim\limits_{x \to 0} \dfrac{\sin 4x}{f(3x)} = ($ 　　$)$.

A. 1　　　　　　　B. $\dfrac{1}{2}$　　　　　　　C. $\dfrac{2}{3}$　　　　　　　D. $\dfrac{4}{3}$

(二)填空题

(A)

1. 若数列 $\{x_n\}$ _____，则它必定有界，反之不一定成立. 设 $\lim\limits_{n \to \infty} a_n = 1$，则 $\lim\limits_{n \to \infty} \dfrac{a_{n-1} + a_n}{2} = $ _____.

2. $\lim\limits_{n \to \infty} (\sqrt{n+1} - \sqrt{n}) = $ _____.

3. $\lim\limits_{n \to \infty} \dfrac{(-1)^{n+1} + 2^n}{(-1)^n + 2^{n+1}} = $ _____.

4. $f(x) = \begin{cases} Ax, & x \leqslant 1 \\ x+1, & x > 1 \end{cases}$，在 $x=1$ 时极限存在，则 $A = $ _____.

5. $\lim\limits_{x \to 1} \dfrac{x-1}{x^2-1} = $ _____.

6. $\lim\limits_{x \to \infty} x \cdot \sin \dfrac{3}{x} = $ _____.

7. $\lim\limits_{x \to \infty} \dfrac{1}{x} \sin 4x = $ _____.

8. $\lim\limits_{x \to 0} \dfrac{\sin 10x}{\sin 5x} = $ _____.

9. $\lim\limits_{x \to 0} \dfrac{e^{\frac{x}{2}} - 1}{x} = $ _____.

10. $\lim\limits_{x \to 2} \dfrac{x-2}{\sqrt{x-1} - 1} = $ _____.

11. $\lim\limits_{x \to \infty} \left(\dfrac{x^3-2}{x^3+3} \right)^{x^3} = $ _____.

12. $\lim\limits_{x \to \infty} \left(x \sin \dfrac{1}{x} + \dfrac{1}{x} \sin x \right) = $ _____.

13. 若 $x \to 1$ 时，要使无穷小 $1 - \cos x$ 与 $a \cdot \sin^2 \dfrac{x}{2}$ 等价，则 $a = $ _____.

14. $\lim\limits_{x \to \infty} \left(\dfrac{3+x}{x} \right)^{2x} = $ _____.

(B)

1. $\lim\limits_{n \to \infty} a_n = A$ 的精确定义可叙述为：对于任意给定的 _____，总能找到 _____，使得当 _____时，恒有不等式 _____成立.

2. 设 $a_n = \dfrac{\sin n}{n}(n=1,2,\cdots)$，则 $\lim\limits_{x \to \infty} a_n =$ ＿＿＿＿＿＿＿＿，这是因为＿＿＿＿＿＿＿＿，要使 a_n 与其极限之差的绝对值小于 0.001，只要取正整数 $N \geqslant$ ＿＿＿＿＿＿＿＿，使得当 $n > N$ 时一定能满足上述要求.

3. 对于数列 $\left\{\dfrac{2n-1}{n}\right\}$，第＿＿＿＿＿＿＿＿项之后，各项与 2 的距离小于 $\varepsilon(\varepsilon > 0)$.

4. $\lim\limits_{x \to x_0} f(x) = A$，写出它的 $\varepsilon - \delta$ 定义：＿＿＿＿＿＿＿＿＿＿＿＿＿＿＿＿.

5. $\lim\limits_{n \to \infty} \sqrt{2n} \cdot (\sqrt{n+2} - \sqrt{n}) =$ ＿＿＿＿＿＿＿＿.

6. $\lim\limits_{n \to \infty} \dfrac{\sqrt{n^2+5}}{2n+3} =$ ＿＿＿＿＿＿＿＿.

7. $\lim\limits_{n \to \infty} \sqrt[n]{3^n + 4^n + 5^n} =$ ＿＿＿＿＿＿＿＿.

8. $\lim\limits_{n \to \infty} \dfrac{(2n-1)^{30} \cdot (3n-2)^{20}}{(2n+1)^{50}} =$ ＿＿＿＿＿＿＿＿.

9. $\lim\limits_{n \to \infty} \dfrac{\dfrac{\sin n}{n} + \sqrt[n]{\dfrac{2}{3}}}{\cos \dfrac{1}{n} + \left(-\dfrac{4}{5}\right)^n} =$ ＿＿＿＿＿＿＿＿.

10. $\lim\limits_{x \to 0}\left[\dfrac{\sin 3x}{x} + \dfrac{\sin(\sin 2x)}{2} + \dfrac{\sin(3\sin x)}{2x}\right] =$ ＿＿＿＿＿＿＿＿.

11. $\lim\limits_{x \to 0} \dfrac{\sin x^2}{x+3x^3} =$ ＿＿＿＿＿＿＿＿.

12. 若 $\lim\limits_{x \to 0} \dfrac{f\left(\dfrac{x}{3}\right)}{x} = \dfrac{1}{2}$，则 $\lim\limits_{x \to 0} \dfrac{f(2x)}{x} =$ ＿＿＿＿＿＿＿＿.

13. $\lim\limits_{x \to 0}\left(x\sin \dfrac{1}{x} + \dfrac{1}{x}\sin x\right) =$ ＿＿＿＿＿＿＿＿.

14. 若 $\lim\limits_{x \to a} f(x) = A$，则 $\lim\limits_{x \to a}(x-a) f(x) =$ ＿＿＿＿＿＿＿＿.

15. $\lim\limits_{x \to \infty} \dfrac{(x-1)^{97}(ax+1)^3}{(x^2+1)^{50}} = 8$，则 $a =$ ＿＿＿＿＿＿＿＿.

(三)解答与证明题

(A)

1. 求下列数列的极限：

(1) $\lim\limits_{n \to \infty} \dfrac{n^2-1}{2n^2-n-1}$;

(2) $\lim\limits_{n \to \infty} \dfrac{n^2-n}{n^4-3n^2+1}$;

(3) $\lim\limits_{n \to \infty}\left(1 - \dfrac{2n-1}{2n+1}\right)$;

(4) $\lim\limits_{n \to \infty}\left(1 + \dfrac{1}{n}\right)\left(2 - \dfrac{1}{n^2}\right)$;

(5) $\lim\limits_{n \to \infty}\left(\dfrac{1}{n} - \dfrac{2n}{n+2}\right)$;

(6) $\lim\limits_{n \to \infty} \dfrac{1+2+\cdots+n}{n^2}$;

$(7)\lim\limits_{n\to\infty}\dfrac{1+\dfrac{1}{2}+\dfrac{1}{4}+\cdots+\dfrac{1}{2^{n-1}}}{1+\dfrac{1}{3}+\dfrac{1}{9}+\cdots+\dfrac{1}{3^{n-1}}};$ $(8)\lim\limits_{n\to\infty}\dfrac{(-3)^n+1}{4^n+4^{n+1}};$

$(9)\lim\limits_{n\to\infty}\dfrac{10^n-3}{10^{n+1}+7}.$

2. 讨论下列函数在给定点处的极限：

$(1)f(x)=\dfrac{|x|}{2x}$，在点 $x=0$ 处；

$(2)f(x)=\begin{cases}x+4,&x<1\\6x-1,&x\geqslant1\end{cases}$，在点 $x=1$ 处；

$(3)f(x)=\begin{cases}x\sin\dfrac{1}{x},&x\neq0\\1,&x=0\end{cases}$，在点 $x=0$ 处．

3. 求下列函数的极限：

$(1)\lim\limits_{x\to-2}(x+1)^9(x^2-1);$ $(2)\lim\limits_{x\to0}\left(1-\dfrac{2}{x-3}\right);$

$(3)\lim\limits_{x\to1}\dfrac{x^2-1}{2x^2-x-1};$ $(4)\lim\limits_{x\to1}\dfrac{x^3-2x+1}{x^3-1};$

$(5)\lim\limits_{x\to0}\dfrac{3x^3+x^2}{x^5+3x^4-2x^2};$ $(6)\lim\limits_{h\to0}\dfrac{(x+h)^3-x^3}{h};$

$(7)\lim\limits_{x\to\infty}\dfrac{\sin x}{x};$ $(8)\lim\limits_{x\to\infty}\dfrac{2x^2+1}{2x^2+2x-1};$

$(9)\lim\limits_{x\to\infty}\dfrac{x^2+x}{x^4-3x^2+1};$ $(10)\lim\limits_{x\to\infty}\dfrac{x^2+x-1}{2x^3-1};$

$(11)\lim\limits_{x\to\infty}\left(\dfrac{3x^3+1}{3x^3-2}\right)^2;$ $(12)\lim\limits_{x\to1}\left(\dfrac{1}{1-x}-\dfrac{3}{1-x^3}\right);$

$(13)\lim\limits_{x\to-1}\left(\dfrac{2x-1}{x+1}+\dfrac{x-2}{x^2+x}\right);$ $(14)\lim\limits_{x\to0}\dfrac{\sqrt{1+x^2}-1}{x};$

$(15)\lim\limits_{x\to3}\dfrac{\sqrt{1+x}-2}{x-3};$ $(16)\lim\limits_{x\to2}\dfrac{x-2}{\sqrt{x-1}-1}.$

4. 计算下列极限：

$(1)\lim\limits_{x\to0}\dfrac{x}{\tan x};$ $(2)\lim\limits_{x\to0}\dfrac{\sin 3x}{5x};$

$(3)\lim\limits_{x\to0}\dfrac{\tan\dfrac{1}{2}x}{x};$ $(4)\lim\limits_{x\to0}x\cdot\cot x;$

$(5)\lim\limits_{x\to0}\dfrac{x^2}{\sin^2\left(\dfrac{x}{3}\right)};$ $(6)\lim\limits_{x\to\infty}x\cdot\sin\dfrac{1}{x}.$

5. 求下列极限：

$(1)\lim\limits_{x\to\infty}\left(1+\dfrac{2}{x}\right)^{2x}$;

$(2)\lim\limits_{x\to\infty}\left(1+\dfrac{1}{x}\right)^{x+2}$;

$(3)\lim\limits_{x\to\infty}\left(\dfrac{2x+3}{2x+1}\right)^{x}$;

$(4)\lim\limits_{x\to0}(1-x)^{\frac{1}{x}}$;

$(5)\lim\limits_{x\to0}(1-\tan x)^{\cot x}$;

$(6)\lim\limits_{x\to\infty}\left(1-\dfrac{1}{x}\right)^{2-x}$;

$(7)\lim\limits_{x\to0}\dfrac{e^{x}-1}{x}$.

6.在下列各题中,哪些是无穷小量? 哪些是无穷大量?

(1)当 $x\to0$ 时,$y=\dfrac{1+3x}{x^{2}}$;

(2)当 $x\to1$ 时,$y=\dfrac{x+4}{x^{2}-1}$;

(3)当 $x\to\infty$时,$y=\dfrac{4x^{2}-3}{2x^{3}+3x^{2}}$;

(4)当 $x\to2^{+}$ 时,$y=\ln(x-2)$;

(5)当 $x\to-1$ 时,$y=\dfrac{x^{2}}{x^{3}+1}$.

7.用等价无穷小量代换求极限:

$(1)\lim\limits_{x\to0}\dfrac{\sin ax}{\tan bx}$;

$(2)\lim\limits_{x\to0}\dfrac{1-\sqrt[m]{1+x}}{1-\sqrt[n]{1+x}}$;

$(3)\lim\limits_{x\to0}\dfrac{\tan x}{x}$;

$(4)\lim\limits_{x\to0}\dfrac{\sqrt{1+x^{2}}-1}{1-\cos x}$.

(B)

1.利用数列极限的定义证明下列极限:

$(1)\lim\limits_{n\to\infty}\dfrac{n}{n+1}=1$;

$(2)\lim\limits_{n\to\infty}\dfrac{1}{\sqrt{n}}=0$;

$(3)\lim\limits_{n\to\infty}\dfrac{3n-1}{n}=3$;

$(4)\lim\limits_{n\to\infty}\dfrac{2n}{5-4n}=-\dfrac{1}{2}$;

$(5)\lim\limits_{n\to\infty}\dfrac{n}{2n-1}=\dfrac{1}{2}$;

$(6)\lim\limits_{n\to\infty}\dfrac{2n-1}{n^{2}+n-4}=0$;

$(7)\lim\limits_{n\to\infty}\dfrac{n+4}{2n^{2}-5}=0$;

$(8)\lim\limits_{n\to\infty}\dfrac{3n^{2}+5n+14}{3n^{2}-n+6}=1$;

$(9)\lim\limits_{n\to\infty}(\sqrt{n+3}-\sqrt{n})=0$;

$(10)\lim\limits_{n\to\infty}\dfrac{n^{2}-n+3}{5n^{2}+2n-4}=\dfrac{1}{5}$.

2.求下列数列的极限:

$(1)\lim\limits_{n\to\infty}(n-\sqrt{n^{2}+5n})$;

$(2)\lim\limits_{n\to\infty}\dfrac{\sqrt{n+1}-\sqrt{n}}{\sqrt{n+2}-\sqrt{n}}$;

$(3)\lim\limits_{n\to\infty}\sqrt{5}\cdot\sqrt[4]{5}\cdot\sqrt[8]{5}\cdot\cdots\cdot\sqrt[2^{n}]{5}$;

$(4)\lim\limits_{n\to\infty}\left[\dfrac{1}{2^{2}-1}+\dfrac{1}{3^{2}-1}+\cdots+\dfrac{1}{(n+1)^{2}-1}\right]$;

(5) $\lim\limits_{n\to\infty}\left[\dfrac{1}{1\times2}+\dfrac{1}{2\times3}+\dfrac{1}{3\times4}+\cdots+\dfrac{1}{n(n+1)}\right]$;

(6) $\lim\limits_{n\to\infty}\left(1-\dfrac{1}{2^2}\right)\left(1-\dfrac{1}{3^2}\right)\cdots\left[1-\dfrac{1}{(n+1)^2}\right]$;

(7) $\lim\limits_{n\to\infty}\left(1-\dfrac{1}{2}\right)\left(1-\dfrac{1}{3}\right)\cdots\left(1-\dfrac{1}{n}\right)$;

(8) $\lim\limits_{n\to\infty}\sum\limits_{k=1}^{n}\dfrac{1}{4k^2-1}$;　　　　　　　(9) $\lim\limits_{n\to\infty}\dfrac{x^n-2}{x^n+2}$.

3. 用夹逼定理计算下列极限:

(1) $\lim\limits_{n\to\infty}\left(\dfrac{1}{n^2+n+1}+\dfrac{2}{n^2+n+2}+\cdots+\dfrac{n}{n^2+n+n}\right)$;

(2) $\lim\limits_{n\to\infty}n\cdot\left(\dfrac{1}{n^2+\pi}+\dfrac{1}{n^2+2\pi}+\cdots+\dfrac{1}{n^2+n\pi}\right)$;

(3) $\lim\limits_{n\to\infty}\sqrt[n]{a_1^n+a_2^n+\cdots+a_k^n}$ $(a=\max\{a_1,a_2,\cdots,a_k\})$, $a_i>0,i=1,2,3,\cdots,k(k$ 为
常数);

(4) $\lim\limits_{n\to\infty}\sqrt[n]{1+\dfrac{1}{2}+\dfrac{1}{3}+\cdots+\dfrac{1}{n}}$.

4. 证明数列 $x_1=\sqrt{a}$, $x_2=\sqrt{a+\sqrt{a}}$, $\cdots$, $x_n=\sqrt{a+\sqrt{a+\cdots+\sqrt{a}}}$, $\cdots$ 收敛 $(a>0)$,并求 $\lim\limits_{n\to\infty}x_n$.

5. 已知裴波拿契(Fibonacci)数列
$$F_n=\dfrac{1}{\sqrt{5}}\left[\left(\dfrac{1+\sqrt{5}}{2}\right)^{n+1}-\left(\dfrac{1-\sqrt{5}}{2}\right)^{n+1}\right],$$

求证: $\lim\limits_{n\to\infty}\dfrac{F_n}{F_{n+1}}=\dfrac{\sqrt{5}-1}{2}\approx0.618$.

6. 用函数极限定义证明下列极限:

(1) $\lim\limits_{x\to1}\dfrac{x-1}{x^2-1}=\dfrac{1}{2}$;　　　　　　　(2) $\lim\limits_{x\to3}x^2=9$;

(3) $\lim\limits_{x\to x_0}\sin x=\sin x_0$;　　　　　　　(4) $\lim\limits_{x\to+\infty}\dfrac{1}{\sqrt{x}}=0$;

(5) $\lim\limits_{x\to1}\dfrac{x^3-1}{x-1}=3$;　　　　　　　(6) $\lim\limits_{x\to\infty}\dfrac{3x^2+2x-2}{x^2-1}=3$;

(7) $\lim\limits_{x\to-\infty}\arctan x=-\dfrac{\pi}{2}$;　　　　　　　(8) $\lim\limits_{x\to\infty}\dfrac{2x}{5x+1}=\dfrac{2}{5}$;

(9) $\lim\limits_{x\to\infty}\dfrac{x^2}{x^2+1}=1$;　　　　　　　(10) $\lim\limits_{x\to5}\dfrac{x^2-6x+5}{x-5}=4$;

(11) $\lim\limits_{x\to\infty}\dfrac{1-x^2}{1+x^2}=-1$;　　　　　　　(12) $\lim\limits_{x\to-2}\dfrac{x^2-4}{x+2}=-4$.

7. 讨论下列函数在给定点处的极限:

$(1)f(x)=\begin{cases}\dfrac{\sqrt{1+x^2}-1}{x^2}, & x<0 \\[2mm] \dfrac{1+x}{2}, & 0\leqslant x\leqslant 3, \text{在点 } x=0, x=3 \text{ 处；} \\[2mm] \dfrac{1}{x-2}, & x>3\end{cases}$

$(2)f(x)=\begin{cases}\mathrm{e}^{\frac{1}{x}}, & x\neq 0 \\ 0, & x=0\end{cases}$，在点 $x=0$ 处；

$(3)f(x)=\begin{cases}\dfrac{x}{x+1}, & x<0, x\neq -1 \\[2mm] \sqrt{1-x^2}, & 0\leqslant x<1 \\[1mm] 3x-3, & x>1\end{cases}$，在点 $x=1, x=0, x=-1$ 处.

8.求下列函数的极限：

$(1)\lim\limits_{x\to\sqrt{3}}\dfrac{x^2-3}{x^4+x^2+1}$；

$(2)\lim\limits_{x\to -1}\sqrt{x^3+2x+7}$；

$(3)\lim\limits_{x\to\infty}\left(\dfrac{x^3}{2x^2-1}-\dfrac{x^2}{2x+1}\right)$；

$(4)\lim\limits_{x\to\infty}(\sqrt{x^2+1}-\sqrt{x^2-1})$；

$(5)\lim\limits_{x\to 1}\dfrac{x-\sqrt{x}}{\sqrt{x}-1}$；

$(6)\lim\limits_{x\to 16}\dfrac{\sqrt[4]{x}-2}{\sqrt{x}-4}$；

$(7)\lim\limits_{x\to 4}\dfrac{\sqrt{2x+1}-3}{\sqrt{x-2}-\sqrt{2}}$.

9.计算下列极限：

$(1)\lim\limits_{x\to 0}\dfrac{\tan x-\sin x}{x^3}$；

$(2)\lim\limits_{x\to 0}\dfrac{\sin x^4}{\sin^3 x}$；

$(3)\lim\limits_{x\to 1}(1-x)\cdot\tan\dfrac{\pi x}{2}$；

$(4)\lim\limits_{x\to\pi}\dfrac{\sin x}{\pi-x}$；

$(5)\lim\limits_{x\to 0}\dfrac{\arctan x}{x}$.

10.求下列极限：

$(1)\lim\limits_{x\to 1}\left(\dfrac{2x}{x+1}\right)^{\frac{2x}{x-1}}$；

$(2)\lim\limits_{x\to 0}(1+2x)^{\frac{1}{x}+2}$；

$(3)\lim\limits_{x\to\infty}\left(\dfrac{x}{x-2}\right)^{3x}$；

$(4)\lim\limits_{x\to 1}(1+\ln x)^{\frac{3}{\ln x}}$；

$(5)\lim\limits_{x\to a}\dfrac{\ln x-\ln a}{x-a}$.

11. 若 $\lim\limits_{x\to 2}\dfrac{x-2}{x^2+ax+b}=\dfrac{1}{8}$，求 a 和 b 的值.

12. 若 $\lim\limits_{x\to 1}\dfrac{x^2+ax+b}{\sin(x^2-1)}=3$，求 a 和 b 的值.

13. 在下列各题中,哪些是无穷小量? 哪些是无穷大量?

(1)当 $x \to \infty$ 时,$y = \sin x \cdot \sin \dfrac{1}{x}$;

(2)当 $x \to \infty$ 时,$y = \dfrac{1}{e^{x^2}} \cdot \cos x$;

(3)当 $x \to 0$ 时,$y = \dfrac{x^2}{x+1}\left(3 + \sin \dfrac{1}{x}\right)$;

(4)当 $x \to \infty$ 时,$y = \dfrac{1}{x+1}(\sin x + \cos x)$.

14. 证明:当 $\lim\limits_{x \to a} f(x) = 0$ 时,$\sqrt[n]{1+f(x)} - 1 \sim \dfrac{f(x)}{n}$.

15. 用等价无穷小量代换求极限:

(1)$\lim\limits_{x \to 0} \dfrac{\sqrt[n]{1+\sin x} - 1}{\tan x}$;

(2)$\lim\limits_{x \to 0} \dfrac{\sqrt{1+x+x^2} - 1}{\sin 2x}$;

(3)$\lim\limits_{x \to 0} \dfrac{1 - \cos(1 - \cos x)}{x^4}$;

(4)$\lim\limits_{x \to 0} \dfrac{x^2(x+1)}{1 - \cos x}$;

(5)$\lim\limits_{x \to 0} \dfrac{\sqrt{1+x^3} - 1}{x \tan^2 x}$;

(6)$\lim\limits_{x \to 0} \dfrac{1 - \cos 2x}{\sin^2 3x}$;

(7)$\lim\limits_{x \to 0} \dfrac{\sqrt{1+x\sin x} - 1}{e^{x^2} - 1}$.

五、自测题

自测题 A(100 分)

(一)单项选择题(每题 2 分,共 20 分)

1. 当 $x \to x_0$ 时,$f(x)$ 以 A 为极限的充要条件是( ).

A. $\lim\limits_{x \to x_0^-} f(x) = A$

B. $\lim\limits_{x \to x_0^+} f(x) = A$

C. $\lim\limits_{x \to x_0^-} f(x) = \lim\limits_{x \to x_0^+} f(x)$

D. $f(x) = A + \alpha\left(\lim\limits_{x \to x_0} \alpha = 0\right)$

2. 下列等式成立的是( ).

A. $\lim\limits_{n \to \infty}\left(1 + \dfrac{1}{n}\right)^{2n} = e$

B. $\lim\limits_{n \to \infty}\left(1 + \dfrac{2}{n}\right)^{n} = e$

C. $\lim\limits_{n \to \infty}\left(1 + \dfrac{1}{2n}\right)^{n} = e$

D. $\lim\limits_{n \to \infty}\left(1 + \dfrac{1}{n}\right)^{n+2} = e$

3. $x \to 0$ 时,$x \sin \dfrac{1}{x}$ 是( ).

A. x 的高阶无穷小量

B. x 的低阶无穷小量

C. 与 x 同阶的无穷小量

D. 无穷小量,但是其阶不确定

4. 数列有界是数列极限存在的（　　）.

A. 充分条件　　　　　　　　　　　B. 必要条件

C. 充要条件　　　　　　　　　　　D. 非充分非必要条件

5. 下列数列哪一个必有极限？（　　）

A. $a_n = (-1)^n \dfrac{1}{2n}$　　　　　　　　　B. $a_n = (-1)^n$

C. $a_n = 1 - n$　　　　　　　　　　D. $a_n = \dfrac{n^3 - 1}{2n^2 + 1}$

6. 函数 $f(x)$ 在点 x_0 处有左、右极限是函数 $f(x)$ 在点 x_0 处有极限的（　　）.

A. 充分条件　　　B. 必要条件　　　C. 充要条件　　　D. 无关条件

7. 若 $\lim\limits_{x \to x_0} f(x)$ 和 $\lim\limits_{x \to x_0} g(x)$ 均存在，则 $\lim\limits_{x \to x_0} \dfrac{f(x)}{g(x)}$（　　）.

A. 存在　　　　　B. 不存在　　　　C. 不一定存在　　　D. 恒为 1

8. 若函数 $f(x)$ 在点 x_0 处的极限存在，则（　　）.

A. $f(x)$ 在点 x_0 处的函数值必存在但不一定等于极限值 $\lim\limits_{x \to x_0} f(x)$

B. 如果 $f(x)$ 在点 x_0 处的函数值存在，则必等于极限值 $\lim\limits_{x \to x_0} f(x)$

C. $f(x)$ 在点 x_0 处的函数值不一定存在

D. 以上都不正确

9. 下列结论正确的是（　　）.

A. $\lim\limits_{n \to \infty} \left(\dfrac{1}{n^2} + \dfrac{2}{n^2} + \cdots + \dfrac{n}{n^2} \right) = \lim\limits_{n \to \infty} \dfrac{1}{n^2} + \lim\limits_{n \to \infty} \dfrac{2}{n^2} + \cdots + \lim\limits_{n \to \infty} \dfrac{n}{n^2} = 0 + 0 + \cdots + 0 = 0$

B. $\lim\limits_{n \to \infty} \left(1 + \dfrac{1}{n} \right)^n = \lim\limits_{n \to \infty} \left(1 + \dfrac{1}{n} \right) \cdot \lim\limits_{n \to \infty} \left(1 + \dfrac{1}{n} \right) \cdots \lim\limits_{n \to \infty} \left(1 + \dfrac{1}{n} \right) = 1 \times 1 \times \cdots \times 1 = 1$

C. $\lim\limits_{x \to \infty} x \sin \dfrac{1}{x} = \lim\limits_{x \to \infty} x \cdot \lim\limits_{x \to \infty} \sin \dfrac{1}{x} = \infty$

D. $\lim\limits_{x \to 0} x^2 \cos \dfrac{1}{x} = 0$

10. 下列各式中正确的是（　　）.

A. $\lim\limits_{x \to \infty} \left(1 + \dfrac{1}{x} \right)^{2x} = \mathrm{e}$　　　　　　　B. $\lim\limits_{x \to \infty} \left(1 + \dfrac{2}{x} \right)^x = \mathrm{e}$

C. $\lim\limits_{x \to \infty} \left(1 + \dfrac{1}{2x} \right)^x = \mathrm{e}$　　　　　　　D. $\lim\limits_{x \to \infty} \left(1 + \dfrac{1}{x} \right)^{2+x} = \mathrm{e}$

(二)填空题（每题 2 分，共 20 分）

1. 若 $\lim\limits_{x \to \infty} \left(1 + \dfrac{5}{x} \right)^{-kx} = \mathrm{e}^{-10}$，则 $k = $ ＿＿＿＿＿＿.

2. 当 k 取 ＿＿＿＿＿＿ 的值时，$\lim\limits_{n \to \infty} \left(\dfrac{1}{n^k} + \dfrac{2}{n^k} + \cdots + \dfrac{n}{n^k} \right) = 0$.

3. $\lim\limits_{x \to 0} \dfrac{\sin 3x}{kx} = 5$，则 $k = $ ＿＿＿＿＿＿.

4. 函数 $f(x) = \begin{cases} x^3+1, & x<0 \\ 0, & x=0 \\ 3^x, & x>0 \end{cases}$ 在 $x=0$ 处极限 _____.

5. $\lim\limits_{x \to \infty} \left(\dfrac{x+a}{x-a} \right)^x = $ _____.

6. 当 $x \to 0$ 时，无穷小量 $\ln(1+x)$ 与 x 比较是 _____.

7. $\lim\limits_{x \to 0} \left(\sin x \cdot \sin \dfrac{1}{x} + \dfrac{1}{x} \sin x \right) = $ _____.

8. 已知 $\lim\limits_{x \to 3} \dfrac{x^2 - 2x + k}{x-3} = 4$，则 $k = $ _____.

9. $\lim\limits_{n \to \infty} \left[\dfrac{1}{1 \cdot 2} + \dfrac{1}{2 \cdot 3} + \cdots + \dfrac{1}{n(n-1)} \right] = $ _____.

10. $\lim\limits_{x \to 0} \dfrac{\sqrt{x+4} - 2}{x} = $ _____.

(三)解答题(每题 10 分，共 50 分)

1. 计算下列极限：

$(1) \lim\limits_{x \to 1} \left(\dfrac{1}{1-x} - \dfrac{3}{1-x^3} \right);$　　　　$(2) \lim\limits_{x \to \infty} (x-1) \sin \dfrac{1}{x-1}.$

2. 求极限 $\lim\limits_{n \to \infty} \left(\dfrac{1}{n^k} + \dfrac{2}{n^k} + \cdots + \dfrac{n}{n^k} \right)$，$k$ 为常数.

3. 求极限 $\lim\limits_{x \to 0} \dfrac{\tan x - \sin x}{\sin^3 x}.$

4. 求极限 $\lim\limits_{n \to \infty} \dfrac{1 + 2 + 2^2 + \cdots + 2^n}{1 + 3 + 3^2 + \cdots + 3^n}.$

5. 求极限 $\lim\limits_{n \to \infty} (1+x)(1+x^2)(1+x^4) \cdots (1+x^{2^n}) \; (|x| < 1).$

(四)证明题(10 分)

证明：当 $x \to 0$ 时，$\sec x - 1 \sim \dfrac{x^2}{2}.$

自测题 B(100 分)

(一)单项选择题(每题 2 分，共 20 分)

1. 如果 $\lim\limits_{x \to x_0} f(x)$ 存在，则 $f(x)$ 在 x_0 处(　　　).

A. 一定有定义　　　　　　　　　B. 一定无定义

C. 可以有定义，也可以无定义　　D. 有定义且有 $f(x_0) = \lim\limits_{x \to x_0} f(x)$

2. $\lim\limits_{n \to \infty} \dfrac{2n^2 + 3n - 2}{n^2 + 1} = ($　　　$).$

A. 0   B. 2   C. ∞ D. -2

3. 下列函数中,当 $x \to 0$ 时和 x 是等价无穷小的是(   ).

A. $\ln(1+x)$ B. $\sin \frac{x}{2}$ C. $1-\cos x$ D. $\sqrt[n]{1+x}-1$

4. 下列等式成立的是(   ).

A. $\lim\limits_{x \to \frac{\pi}{2}} \dfrac{\sin\left(\frac{\pi}{2}-x\right)}{\frac{\pi}{2}-x}=-1$ B. $\lim\limits_{x \to 0} \dfrac{\tan x}{\sin x}=1$

C. $\lim\limits_{x \to 0} \dfrac{\sin(x+2)}{x}=1$ D. $\lim\limits_{x \to \pi} \dfrac{\sin(\tan x)}{\pi-x}=1$

5. 若 $\lim\limits_{x \to 1} \dfrac{ax^2-2x+b}{x^2+x-2}=-2$,则(   ).

A. $a=-2, b=4$ B. $a=-2, b=0$ C. $a=2, b=4$ D. $a=2, b=-4$

6. 下列极限正确的是(   ).

A. $\lim\limits_{x \to 0}\left(1-\dfrac{1}{x}\right)^x=\mathrm{e}$ B. $\lim\limits_{x \to \infty}(1+x)^{\frac{1}{x}}=\mathrm{e}$

C. $\lim\limits_{x \to \infty}\left(1-\dfrac{1}{x}\right)^x=\mathrm{e}$ D. $\lim\limits_{x \to 0}(1+x)^{\frac{1}{x}}=\mathrm{e}$

7. 下列各式正确的是(   ).

A. $\lim\limits_{x \to 0} \dfrac{x}{\sin x}=0$ B. $\lim\limits_{x \to \infty} \dfrac{x}{\sin x}=0$

C. $\lim\limits_{x \to \infty} \dfrac{\sin x}{-x}=0$ D. $\lim\limits_{x \to \infty} \dfrac{\sin x}{-x}$ 不存在

8. 函数 $f(x)=\mathrm{e}^{\frac{1}{x-1}}$ 在点 $x=1$ 处(   ).

A. 存在左极限   B. 存在右极限

C. 存在极限   D. 左、右极限都不存在

9. $\lim\limits_{x \to \infty}\left(\dfrac{1}{x}\sin x+x\sin\dfrac{1}{2x}\right)=$(   ).

A. 1   B. 0   C. $\dfrac{1}{2}$ D. 不存在

10. 当 $x \to 0$ 时,$\sqrt[n]{1+2x^2}-1$ 的等价无穷小为(   ).

A. $\dfrac{x}{n}$ B. $\dfrac{x^2}{n}$ C. $\dfrac{2x^2}{n}$ D. $\dfrac{x^2}{2n}$

(二)填空题(每题 2 分,共 20 分)

1. $\lim\limits_{n \to \infty} \dfrac{n}{\sqrt{n(n+1)}+\sqrt{n(n-1)}}=$ _____ .

2. $\lim\limits_{n \to \infty} \dfrac{n^{1\,990}}{n^k-(n-1)^k}=A(A \neq 0, A \neq \infty)$,则 $k=$ _____ .

3. $\lim\limits_{x\to 0} x \cdot \cot 2x = $ _____ .

4. $\lim\limits_{x\to 0^+} \dfrac{1-e^{\frac{1}{x}}}{x+e^{\frac{1}{x}}} = $ _____ .

5. 已知当 $x\to 0$ 时，$(1+\alpha x^2)^{\frac{1}{3}} - 1$ 与 $\cos x - 1$ 是等价无穷小，则常数 $\alpha = $ _____ .

6. 当 $x\to\infty$ 时，$f(x)$ 与 $\dfrac{1}{x}$ 是等价无穷小，则 $\lim\limits_{x\to\infty} 2xf(x) = $ _____ .

7. $\lim\limits_{x\to\infty}\left(\dfrac{1}{x}\arctan x + x \cdot \arctan\dfrac{1}{x}\right) = $ _____ .

8. $f(x)=\begin{cases} \dfrac{|x-1|}{x-1}, & x\neq 1 \\ a, & x=1 \end{cases}$ 且 $\lim\limits_{x\to 1^-} f(x) = a$，则 $a = $ _____ .

9. $\lim\limits_{x\to 0^+}\sqrt{x} \cdot \sin\dfrac{1}{x} = $ _____ .

10. $f(x) = \dfrac{x^2}{x+1} - ax - b$，当 $x\to\infty$ 时为无穷小，则 $a = $ _____ ，$b = $ _____ .

(三)解答题(共 50 分)

1. 计算下列极限．(每小题 10 分)

(1) $\lim\limits_{x\to\infty}\dfrac{\sin x^2 + x}{\cos x^2 - x}$；

(2) $\lim\limits_{x\to +\infty}(\sqrt{(x+a)(x+b)} - x)$；

(3) $\lim\limits_{x\to 0}(1+2x)^{\frac{3}{\sin x}}$．

2. 求极限 $\lim\limits_{x\to 4}\dfrac{\sqrt{2x+1}-3}{\sqrt{x-2}-\sqrt{2}}$．(10 分)

3. 求极限 $\lim\limits_{x\to\infty}\left(\cos\dfrac{1}{x} + \sin\dfrac{1}{x}\right)^x$．(10 分)

(四)证明题(10 分)

用极限 $\varepsilon-\delta$ 定义证明 $\lim\limits_{x\to x_0}\sqrt{1-x^2} = \sqrt{1-x_0^2}$ $(|x_0| < 1)$．

习题答案与提示

(一)单项选择题

(A)

1. D	2. B	3. D	4. A	5. D	6. D
7. C	8. C	9. B	10. B	11. B	12. A
13. B	14. D	15. D	16. C		

(B)

1. D	2. B	3. D	4. D	5. C	6. A

7. C　　　　　8. A　　　　　9. C　　　　　10. C　　　　　11. D　　　　　12. C

(二)填空题

(A)

1. 存在极限,1　　　2. 0　　　3. $\frac{1}{2}$　　　4. 2　　　5. $\frac{1}{2}$

6. 3　　　7. 0　　　8. 2　　　9. $\frac{1}{2}$　　　10. 2　　　11. e^{-5}

12. 1　　　13. 2　　　14. e^6

(B)

1. $\varepsilon>0,N>0,n>N,|a_n-A|<\varepsilon$

2. 0; $\forall \varepsilon>0,\left|\frac{\sin n}{n}-0\right|=\frac{|\sin n|}{n}\leqslant\frac{1}{n}<\varepsilon$,则 $n>\frac{1}{\varepsilon}$,取 $N\geqslant\left[\frac{1}{\varepsilon}\right]$,当 $n>N$ 时,恒有 $\left|\frac{\sin n}{n}-0\right|<\varepsilon$;1 000

3. $\left[\frac{1}{\varepsilon}\right]$　　　4. $\forall \varepsilon>0,\exists \delta>0$,当 $0<|x-x_0|<\delta$,恒有 $|f(x)-A|<\varepsilon$

5. $\sqrt{2}$　　　6. $\frac{1}{2}$　　　7. 5　提示:被开方数提取公因式 5^n.

8. $\left(\frac{3}{2}\right)^{20}$　　　9. 1　　　10. $\frac{13}{2}$　　　11. 0

12. 3　提示: $\lim\limits_{x\to 0}\dfrac{f\left(\frac{x}{3}\right)}{\frac{x}{3}}=\frac{3}{2}\Rightarrow\lim\limits_{x\to 0}\dfrac{f(2x)}{2x}=\frac{3}{2}.$　13. 1　　　14. 0　　　15. 2

(三)解答与证明题

(A)

1. (1) $\frac{1}{2}$　　　(2) 0　　　(3) 0　　　(4) 2　　　(5) -2

(6) $\frac{1}{2}$　　　(7) $\frac{4}{3}$　　　(8) 0　　　(9) $\frac{1}{10}$

2. (1) $f(x)$ 在点 $x=0$ 处的极限不存在

(2) $f(x)$ 在点 $x=1$ 处的极限存在

(3) $\lim\limits_{x\to 0}x\sin\frac{1}{x}=0$(根据无穷小量的性质)

3. (1) -3　　　(2) $\frac{5}{3}$　　　(3) $\frac{2}{3}$

(4) $\frac{1}{3}$　提示: $\dfrac{x^3-2x+1}{x^3-1}=\dfrac{x^3-x-(x-1)}{(x-1)(x^2+x+1)}=\dfrac{(x-1)(x^2+x-1)}{(x-1)(x^2+x+1)}=\dfrac{x^2+x-1}{x^2+x+1}.$

$(5)-\dfrac{1}{2}$　提示：分子、分子同时约去 x^2.

$(6)3x^2$

$(7)0$　提示：$x\to 0$ 时，$\dfrac{1}{x}$ 是无穷小量且 $|\sin x|\leqslant 1$，根据无穷小量乘以有界量仍为无穷小量的性质，可知原式为零.

$(8)1$　　　　$(9)0$　　　　$(10)0$　　　　$(11)1$　　　　$(12)-1$　　　　$(13)4$

$(14)0$　　　$(15)\dfrac{1}{4}$　　　$(16)2$

4.$(1)1$　　　$(2)\dfrac{3}{5}$　　　$(3)\dfrac{1}{2}$　　　$(4)1$　　　　$(5)9$　　　　$(6)1$

5.$(1)\mathrm{e}^4$　　$(2)\mathrm{e}$　　　$(3)\mathrm{e}$　　　$(4)\mathrm{e}^{-1}$　　　$(5)\mathrm{e}^{-1}$　　　$(6)\mathrm{e}$

$(7)1$　提示：令 $\mathrm{e}^x-1=t$，则 $x=\ln(1+t)$，当 $x\to 0$ 时，$t\to 0$，

$$原式=\lim_{t\to 0}\dfrac{t}{\ln(1+t)}=\lim_{t\to 0}\left[\dfrac{\ln(1+t)}{t}\right]^{-1}$$

$$=\lim_{t\to 0}\left[\ln(1+t)^{\frac{1}{t}}\right]=\ln\lim_{t\to 0}\left[(1+t)^{\frac{1}{t}}\right]^{-1}=[\ln\mathrm{e}]^{-1}=1.$$

6.(1)无穷大量　(2)无穷大量　(3)无穷小量　(4)无穷大量　(5)无穷大量

7.$(1)\dfrac{a}{b}$　　$(2)\dfrac{n}{m}$　　　$(3)1$　　　　$(4)1$

(B)

1.(1)略　　(2)略　　(3)略

(4)提示：$\left|\dfrac{2n}{5-4n}-\left(-\dfrac{1}{2}\right)\right|=\left|\dfrac{5}{2(5-4n)}\right|<\left|\dfrac{5}{5-4n}\right|=\dfrac{5}{4n-5}$（限制 $n>1$）.

(5)略

(6)提示：$\left|\dfrac{2n-1}{n^2+n-4}-0\right|<\left|\dfrac{2n}{n^2+n-4}\right|$，限制 $n>4$，则 $\dfrac{2n-1}{n^2+n-4}<\dfrac{2n}{n^2}=\dfrac{2}{n}$，对

$\forall\varepsilon>0$，令 $\dfrac{2}{n}<\varepsilon$，取 $N=\left[\dfrac{2}{\varepsilon}\right]$，所以 $\forall\varepsilon>0$，取 $N\geqslant\max\left\{4,\left|\dfrac{2}{\varepsilon}\right|\right\}$，当 $n>N$ 时，

$\left|\dfrac{2n-1}{n^2+n-4}\right|<\varepsilon$.

(7)提示：$\left|\dfrac{n+4}{2n^2-5}-0\right|=\left|\dfrac{n+4}{n^2+n^2-5}\right|$，限制 $n>3$，则 $\dfrac{n+4}{n^2+n^2-5}<\dfrac{n+4n}{n^2}=$

$\dfrac{5}{n}<\varepsilon.$ 取 $N\geqslant\left[\dfrac{5}{\varepsilon}\right]$，所以 $\forall\varepsilon>0$，取 $N\geqslant\max\left\{3,\left|\dfrac{5}{\varepsilon}\right|\right\}$，当 $n>N$ 时，

$\left|\dfrac{n+4}{2n^2-5}-0\right|<\varepsilon.$

(8)提示：$\left|\dfrac{3n^2+5n+14}{3n^2-n+6}-1\right|=\left|\dfrac{6n+8}{3n^2-n+6}\right|=\left|\dfrac{6n+8}{n^2+(2n^2-n+6)}\right|$，限制 $n>$

8,则 $\left|\dfrac{6n+8}{n^2+(2n^2-n+6)}\right|<\dfrac{6n+n}{n^2}=\dfrac{7}{n}$.

(9)提示：$\left|\sqrt{n+3}-\sqrt{n}-0\right|=\left|\dfrac{(\sqrt{n+3}-\sqrt{n})(\sqrt{n+3}+\sqrt{n})}{\sqrt{n+3}+\sqrt{n}}\right|=\dfrac{3}{\sqrt{n+3}+\sqrt{n}}<\dfrac{3}{\sqrt{n}}$.

(10)提示：$\forall\varepsilon>0$，由于 $\left|\dfrac{n^2-n+3}{5n^2+2n-4}-\dfrac{1}{5}\right|=\left|\dfrac{-7n+19}{5(5n^2+2n-4)}\right|=\dfrac{7n-19}{5(5n^2+2n-4)}$，

限制 $n>3$，则 $\dfrac{7n-19}{5(5n^2+2n-4)}<\dfrac{7n}{25n^2}<\dfrac{1}{n}$.

2.(1)$-\dfrac{5}{2}$　　　(2)$\dfrac{1}{2}$

(3)5　提示：$\sqrt{5}\cdot\sqrt[4]{5}\cdot\sqrt[8]{5}\cdot\cdots\cdot\sqrt[2^n]{5}=5^{\frac{1}{2}}\cdot5^{\frac{1}{4}}\cdot5^{\frac{1}{8}}\cdot\cdots\cdot5^{\frac{1}{2^n}}=$

$5^{\frac{1}{2}+\frac{1}{4}+\frac{1}{8}+\cdots+\left(\frac{1}{2}\right)^n}$.

(4)$\dfrac{3}{4}$　提示：$\dfrac{1}{(n+1)^2-1}=\dfrac{1}{n^2+2n+1-1}=\dfrac{1}{n(n+2)}=\dfrac{1}{2}\left(\dfrac{1}{n}-\dfrac{1}{n+2}\right)$.

$\dfrac{1}{2^2-1}+\dfrac{1}{3^2-1}+\cdots+\dfrac{1}{(n+1)^2-1}$

$=\dfrac{1}{2}\left(1-\dfrac{1}{3}\right)+\dfrac{1}{2}\left(\dfrac{1}{2}-\dfrac{1}{4}\right)+\cdots+\dfrac{1}{2}\left(\dfrac{1}{n}-\dfrac{1}{n+2}\right)$

$=\dfrac{1}{2}\left[\left(1-\dfrac{1}{3}\right)+\left(\dfrac{1}{2}-\dfrac{1}{4}\right)+\left(\dfrac{1}{3}-\dfrac{1}{5}\right)+\left(\dfrac{1}{4}-\dfrac{1}{6}\right)+\cdots+\right.$

$\left.\left(\dfrac{1}{n-1}-\dfrac{1}{n+1}\right)+\left(\dfrac{1}{n}-\dfrac{1}{n+2}\right)\right]$

$=\dfrac{1}{2}\left(1+\dfrac{1}{2}-\dfrac{1}{n+1}-\dfrac{1}{n+2}\right)$

$=\dfrac{1}{2}\left(\dfrac{3}{2}-\dfrac{1}{n+1}-\dfrac{1}{n+2}\right)$.

(5)1　提示：$\dfrac{1}{n(n+1)}=\dfrac{1}{n}-\dfrac{1}{n+1}$.

$\dfrac{1}{1\times2}+\dfrac{1}{2\times3}+\dfrac{1}{3\times4}+\cdots+\dfrac{1}{n(n+1)}$

$=\left(1-\dfrac{1}{2}\right)+\left(\dfrac{1}{2}-\dfrac{1}{3}\right)+\left(\dfrac{1}{3}-\dfrac{1}{4}\right)+\cdots+\left(\dfrac{1}{n}-\dfrac{1}{n+1}\right)$

$=1-\dfrac{1}{n+1}$.

(6)$\dfrac{1}{2}$　提示：因为 $1-\dfrac{1}{(n+1)^2}=\left(1+\dfrac{1}{n+1}\right)\left(1-\dfrac{1}{n+1}\right)$，所以

$\left(1-\dfrac{1}{2^2}\right)\left(1-\dfrac{1}{3^2}\right)\left(1-\dfrac{1}{4^2}\right)\cdots\left[1-\dfrac{1}{(n+1)^2}\right]$

$$=\left(1+\frac{1}{2}\right)\left(1-\frac{1}{2}\right)\left(1+\frac{1}{3}\right)\left(1-\frac{1}{3}\right)\left(1+\frac{1}{4}\right)\left(1-\frac{1}{4}\right)\cdots\left(1+\frac{1}{n+1}\right)\left(1-\frac{1}{n+1}\right)$$

$$=\frac{3}{2}\cdot\frac{1}{2}\cdot\frac{4}{3}\cdot\frac{2}{3}\cdot\cdots\cdot\frac{n+2}{n+1}\cdot\frac{n}{n+1}$$

$$=\frac{1}{2}\times\frac{n+2}{n+1}.$$

(7)0

(8)$\frac{1}{2}$　提示：$\displaystyle\sum_{k=1}^{n}\frac{1}{4k^2-1}=\frac{1}{4\times1^2-1}+\frac{1}{4\times2^2-1}+\frac{1}{4\times3^2-1}+\cdots+\frac{1}{4\times n^2-1}.$

$$\frac{1}{4k^2-1}=\frac{1}{(2k-1)(2k+1)}=\frac{1}{2}\left(\frac{1}{2k-1}-\frac{1}{2k+1}\right),则$$

$$\sum_{k=1}^{n}\frac{1}{4k^2-1}=\frac{1}{2}\left(1-\frac{1}{3}\right)+\frac{1}{2}\left(\frac{1}{3}-\frac{1}{5}\right)+\frac{1}{2}\left(\frac{1}{5}-\frac{1}{7}\right)+\cdots+\frac{1}{2}\cdot$$

$$\left(\frac{1}{2n-1}-\frac{1}{2n+1}\right)=\frac{1}{2}\left(1-\frac{1}{2n+1}\right).$$

(9)提示：1° 当$|x|<1$时，$\displaystyle\lim_{n\to\infty}x^n=0$，所以原式$=\dfrac{0-2}{0+2}=-1$；

2° 当$|x|<1$时，$\displaystyle\lim_{n\to\infty}\frac{1}{x^n}=0$，所以原式$=\displaystyle\lim_{n\to\infty}\frac{1-\dfrac{2}{x^n}}{1+\dfrac{2}{x^n}}=1$；

3° 当$x=1$时，原式$=\dfrac{1-2}{1+2}=-\dfrac{1}{3}$；

4° 当$x=-1$时，极限不存在.

3.(1)提示：$\dfrac{1}{n^2+n+n}+\dfrac{2}{n^2+n+n}+\cdots+\dfrac{n}{n^2+n+n}<\dfrac{1}{n^2+n+1}+\dfrac{2}{n^2+n+2}+\cdots+$

$\dfrac{n}{n^2+n+n}$，$\dfrac{1}{n^2+n+1}+\dfrac{2}{n^2+n+2}+\cdots+\dfrac{n}{n^2+n+n}<\dfrac{1}{n^2+n}+\dfrac{2}{n^2+n}+\cdots+\dfrac{n}{n^2+n}=$

$\dfrac{1+2+\cdots+n}{n^2+n}$，而$\displaystyle\lim_{n\to\infty}\frac{1+2+\cdots+n}{n^2+n+n}=\lim_{n\to\infty}\frac{\dfrac{n(n+1)}{2}}{n^2+2n}=\frac{1}{2}\lim_{n\to\infty}\frac{n+1}{n+2}=\frac{1}{2}$，又

$\displaystyle\lim_{n\to\infty}\frac{1+2+\cdots+n}{n^2+n}=\lim_{n\to\infty}\frac{\dfrac{n(n+1)}{2}}{n(n+1)}=\frac{1}{2}$，所以由夹逼定理可知，原式$=\dfrac{1}{2}$.

(2)1　提示：$\dfrac{n\cdot n}{n^2+n\pi}<n\cdot\left(\dfrac{1}{n^2+\pi}+\dfrac{1}{n^2+2\pi}+\cdots+\dfrac{1}{n^2+n\pi}\right)<\dfrac{n^2}{n^2+\pi}$，而

$\displaystyle\lim_{n\to\infty}\frac{n^2}{n^2+\pi}=1$.

(3)a　提示：$a=\sqrt[n]{a^n}<\sqrt[n]{a_1^n+a_2^n+\cdots+a_k^n}<\sqrt[n]{ka^n}=a\sqrt[n]{k}$，而$\displaystyle\lim_{n\to\infty}\sqrt[n]{k}=1$，故由

夹逼定理可知，原式$=a$.

（4）1　提示：$1 = \sqrt[n]{\dfrac{n}{n}} < \sqrt[n]{1+\dfrac{1}{2}+\dfrac{1}{3}+\cdots+\dfrac{1}{n}} < \sqrt[n]{\underbrace{1+\cdots+1}_{n\text{项}}} = \sqrt[n]{n}$，而 $\lim\limits_{n\to\infty}\sqrt[n]{n} = 1$，故由夹逼定理可知，原式 $=1$.

4. 先证 $\{x_n\}$ 为单调数列. 由于 $x_2 = \sqrt{a+x_1} > x_1$，设当 $n=k$ 时，$x_k > x_{k-1}$，则由 $a+x_k > a+x_{k-1}$ 可知 $\sqrt{a+x_k} > \sqrt{a+x_{k-1}}$，即 $x_{k+1} < x_k$，故 $n=k+1$ 时不等式成立. 由数学归纳法知 $\{x_n\}$ 为单调数列.

再证 $\{x_n\}$ 有界. 显然 $x_1 = \sqrt{a} < \sqrt{a}+1$，设当 $n=k$ 时，$x_k < \sqrt{a}+1$，则当 $n=k+1$ 时，$x_{k+1} = \sqrt{a+x_k} < \sqrt{a+\sqrt{a}+1} < \sqrt{a+2\sqrt{a}+1} = \sqrt{(\sqrt{a}+1)^2} = \sqrt{a}+1$，因而 $\{x_n\}$ 有界. 若令 $\lim\limits_{n\to\infty}x_n = l$. 于是得 $l = \sqrt{a+l}$. 即 $l^2 - l - a = 0$.

解之，知 $l = \dfrac{1}{2}\cdot(1\pm\sqrt{1+4a})$，舍去负值，于是 $\lim\limits_{n\to\infty}x_n = \dfrac{1}{2}(1+\sqrt{1+4a})$.

5. 证明：因为 $F_n = \dfrac{1}{\sqrt{5}}\left(\dfrac{1+\sqrt{5}}{2}\right)^{n+1}\left[1-\left(\dfrac{1-\sqrt{5}}{1+\sqrt{5}}\right)^{n+1}\right]$，

$$F_{n+1} = \dfrac{1}{\sqrt{5}}\left(\dfrac{1+\sqrt{5}}{2}\right)^{n+2}\left[1-\left(\dfrac{1-\sqrt{5}}{1+\sqrt{5}}\right)^{n+2}\right],$$

故 $\dfrac{F_n}{F_{n+1}} = \dfrac{2}{1+\sqrt{5}}\left[1-\left(\dfrac{1-\sqrt{5}}{1+\sqrt{5}}\right)^{n+1}\right]\bigg/\left[1-\left(\dfrac{1-\sqrt{5}}{1+\sqrt{5}}\right)^{n+2}\right].$

而 $\left|\dfrac{1-\sqrt{5}}{1+\sqrt{5}}\right| = q < 1$，$\lim\limits_{n\to\infty}q^n = 0$，故由极限运算法则，

$$\lim\limits_{n\to\infty}\dfrac{F_n}{F_{n+1}} = \dfrac{2}{1+\sqrt{5}} = \dfrac{\sqrt{5}-1}{2} \approx 0.618.$$

6.（1）$\forall\varepsilon>0$，$\left|\dfrac{x-1}{x^2-1}-\dfrac{1}{2}\right| = \left|\dfrac{1}{x+1}-\dfrac{1}{2}\right| = \dfrac{|x-1|}{2|x+1|}.$

为了向 $|x-1|<\delta_\varepsilon$ 变形找出 δ，观察上式右端，应保留 $|x-1|$ 而设法消去 $|x+1|$，为此，不妨先限定 $|x-1|<1$，即 $0<x<2$，由此有

$$1 < x+1 = |x+1| < 3.$$

于是缩小分母，有

$$\dfrac{|x-1|}{2|x+1|} < \dfrac{1}{2}\cdot\dfrac{|x-1|}{1} = \dfrac{|x-1|}{2}.$$

再令右端小于 ε，得 $|x-1|<2\varepsilon$，取 $\delta = \min\{1,2\varepsilon\}$，于是，$\forall\varepsilon>0$，$\exists\delta = \min\{1, 2\varepsilon\}$，当 $0<|x-1|<\delta$ 时，总有

$$\left|\dfrac{x-1}{x^2-1}-\dfrac{1}{2}\right|<\varepsilon,$$

所以 $\lim\limits_{x\to1}\dfrac{x-1}{x^2-1} = \dfrac{1}{2}.$

(2)提示：$|x^2-9|=|x+3||x-3|$，不妨先令$|x-3|<1$，于是$2<x<4$，在此条件下有$|x+3|<7$，所以当$|x-3|<1$时，$|x^2-9|=|x+3||x-3|<7|x-3|$.

所以对$\forall \varepsilon>0$，由不等式$7(x-3)<\varepsilon$，得$|x-3|<\dfrac{\varepsilon}{7}$，取$\delta=\min\left(1,\dfrac{\varepsilon}{7}\right)$，则当$0<|x-3|<\delta$时，恒有$|x^2-9|<\varepsilon$，故$\lim\limits_{x\to 1}x^2=9$.

(3)提示：根据三角函数的差化积公式$\sin x-\sin x_0=2\cos\dfrac{x+x_0}{2}\sin\dfrac{x-x_0}{2}$，当$0<|x|<\dfrac{\pi}{2}$时，$|\sin x|<|x|$，$\forall \varepsilon>0$，$|\sin x-\sin x_0|=$

$$\left|2\cos\dfrac{x+x_0}{2}\sin\dfrac{x-x_0}{2}\right|\leqslant 2\cdot 1\cdot\left|\sin\dfrac{x-x_0}{2}\right|<2\cdot\dfrac{|x-x_0|}{2}=|x-x_0|.$$

所以由不等式$|\sin x-\sin x_0|<|x-x_0|<\varepsilon$可知，取$\delta=\varepsilon$，则当$0<|x-x_0|<\delta$时，恒有$|\sin x-\sin x_0|<\varepsilon$，故$\lim\limits_{x\to x_0}\sin x=\sin x_0$.

同理可证$\lim\limits_{x\to x_0}\cos x=\cos x_0$.

(4)提示：$\forall \varepsilon>0$，$\left|\dfrac{1}{\sqrt{x}}-0\right|=\dfrac{1}{\sqrt{x}}<\varepsilon$，则$\sqrt{x}>\dfrac{1}{\varepsilon}$，所以$|x|>\dfrac{1}{\varepsilon^2}$.

(5)$\forall \varepsilon>0$，$\left|\dfrac{x^3-1}{x-1}-3\right|=|x^2+x-2|=|x-1||x+2|$，所以$x\to 1$，不妨只就点$x=1$处的去心邻域$0<|x-1|<1$来考虑，在此条件下，有$|x+2|=|x-1+3|\leqslant|x-1|+3<4$，于是$\left|\dfrac{x^3-1}{x-1}-3\right|<4|x-1|<\varepsilon$，即$|x-1|<\dfrac{\varepsilon}{4}$.

取$\delta=\min\left\{1,\dfrac{\varepsilon}{4}\right\}$即可.

(6)$\forall \varepsilon>0$，$\left|\dfrac{3x^2+2x-2}{x^2-1}-3\right|=\left|\dfrac{2x+1}{x^2-1}\right|\leqslant\dfrac{2|x|+1}{|x|^2-1}<\dfrac{2|x|+2}{|x|^2-1}=\dfrac{2}{|x|-1}<\varepsilon$，即$|x|>1+\dfrac{2}{\varepsilon}$，取$M\geqslant 1+\dfrac{2}{\varepsilon}$，则当$|x|>M$时，恒有$\left|\dfrac{3x^2+2x-2}{x^2-1}-3\right|<\varepsilon$，故$\lim\limits_{x\to\infty}\dfrac{3x^2+2x-2}{x^2-1}=3$.

(7)$\forall \varepsilon>0$，要使$\left|\arctan x+\dfrac{\pi}{2}\right|<\varepsilon$，即$-\dfrac{\pi}{2}-\varepsilon<\arctan x<-\dfrac{\pi}{2}+\varepsilon$，只需$x<\tan\left(-\dfrac{\pi}{2}+\varepsilon\right)$，取$M\geqslant\tan\left(\dfrac{\pi}{2}-\varepsilon\right)>0$，则当$x<-M$时，恒有$\left|\arctan x+\dfrac{\pi}{2}\right|<\varepsilon$，故$\lim\limits_{x\to-\infty}\arctan x=-\dfrac{\pi}{2}$.

(8)提示：$\left|\dfrac{2x}{5x+1}-\dfrac{2}{5}\right|=\left|\dfrac{-2}{5(5x+1)}\right|=\dfrac{2}{5|5x+1|}<\dfrac{2}{5(5|x|-1)}$（限制$|x|>\dfrac{1}{5}$）.

(9)提示：$\forall\varepsilon>0$，要使$\left|\dfrac{x^2}{x^2+1}-1\right|=\left|\dfrac{x^2-(x^2+1)}{x^2+1}\right|$，只需$x^2>\dfrac{1}{\varepsilon}-1$，即

$|x|>\sqrt{\dfrac{1}{\varepsilon}-1}$.

(10)略

(11)提示：$\forall\varepsilon>0$，$\left|\dfrac{1-x^2}{1+x^2}+1\right|=\dfrac{2}{1+x^2}<\dfrac{2}{x^2}<\varepsilon$，则$x^2>\dfrac{2}{\varepsilon}$，解之得

$|x|>\sqrt{\dfrac{2}{\varepsilon}}$.

(12)提示：$\forall\varepsilon>0$，$\left|\dfrac{x^2-4}{x+2}-(-4)\right|=|(x-2)+4|=|x-(-2)|<\varepsilon$. 只需取

$\delta=\varepsilon$ 即可证之.

7.(1)提示：$f(0+0)=\dfrac{1}{2}$，$f(0-0)=\dfrac{1}{2}$，故$\lim\limits_{x\to0}f(x)=\dfrac{1}{2}$.

$f(3+0)=1$，$f(3-0)=2$，故$\lim\limits_{x\to3}f(x)$不存在.

(2)$\lim\limits_{x\to0^+}e^{\frac{1}{x}}=\infty$（因为$x\to0^+$时，$\dfrac{1}{x}\to+\infty$），$\lim\limits_{x\to0^-}e^{\frac{1}{x}}=0$（因为$x\to0^-$时，$\dfrac{1}{x}\to-\infty$），

故$\lim\limits_{x\to0}e^{\frac{1}{x}}$不存在

(3)$\lim\limits_{x\to1}f(x)=0$，$\lim\limits_{x\to0}f(x)$不存在，$\lim\limits_{x\to-1}f(x)$不存在.

8.(1)0　　　　(2)2

(3)$\dfrac{1}{4}$　提示：$\dfrac{x^3}{2x^2-1}-\dfrac{x^2}{2x+1}=\dfrac{(2x+1)x^3-x^2(2x^2-1)}{(2x^2-1)(2x+1)}=\dfrac{x^3+x^2}{(2x^2-1)(2x+1)}$

所以，原式$=\lim\limits_{x\to\infty}\dfrac{1+\dfrac{x^2}{x^3}}{\left(2-\dfrac{1}{x^2}\right)\left(2+\dfrac{1}{x}\right)}=\dfrac{1}{4}$.

(4)0　提示：$\lim\limits_{x\to\infty}(\sqrt{x^2+1}-\sqrt{x^2-1})$

$=\lim\limits_{x\to\infty}\dfrac{(\sqrt{x^2+1}+\sqrt{x^2-1})(\sqrt{x^2+1}-\sqrt{x^2-1})}{\sqrt{x^2+1}+\sqrt{x^2-1}}$

$=\lim\limits_{x\to\infty}\dfrac{2}{\sqrt{x^2+1}+\sqrt{x^2-1}}=0$.

(5)1　提示：$\lim\limits_{x\to1}\dfrac{(x-\sqrt{x})(x+\sqrt{x})(\sqrt{x}+1)}{(\sqrt{x}-1)(\sqrt{x}+1)(x+\sqrt{x})}=\lim\limits_{x\to1}\dfrac{(x^2-x)(\sqrt{x}+1)}{(x-1)(x+\sqrt{x})}=$

$\lim\limits_{x\to1}\dfrac{x(\sqrt{x}+1)}{x+\sqrt{x}}=\dfrac{1\cdot(1+1)}{1+\sqrt{1}}=1$.

(6)$\dfrac{1}{4}$　提示：$\lim\limits_{x\to16}\dfrac{(\sqrt[4]{x}-2)(\sqrt[4]{x}+2)(\sqrt{x}+4)}{(\sqrt{x}-4)(\sqrt{x}+4)(\sqrt[4]{x}+2)}=\lim\limits_{x\to16}\dfrac{(\sqrt{x}-4)(\sqrt{x}+4)}{(x-16)(\sqrt[4]{x}+2)}$

$$=\lim_{x\to16}\frac{x-16}{(x-16)(\sqrt[4]{x}+2)}=\frac{1}{4}.$$

(7)$\dfrac{2}{3}\sqrt{2}$　提示：原式$=\lim\limits_{x\to4}\dfrac{(\sqrt{2x+1}-3)(\sqrt{2x+1}+3)(\sqrt{x-2}+\sqrt{2})}{(\sqrt{x-2}-\sqrt{2})(\sqrt{x-2}+\sqrt{2})(\sqrt{2x+1}+3)}$

$$=\lim_{x\to4}\frac{(2x-8)(\sqrt{x-2}+\sqrt{2})}{(x-4)(\sqrt{2x+1}+3)}=\frac{2(\sqrt{4-2}+\sqrt{2})}{\sqrt{2\times4+1}+3}$$

$$=\frac{2}{3}\sqrt{2}.$$

9.(1)$\dfrac{1}{2}$　提示：$\lim\limits_{x\to0}\dfrac{\tan x-\sin x}{x^3}=\lim\limits_{x\to0}\dfrac{\sin x}{x}\cdot\dfrac{\dfrac{1}{\cos x}-1}{x^2}=\lim\limits_{x\to0}\dfrac{\sin x}{x}\cdot\lim\limits_{x\to0}\dfrac{1-\cos x}{x^2\cos x}$

$$=\lim_{x\to0}\frac{\dfrac{1}{2}x^2}{x^2\cos x}=\frac{1}{2}.$$

(2)0

(3)$\dfrac{2}{\pi}$　提示：令 $1-x=t$，当 $x\to1$ 时，$t\to0$.

原式$=\lim\limits_{t\to0}t\cdot\tan\left(\dfrac{\pi}{2}-\dfrac{\pi}{2}t\right)=\lim\limits_{t\to0}t\cdot\cot\dfrac{\pi}{2}t=\lim\limits_{t\to0}\dfrac{t}{\sin\dfrac{\pi}{2}t}\cdot\cos\dfrac{\pi}{2}t$

$$=\lim_{t\to0}\frac{t}{\dfrac{\pi}{2}t}\cdot\lim_{t\to0}\cos\frac{\pi}{2}t=\frac{2}{\pi}\times1=\frac{2}{\pi}.$$

(4)1　　　　(5)1

10.(1)e　提示：因为 $\dfrac{2x}{x+1}=1+\dfrac{x-1}{x+1}$，令 $t=\dfrac{x-1}{x+1}$，则 $x=\dfrac{1+t}{1-t}$，当 $x\to1$ 时，

$t\to0$，则原式$=\lim\limits_{t\to0}(1+t)^{\frac{1}{t}+1}=\lim\limits_{t\to0}(1+t)^{\frac{1}{t}}\cdot(1+t)=\text{e}\cdot1=\text{e}.$

(2)e^2

(3)e^6　提示：$\dfrac{x}{x-2}=1+\dfrac{2}{x-2}.$

(4)e^3

(5)$\dfrac{1}{a}$　提示：$\dfrac{\ln x-\ln a}{x-a}=\dfrac{1}{x-a}\cdot\ln\dfrac{x}{a}=\ln\left[1+\dfrac{x-a}{a}\right]^{\frac{1}{x-a}}$

所以原式$=\ln\lim\limits_{x\to a}\left[\left(1+\dfrac{x-a}{a}\right)^{\frac{a}{x-a}}\right]^{\frac{1}{a}}=\ln\text{e}^{\frac{1}{a}}=\dfrac{1}{a}.$

11.由假设该极限值为定数，且当 $x\to2$ 时极限式的分子为无穷小，故其分母必定是分子的同阶无穷小，因此可设 $x^2+ax+b=(x-2)(x-m)$，当 $x\to2$ 时满足

$\lim\limits_{x\to 2}\dfrac{x-2}{(x-2)(x-m)}=\dfrac{1}{8}$，所以 $2-m=8$，故 $m=-6$，由 $x^2+ax+b=(x-2)(x+6)$ 得 $x^2+ax+b=x^2+4x-12$，所以 $a=4,b=-12$.

12. 提示：当 $x\to 1$ 时，$\sin(x^2-1)\sim x^2-1$. 由 $\lim\limits_{x\to 1}\dfrac{x^2+ax+b}{\sin(x^2-1)}=3$ 得 $\lim\limits_{x\to 1}\dfrac{x^2+ax+b}{x^2-1}=3$，由假设该极限值为定数 3，且是 $\dfrac{0}{0}$ 型未定式，故其分子必定是无穷小，因此 $1^2+a\times 1+b=0$，所以 $b=-a-1$.

代入原式得：$\lim\limits_{x\to 1}\dfrac{x^2+ax-a-1}{(x-1)(x+1)}=3$，即 $\lim\limits_{x\to 1}\dfrac{x^2-1+a(x-1)}{(x-1)(x+1)}=3$，$\lim\limits_{x\to 1}\dfrac{(x+1)+a}{x+1}=3$. 所以 $\dfrac{2+a}{1+1}=3$，所以 $a=4,b=-5$.

13.（1）无穷小量　提示：当 $x\to\infty$ 时，$\sin\dfrac{1}{x}\to 0$，$|\sin x|\leqslant 1$，故 y 是无穷小量.

（2）无穷小量　提示：当 $x\to\infty$ 时，$\dfrac{1}{e^{x^2}}\to 0$，$|\cos x|\leqslant 1$，故 y 是无穷小量.

（3）无穷小量　提示：当 $x\to\infty$ 时，$3+\sin\dfrac{1}{x}$ 是有界量，$\dfrac{x^2}{x+1}$ 是无穷小量，故 y 是无穷小量.

（4）无穷小量　提示：用无穷小量的性质.

14. 提示：用换元法，令 $\sqrt[n]{1+f(x)}=t$.

15.（1）$\dfrac{1}{n}$ （2）$\dfrac{1}{4}$

（3）$\dfrac{1}{8}$　提示：$x\to 0$ 时，$1-\cos x\to 0$，故当 $x\to 0$ 时，$1-\cos(1-\cos x)\sim\dfrac{1}{2}(1-\cos x)^2$，又 $1-\cos x\sim\dfrac{1}{2}x^2$，故

原式 $=\lim\limits_{x\to 0}\dfrac{\dfrac{1}{2}(1-\cos x)^2}{x^4}=\lim\limits_{x\to 0}\dfrac{\dfrac{1}{2}\cdot\left(\dfrac{1}{2}x^2\right)^2}{x^4}=\dfrac{1}{8}$.

（4）2　（5）$\dfrac{1}{2}$　（6）$\dfrac{2}{9}$　（7）$\dfrac{1}{2}$

自测题答案与提示
自测题 A

（一）单项选择题

1. D　2. D　3. D　4. B　5. A　6. B　7. C　8. C　9. D

10. D

(二)填空题

1. $k=2$　　2. $k>2$　　3. $k=\dfrac{3}{5}$　　4. 存在　　5. e^{2a}　　6. 等价无穷小

7. 1　提示：$x\to 0$ 时，$\sin x\to 0$，$\left|\sin\dfrac{1}{x}\right|\leqslant 1$，根据无穷小量的性质知

$$\lim_{x\to 0}\sin x\cdot\sin\dfrac{1}{x}=0.$$

8. $k=-3$　　9. 1　提示：$\dfrac{1}{n(n-1)}=\dfrac{1}{n-1}-\dfrac{1}{n}.$　　10. $\dfrac{1}{4}$

(三)解答题

1. (1) -1　　(2) 1　提示：$\lim\limits_{x\to\infty}(x-1)\cdot\sin\dfrac{1}{x-1}=\lim\limits_{x\to\infty}\dfrac{\sin\dfrac{1}{x-1}}{\dfrac{1}{x-1}}=1.$

2. $\lim\limits_{n\to\infty}\left(\dfrac{1}{n^k}+\dfrac{2}{n^k}+\cdots+\dfrac{n}{n^k}\right)=\begin{cases}0, & k>2 \\[2mm] \dfrac{1}{2}, & k=2. \\[2mm] \infty, & k<2\end{cases}$

3. $\dfrac{1}{2}$　提示：当 $x\to 0$ 时，$\sin^3 x\sim x^3$ 且 $1-\cos x\sim\dfrac{1}{2}x^2$，

$$\lim_{x\to 0}\dfrac{\tan x-\sin x}{\sin^3 x}=\lim_{x\to 0}\dfrac{\dfrac{\sin x}{\cos x}-\sin x}{x^3}=\lim_{x\to 0}\dfrac{\sin x\cdot(1-\cos x)}{x^3\cdot\cos x}=\lim_{x\to 0}\dfrac{\sin x\cdot\dfrac{1}{2}x^2}{x^3\cos x}=\dfrac{1}{2}.$$

4. 0

5. 原式 $=\lim\limits_{n\to\infty}\dfrac{(1-x)(1+x)(1+x^2)\cdots(1+x^{2n})}{1-x}$

$\qquad =\lim\limits_{n\to\infty}\dfrac{(1-x^2)(1+x^2)\cdots(1+x^{2n})}{1-x}$

$\qquad =\lim\limits_{n\to\infty}\dfrac{(1-x^4)(1+x^4)\cdots(1+x^{2n})}{1-x}$

$\qquad =\cdots=\lim\limits_{n\to\infty}\dfrac{1-x^{4n}}{1-x}$

$\qquad =\dfrac{1}{1-x},\ (|x|<1).$

(四)略

自测题 B

(一)单项选择题

1. C　　2. B　　3. A　　4. B　　5. A　　6. D　　7. C　　8. A　　9. C

10. C

(二)填空题

1. $\dfrac{1}{2}$

2. 1 991　　提示: $n^k-(n-1)^k=[n-(n-1)][n^{k-1}+n^{k-2}\cdot(n-1)+n^{k-3}\cdot(n-1)^2+\cdots+(n-1)^{k-1}]$. 又由假设极限 $\lim\limits_{n\to\infty}\dfrac{n^{1\,990}}{n^k-(n-1)^k}=A(A\neq0,A\neq\infty)$,所以分母多项式的次数等于分子的次数,即 $k-1=1\,990$,所以 $k=1\,991$.

3. $\dfrac{1}{2}$

4. -1　　提示:分子、分母同时除以 $e^{\frac{1}{x}}$.

5. $\alpha=-\dfrac{3}{2}$　　提示: $x\to0$ 时, $(1+\alpha x^2)^{\frac{1}{3}}-1\sim\dfrac{\alpha}{3}x^2$, $\cos x-1\sim-\dfrac{1}{2}x^2$.

6. 2　　7. 1　　8. -1　　9. 0

10. $a=1,b=-1$　　提示:由 $\lim\limits_{x\to\infty}\left(\dfrac{x^2}{x+1}-ax-b\right)=0$,即 $\lim\limits_{x\to\infty}\dfrac{(1-a)x^2-(a+b)x-b}{x+1}=0$,故可推出 $1-a=0,a+b=0$,所以 $a=1,b=-1$.

(三)解答题

1. (1) $\lim\limits_{x\to\infty}\dfrac{\sin x^2+x}{\cos x^2-x}=\lim\limits_{x\to\infty}\dfrac{\dfrac{\sin x^2}{x}+1}{\dfrac{\cos x^2}{x}-1}$.

因为 $x\to\infty$ 时, $\dfrac{1}{x}\to0$, $|\sin x^2|\leqslant1$, $|\cos x^2|\leqslant1$,根据无穷小量的性质得:

原式 $=\lim\limits_{x\to\infty}\dfrac{\dfrac{1}{x}\cdot\sin x^2+1}{\dfrac{1}{x}\cdot\cos x^2-1}=\dfrac{0+1}{0-1}=-1$

(2) $\lim\limits_{x\to+\infty}(\sqrt{(x+a)(x+b)}-x)=\lim\limits_{x\to+\infty}\dfrac{x^2+(a+b)x+ab-x^2}{\sqrt{(x+a)(x+b)}+x}$

$=\lim\limits_{x\to+\infty}\dfrac{(a+b)x+ab}{\sqrt{(x+a)(x+b)}+x}=\lim\limits_{x\to+\infty}\dfrac{a+b+\dfrac{ab}{x}}{\sqrt{\left(1+\dfrac{a}{x}\right)\left(1+\dfrac{b}{x}\right)}+1}=\dfrac{a+b}{2}$

(3) e^6

2. $\dfrac{2\sqrt{2}}{3}$　　提示:分子、分母同时有理化.

3. $\lim\limits_{x\to\infty}\left(\cos\dfrac{1}{x}+\sin\dfrac{1}{x}\right)^x$

$=\lim\limits_{x\to\infty}\left(\cos\dfrac{1}{x}+\sin\dfrac{1}{x}\right)^{2\cdot\frac{x}{2}}$

$$= \lim_{x \to \infty} \left(\cos^2 \frac{1}{x} + 2\cos \frac{1}{x} \cdot \sin \frac{1}{x} + \sin^2 \frac{1}{x} \right)^{\frac{x}{2}}$$

$$= \lim_{x \to \infty} \left(1 + \sin \frac{2}{x} \right)^{\frac{x}{2}}$$

$$= \lim_{x \to \infty} \left[\left(1 + \sin \frac{2}{x} \right)^{\frac{1}{\sin \frac{2}{x}}} \right]^{\frac{x \sin \frac{2}{x}}{2}}$$

$$= \mathrm{e}^{\lim\limits_{x \to \infty} \frac{\sin \frac{2}{x}}{\frac{2}{x}}} = \mathrm{e}$$

(四)证明题

证明:由 $|x| \leqslant 1, |x_0| < 1$,有

$$\left| \sqrt{1-x^2} - \sqrt{1-x_0^2} \right| = \frac{\left| (1-x^2) - (1-x_0^2) \right|}{\sqrt{1-x^2} + \sqrt{1-x_0^2}}$$

$$= \frac{|x-x_0| \cdot |x+x_0|}{\sqrt{1-x^2} + \sqrt{1-x_0^2}}$$

$$\leqslant \frac{|x-x_0|(1+|x_0|)}{\sqrt{1-x_0^2}}.$$

于是,对 $\forall \varepsilon > 0$,取 $\delta = \dfrac{\varepsilon \cdot \sqrt{1-x_0^2}}{1+|x_0|}$,当 $0 < |x-x_0| < \delta$ 时,恒有

$$\left| \sqrt{1-x^2} - \sqrt{1-x_0^2} \right| < \varepsilon.$$

所以　　　　　　　　　　　　$\lim\limits_{x \to x_0} \sqrt{1-x^2} = \sqrt{1-x_0^2}.$

第三章　连续函数

没有任何一门学问，能像学习算术那样强有力地涉及国内的经济、政治和艺术.数学的学习，能够激励那些沉睡和不求上进的年轻人，促使他们发展智慧和增强记忆力，甚至取得超越自身天赋的进步.

——柏拉图

一、基本要求

（1）理解和掌握函数在一点处连续的概念（含左连续与右连续），会求函数的间断点并判别其类型.

（2）理解初等函数的连续性及在闭区间上连续的性质（有界性，最值、介值和中间值定理，零点定理等），会用介值定理（或零点定理）证明方程根的存在性.

重点：函数在一点处连续的概念，介值定理，零点定理.

二、内容提要

（一）函数连续的概念

定义 1　设函数 $f(x)$ 在点 x_0 的某个邻域内有定义，若 $\lim\limits_{x \to x_0} f(x) = f(x_0)$，则称函数 $f(x)$ 在点 x_0 处连续.

定义 2　设函数 $y = f(x)$ 在点 x_0 的某个邻域内有定义，若 $\lim\limits_{\Delta x \to 0} \Delta y = 0$，则称函数 $y = f(x)$ 在点 x_0 处连续.

定义 3　函数 $f(x)$ 在点 x_0 的某个邻域内有定义，若 $\forall \varepsilon > 0$，$\exists \delta > 0$，当 $|x - x_0| < \delta$ 时，$|f(x) - f(x_0)| < \varepsilon$，则称函数 $f(x)$ 在点 x_0 处连续.

函数 $f(x)$ 在点 x_0 处连续的充分必要条件是 $f(x_0 - 0) = f(x_0 + 0) = f(x_0)$.

（二）函数的间断点

若函数 $f(x)$ 在点 x_0 处不满足连续的条件，即如果函数 $f(x)$ 在点 x_0 处有下列三种情形之一：

（1）在 x_0 邻近的点处，$f(x)$ 有定义，但在 $x = x_0$ 处，$f(x)$ 没有定义；

（2）虽在 $x = x_0$ 处有定义，但 $\lim\limits_{x \to x_0} f(x)$ 不存在；

（3）虽在 $x = x_0$ 处有定义，且 $\lim\limits_{x \to x_0} f(x)$ 存在，但 $\lim\limits_{x \to x_0} f(x) \neq f(x_0)$.

则函数 $f(x)$ 在点 x_0 处不连续,称 x_0 为函数 $f(x)$ 的间断点或不连续点.因此,求函数 $f(x)$ 的间断点也就是寻找上述三种情形的点.

函数的间断点分为两类:

(1)第一类间断点(左、右极限均存在).

① 左、右极限不相等(跳跃间断点)($f(x_0-0)\neq f(x_0+0)$,即 $\lim\limits_{x\to x_0}f(x)$ 不存在).

② 左、右极限相等(可去间断点)($f(x_0-0)=f(x_0+0)$,即 $\lim\limits_{x\to x_0}f(x)$ 存在).

(2)第二类间断点(非第一类间断点的间断点都称为第二类间断点):左、右极限至少有一个不存在.

常见的有无穷间断点或振荡间断点.

(三)连续函数的运算

关于连续函数的运算,主要是指四则运算、反函数运算及复合运算.连续函数对这些运算具有封闭性.

(1)连续函数经四则运算后得到的函数仍为连续函数(作分母时,不能为零).

(2)连续函数经复合后得到的复合函数仍为连续函数.

(3)单调的连续函数的反函数仍为单调连续函数.

(四)初等函数的连续性

基本初等函数在其定义域内是连续函数.

一切初等函数在其定义区间内都连续.

在确定初等函数的连续区间时,只需考察函数的定义区间.对分段函数,由于每一段上都是初等函数的形式,因此只需考察在分段点处的连续性.

(五)闭区间上连续函数的性质

1. 有界性定理

若函数 $f(x)$ 在 $[a,b]$ 上连续,则它在 $[a,b]$ 上有界.

2. 最大值和最小值定理

若函数 $f(x)$ 在 $[a,b]$ 上连续,则它在 $[a,b]$ 上必能取到最大值和最小值.

3. 介值定理

若函数 $f(x)$ 在 $[a,b]$ 上连续,μ 为 $f(a)$ 与 $f(b)$ 之间的任意一个数,则必至少存在一点 $\xi\in(a,b)$,使得 $f(\xi)=\mu$.

4. 零点定理

若函数 $f(x)$ 在 $[a,b]$ 上连续,且 $f(a)\cdot f(b)<0$,则一定至少存在 $f(x)$ 的一个零点 $\xi\in(a,b)$,即 $f(\xi)=0$.

5. 中间值定理

若函数 $f(x)$ 在 $[a,b]$ 上连续,则它在 $[a,b]$ 上一定能取到最大值 M 和最小值 N 之间的任何一个中间值 $C(N<C<M)$.

要注意正确理解上述定理的条件和结论,定理中的条件只是结论的充分条件,而不是必要条件.

零点定理常用于判断方程根的存在性,中间值定理在今后的学习中,如证明定积分的中值定理时将会用到它.

三、本章知识网络图

函数的连续性
- 定义
  - 在一点连续的等价定义
  - 左、右连续
  - 区间连续
- 间断点分类
  - 第一类间断点(左、右极限均存在)
    - 可去间断点(极限存在)
    - 跳跃间断点(左、右极限存在但不等)
  - 第二类间断点(左、右极限至少有一个不存在)
    - 无穷间断点
    - 振荡间断点
- 连续函数的运算
  - 四则运算(和、差、积、商)
  - 反函数运算
  - 复合运算
- 初等函数的连续性(基本初等函数的连续性)
- 闭区间上连续函数的性质
  - 有界性
  - 最大值、最小值定理
  - 介值定理
  - 零点定理(根存在定理)
  - 中间值定理

四、习题

(一)单项选择题

(A)

1. $f(x)$ 在点 x_0 处有定义是 $f(x)$ 在点 x_0 处连续的(　　).

A. 必要条件　　　　B. 充分条件　　　　C. 充要条件　　　　D. 无关条件

2. 设 $f(x) = \begin{cases} \dfrac{\sin bx}{x}, & x \neq 0 \\ a, & x = 0 \end{cases}$ (a, b 为常数,且 $a \neq b$)为连续函数,则应改变定义:

$f(0) = ($　　$)$.

A. 1　　　　　　　　B. 0　　　　　　　　C. b　　　　　　　　D. $-b$

3. 若 $f(x)$ 在点 x_0 处连续,则 $\lim\limits_{x \to x_0} f(x)$(　　　).

A. 不存在　　　　　　　B. 一定存在　　　　　　C. 一定为 0　　　　　D. 不确定

4. $\lim\limits_{x \to x_0} f(x)$ 存在是 $f(x)$ 在 x_0 处连续的(　　　).

A. 充分条件　　　　　　B. 必要条件　　　　　　C. 充要条件　　　　　D. 无关条件

5. 设 $f(x) = \begin{cases} e^{x^2}, & x < 0 \\ x - a, & x \geq 0 \end{cases}$ 在 $(-\infty, +\infty)$ 内连续,则常数 $a =$(　　　).

A. 0　　　　　　　　　　B. 1　　　　　　　　　　C. -1　　　　　　　　D. 2

6. $\lim\limits_{x \to 0} \ln \dfrac{\sin x}{x} =$(　　　).

A. -1　　　　　　　　B. 1　　　　　　　　　　C. 0　　　　　　　　　D. 2

7. $\lim\limits_{x \to 0} \dfrac{\ln(1 + 2x)}{x} =$(　　　).

A. -1　　　　　　　　B. 1　　　　　　　　　　C. 0　　　　　　　　　D. 2

8. $\lim\limits_{x \to \frac{\pi}{9}} \ln(2\cos 3x) =$(　　　).

A. 0　　　　　　　　　　B. 1　　　　　　　　　　C. 2　　　　　　　　　D. 3

9. $\lim\limits_{x \to \infty} \lg \dfrac{x^2 + 100}{100x^2 + 1} =$(　　　).

A. -1　　　　　　　　B. 2　　　　　　　　　　C. -2　　　　　　　　D. 1

10. $\lim\limits_{x \to +\infty} x[\ln(x+1) - \ln x] =$(　　　).

A. -1　　　　　　　　B. 1　　　　　　　　　　C. 0　　　　　　　　　D. 2

11. $\lim\limits_{x \to a} \dfrac{e^x - e^a}{x - a} =$(　　　).

A. e　　　　　　　　　　B. e^a　　　　　　　　C. 1　　　　　　　　　D. 0

12. 设 $f(x) = \begin{cases} a + \ln x, & x \geq 1 \\ 2ax - 1, & x < 1 \end{cases}$ 在 $(-\infty, +\infty)$ 内连续,则常数 $a =$(　　　).

A. 0　　　　　　　　　　B. 1　　　　　　　　　　C. -1　　　　　　　　D. $\dfrac{1}{2}$

(B)

1. 若 $f(x) = \begin{cases} x - 1, & x < 1, \\ 2, & x = 1, \\ \dfrac{1}{x}, & x > 1 \end{cases}$,则 $x = 1$ 是 $f(x)$ 的(　　　).

A. 连续点　　　　　　　　　　　　　　　B. 第二类(无穷)间断点

C. 第一类(跳跃)间断点　　　　　　　　D. 第一类(可去)间断点

2. 当 $|x| < 1$ 时,$y = \sqrt{1 - x^2}$(　　　).

A. 没有最大值和最小值   B. 有最大值和最小值

C. 有最小值无最大值   D. 有最大值无最小值

3. 函数 $f(x) = \dfrac{\sqrt{x+2}}{2^x - 1}$ 的连续区间是(   ).

A. $[-2, +\infty)$ B. $(-2, +\infty)$

C. $(-2, 0) \bigcup (0, +\infty)$ D. $[-2, 0) \bigcup (0, +\infty)$

4. 若 $f(x)$ 在点 x_0 处连续, 则 $f(x)$ 在 x_0 的某个邻域内(   ).

A. 也连续   B. 不连续   C. 不一定连续   D. 无定义

5. $f(x) = \ln \arcsin x$ 的连续区间是(   ).

A. $(0, +\infty)$ B. $(-1, 1)$ C. $[-1, 1]$ D. $(0, 1]$

6. $f(x) = \begin{cases} -x+1, & 0 \leqslant x < 1 \\ 1, & x = 1 \\ -x+3, & 1 < x \leqslant 2 \end{cases}$ 在闭区间 $[0, 2]$ 上(   ).

A. 有最大值和最小值   B. 有最大值无最小值

C. 有最小值无最大值   D. 无最大值和最小值

(二)填空题

(A)

1. 已知 $f(x) = \begin{cases} \dfrac{2\tan 2x}{x}, & x \neq 0 \\ a^2, & x = 0 \end{cases}$ 在 $x = 0$ 处连续, 则常数 $a = $ _____.

2. 设 $f(x) = (1 + 2x)^{\frac{1}{x}}$ $(x \neq 0)$, 则应补充定义 $f(0) = $ _____ 才能使 $f(x)$ 在 $x = 0$ 处连续.

3. 设 $f(x) = \begin{cases} \dfrac{1 - e^{\tan x}}{\arcsin \dfrac{x}{2}}, & x > 0 \\ a e^{2x}, & x \leqslant 0 \end{cases}$ 在 $x = 0$ 处连续, 则 $a = $ _____.

4. 函数 $f(x) = e^{\frac{1}{x}}$ 的间断点是 _____, 它是第 _____ 类间断点.

5. $f(x) = \lg(2 - x)$ 的连续区间为 _____, $\lim\limits_{x \to -8} f(x) = $ _____.

6. 定义 $f(0) = $ _____ 可使 $f(x) = \dfrac{\sqrt{1+x} - 1}{\sqrt[3]{1+x} - 1}$ 在 $x = 0$ 处连续.

7. $\lim\limits_{x \to \frac{\pi}{4}} \arcsin \left[\dfrac{1}{2} - \tan x - \cos\left(x + \dfrac{\pi}{12}\right) \right] = $ _____.

8. $\lim\limits_{x \to a^-} f(x) = \lim\limits_{x \to a^+} f(x) - \Lambda$（常数）是函数 $f(x)$ 在 a 点连续的 _____ 条件.

9. $f(x)$ 在 x_0 处连续, 则 $\lim\limits_{\Delta x \to 0} [f(x_0 + \Delta x) - f(x_0)] = $ _____.

10. 函数 $y=\sin x\cos\dfrac{1}{x}$ 的间断点是_____,它是第_____类间断点.

(B)

1. 设 $f(x)=\begin{cases}\mathrm{e}^{-\frac{1}{x^2}}, & x>0\\\sin(ax+b), & x\leqslant 0\end{cases}$ 在 $(-\infty,+\infty)$ 内连续,则 $a=$_____,

$b=$_____.

2. 函数 $y=\dfrac{1}{x^2-2x-3}$ 的连续区间是_____.

3. 函数 $y=\dfrac{\sqrt{x+2}}{(x+1)(x+4)}$ 的连续区间是_____.

4. 设 $f(x)=\begin{cases}x,x<1\\a,x\geqslant 1\end{cases}$,$g(x)=\begin{cases}b, & x\leqslant 0\\x+1,x>0\end{cases}$,若 $f(x)+g(x)$ 连续,则 $a=$____,

$b=$____.

5. $f(x)=(1+x)^{\frac{1}{x}}$ 的间断点是_____,是第_____类间断点.

6. $f(x)=\cos^2\dfrac{1}{x+3}$ 的间断点是_____,是第_____类间断点.

7. $f(x)=\dfrac{\sqrt{7+x}-3}{x^2-4}$,$x=-2$ 是第_____类间断点,$x=2$ 是第_____

类间断点.

8. $f(x)=\begin{cases}2x, & 0\leqslant x\leqslant 1\\2-x,1<x\leqslant 2\end{cases}$ 的间断点是_____,是第_____类间断点.

9. $f(x)=\begin{cases}\cot^2\pi x,x \text{ 为非整数}\\0, & x \text{ 为整数}\end{cases}$ 的间断点是_____,为第_____类间

断点.

10. $f(x)=|\tan x|$ 在 $x=0$ 处_____(连续/间断).

(三)解答与证明题

(A)

1. 求函数 $y=-x^2+\dfrac{1}{2}x$,当 $x=1$,$\Delta x=0.5$ 时的增量.

2. 求函数 $y=\sqrt{1+x^2}$,当 $x=3$,$\Delta x=-0.2$ 时的增量.

3. 求下列函数的不连续点:

(1) $y=\dfrac{x}{(1+x)^2}$; (2) $y=\dfrac{1+x}{1+x^3}$;

(3) $y=\dfrac{x^2-1}{x^2-3+2}$; (4) $y=\dfrac{x}{\sin x}$;

$(5) y = \dfrac{\sin x}{x^2 - 1}$;　　　　　　　　$(6) y = \begin{cases} x - 1, & x \leqslant 1 \\ 3 - x, & x > 1 \end{cases}$.

4. 函数在一点连续,应满足什么条件? 是否任何分段函数在其分界点均不连续? 举例说明.

5. 若函数 $f(x) = \dfrac{e^x - a}{x - 1}$ 有可去间断点,求常数 a.

6. 证明:三次代数方程 $x^3 - 4x^2 + 1 = 0$ 在 $(0,1)$ 内至少有一个根.

7. 试证:方程 $x = a \sin x + b \ (a > 0, b > 0)$ 至少有一个正根并且它不超过 $a + b$.

8. 证明:方程 $x^5 - 3x = 1$ 在 1 和 2 之间至少存在一个实根.

9. 若函数在闭区间上不满足定理的条件,则肯定不存在最大值或最小值吗? 反之,若函数在闭区间上同时取得最大值和最小值,则该函数在闭区间上一定满足定理的条件吗?

10. 闭区间上的连续函数一定有界吗? 反之,闭区间上的有界函数肯定连续吗? 举出适当的例子说明你的结论.

11. 根据函数的连续性,求下列函数极限:

$(1) \lim\limits_{x \to 0} \left[\dfrac{\ln(\cos^2 x + \sqrt{1 - x^2})}{e^x + \sin 2x} + (1 + x)^x \right]$;　$(2) \lim\limits_{x \to 1} \cos \dfrac{x^2 - 1}{x - 1}$;

$(3) \lim\limits_{x \to 0} (1 + 2\tan^2 x)^{\cot^2 x}$;　　　　　　$(4) \lim\limits_{x \to 0} \dfrac{\sqrt{1 + \tan x} - \sqrt{\sin x + 1}}{x^3}$.

(B)

1. 讨论 $f(x) = \begin{cases} \dfrac{2^{\frac{1}{x}} - 1}{2^{\frac{1}{x}} + 1}, & x \neq 0 \\ 1, & x = 0 \end{cases}$ 在 $x = 0$ 处的连续性.

2. 设 $f(x) = \begin{cases} \dfrac{1}{x} \sin x, & x < 0 \\ a, & x = 0. \\ x \sin \dfrac{1}{x} + b, & x > 0 \end{cases}$

问:(1) a 为何值时,才能使 $f(x)$ 在点 $x = 0$ 处左连续;

(2) a 和 b 为何值时,才能使 $f(x)$ 在点 $x = 0$ 处连续.

3. 设 $f(x) = \begin{cases} \dfrac{\cos x}{x + 2}, & x \geqslant 0 \\ \dfrac{\sqrt{a} - \sqrt{a - x}}{x}, & x < 0 \end{cases} \quad (a \geqslant 0)$.

(1) 当 a 为何值时,$x = 0$ 是 $f(x)$ 的连续点?

(2)当 a 为何值时, $x=0$ 是 $f(x)$ 的间断点?

(3)当 $a=2$ 时,求函数 $f(x)$ 的连续区间.

4.设 $f(x)=\begin{cases}\cos\dfrac{\pi}{2}x, & |x|\leqslant 1 \\ |x-1|, & |x|>1\end{cases}$.

(1)求 $f(x)$ 的定义域;

(2)求 $f(x)$ 的连续区间;

(3)求 $f(x)$ 的间断点,并指出间断点的类型.

5.已知 $f(x)=\lim\limits_{n\to\infty}\dfrac{x^{2n-1}+ax^2+bx}{x^{2n}+1}$ 是连续函数,求 a 和 b 的值.

6.求函数 $f(x)=(1+x)^{\tan\left(\frac{x}{x-\frac{\pi}{4}}\right)}$ 在区间 $(0,2\pi)$ 内的间断点,并判断其类型.

7.求极限 $\lim\limits_{t\to x}\left(\dfrac{\sin t}{\sin x}\right)^{\frac{x}{\sin t-\sin x}}$,并记此极限为 $f(x)$,求 $f(x)$ 的间断点并指出间断点的类型.

8.设 $f(x)=\begin{cases}\mathrm{e}^x, & x<0 \\ a+x, & x\geqslant 0\end{cases}$, $g(x)=\begin{cases}b, & x<1 \\ \sqrt{1+x^3}, & x\geqslant 1\end{cases}$,问 a 和 b 为何值时, $f(x)+g(x)$ 在 $(-\infty,+\infty)$ 内连续?

9.求函数 $y=\dfrac{1}{1-\mathrm{e}^{\frac{x}{1-x}}}$ 的间断点,并判断其类型.

10.证明方程 $x^3-3x^2-9x+1=0$ 在 $(0,1)$ 内有唯一实根.

11.设 $f(x)$ 在 $[0,1]$ 上连续,又设 $f(x)$ 只取有理数,而当 $x=\dfrac{1}{2}$ 时, $f(x)=\dfrac{1}{2}$,试证对 $(0,1)$ 内一切 x ,恒有 $f(x)=\dfrac{1}{2}$.(提示:用反证法)

12.设 $f(x)$ 在 $[0,1]$ 上非负连续,且 $f(0)=0$, $f(1)=0$,试证对任意实数 $k(0<k<1)$,必存在 $x_0(0\leqslant x_0\leqslant 1)$,使 $f(x_0)=f(x_0+k)$.

13.若 $f(x)$ 在 $[a,b]$ 上连续,且 $\forall x\in[a,b]$, $\exists x'\in[a,b]$,使得 $|f(x')|<k|f(x)|(0<k<1)$,则至少存在一点 $\xi\in[a,b]$,使得 $f(\xi)=0$.(提示:用反证法)

14.设函数 $f(x)$ 在 $[a,b]$ 上连续, $a<c<d<b$,且 $k=f(c)+f(d)$,试证:在 (a,b) 内至少有一点 ξ ,使 $f(\xi)=\dfrac{1}{2}k$.

五、自测题

自测题 A(100 分)

(一)单项选择题(每题 3 分,共 24 分)

1. 设 $f(x)=\begin{cases} x\sin\dfrac{1}{x}, & x\neq 0 \\ k, & x=0 \end{cases}$ 在 $x=0$ 处连续,则常数 $k=($　　　).

A. 1　　　　　　　B. 2　　　　　　　C. 3　　　　　　　D. 0

2. $f(x)$ 在 x_0 处连续是 $f(x)$ 在 x_0 处有极限的(　　　).

A. 必要非充分条件　　　　　　　B. 充分非必要条件

C. 充要条件　　　　　　　　　　D. 既非充分也非必要条件

3. 设 $f(x)=\begin{cases} a+x^2, & x\leqslant 0 \\ x\cos\dfrac{1}{x}, & x>0 \end{cases}$ 在 $x=0$ 处连续,则 $a=($　　　).

A. 0　　　　　　　B. 1　　　　　　　C. $\dfrac{1}{2}$　　　　　　　D. -1

4. 设 $f(x)=\begin{cases} 2x+1, & x<1 \\ e^{2ax}-e^{ax}+1, & x\geqslant 1 \end{cases}$ 在 $(-\infty,+\infty)$ 内处处连续,则 $a=($　　　).

A. 0　　　　　　　B. 1　　　　　　　C. $\ln 2$　　　　　　　D. $\ln 3$

5. 设 $g(x)=(1-x)\sin\dfrac{1}{1-x}$,$x=1$ 是(　　　).

A. 第一类间断点　　　　　　　B. 第二类间断点

C. 连续点　　　　　　　　　　D. 无法确定

6. 设 $g(x)=\begin{cases} 2x, & 0\leqslant x\leqslant 1 \\ 3-x, & 1<x\leqslant 2 \end{cases}$,则 $g(x)$ 的连续区间为(　　　).

A. $[0,1]$　　　　　　　　　　B. $[1,2]$

C. $[0,1)\bigcup(1,2]$　　　　　　D. $[0,2]$

7. 设 $f(x)=\begin{cases} x-1, & x\leqslant 0 \\ x^2, & x>0 \end{cases}$,则 $f(x)$ 的连续区间为(　　　).

A. $(-\infty,0)$　　　　　　　　B. $(0,+\infty)$

C. $(-\infty,+\infty)$　　　　　　D. $(-\infty,0),(0,+\infty)$

8. $\lim\limits_{x\to\infty}\left(\dfrac{2x+3}{2x+1}\right)^{x+1}=($　　　).

A. 0　　　　　　　B. 1　　　　　　　C. e　　　　　　　D. $e^{\frac{1}{2}}$

(二)填空题(每空 2 分,共 26 分)

1. 设 $f(x)=\begin{cases}\dfrac{\ln(1+x)}{x}+a,x>0\\0,\qquad\qquad x=0\end{cases}$,当 $a=$＿＿＿＿＿＿时,$f(x)$ 在 $[0,+\infty)$ 上连续.

2. 设 $f(x)=\begin{cases}\dfrac{\tan kx}{x},x\neq0\\t,\quad x=0\end{cases}$ (k,t 为常数,且 $k\neq0$)为连续函数,则应改变定义: $f(0)=$＿＿＿＿＿.

3. 设 $\lim\limits_{x\to\infty}\left(\dfrac{x+c}{x-c}\right)^x=e^2$,则 $c=$＿＿＿＿＿.

4. 设 $f(x)=\begin{cases}1+x^2,x<1\\2-x,1\leqslant x<2,\\0,\qquad x\geqslant2\end{cases}$ 则 $f(x)$ 的连续区间是＿＿＿＿＿＿,间断点是＿＿＿＿＿＿,是第＿＿＿＿＿类间断点.

5. 设 $f(x)=\begin{cases}x\sin\dfrac{1}{x}+b,x<0\\a,\qquad\quad x=0,\\\dfrac{\sin x}{x},\qquad x>0\end{cases}$ 当 $a=$＿＿＿＿＿＿,$b=$＿＿＿＿＿＿时,$f(x)$ 在 $x=0$ 处连续.

6. 设 $f(x)=\begin{cases}\dfrac{1-e^{\tan x}}{\arcsin\dfrac{x}{2}},x>0\\ae^{2x},\qquad x\leqslant0\end{cases}$,当＿＿＿＿＿＿时,$f(x)$ 在 $x=0$ 处间断.

7. 设 $f(x)=\text{sign }x$,则 $f(x)$ 的间断点为＿＿＿＿＿,是第＿＿＿＿＿类间断点.

8. 设 $f(x)=[x]$,则 $f(x)$ 的间断点为＿＿＿＿＿,是第＿＿＿＿＿类间断点.

(三)解答与证明题(每题 10 分,共 50 分)

1. 讨论函数 $f(x)=\begin{cases}|x|,|x|\leqslant1\\\dfrac{x}{|x|},1<x\leqslant3\end{cases}$ 的连续性,并作出函数图形.

2. 设函数 $f(x)=\begin{cases}x^2-1,x<2\\-x^2,\quad x\geqslant2\end{cases}$.

(1)指出 $f(x)$ 的间断点并判别间断点的类型;

(2)写出 $f(x)$ 的连续区间和定义域.

3. 证明方程 $x^3 - 3x^2 - x + 3 = 0$ 在区间 $(-2,0),(0,2),(2,4)$ 内各有一个实根.

4. 证明方程 $xa^x = b(a > b > 0)$ 至少有一个正根.

5. 求极限 $\lim\limits_{x \to 0}(1+x)^{\frac{1}{\sin x}}$.

自测题 B(100 分)

(一)单项选择题(每题 3 分,共 30 分)

1. 设 $f(x) = e^{\frac{x}{\sin x}}, x = 0$ 为 $f(x)$ 的(　　).

A. 可去间断点　　　　　　　　　　B. 跳跃间断点

C. 无穷间断点　　　　　　　　　　D. 连续点

2. 设 $f(x) = \dfrac{2x}{\tan x}, x = 0$ 为 $f(x)$ 的(　　).

A. 可去间断点　　　　　　　　　　B. 连续点

C. 跳跃间断点　　　　　　　　　　D. 振荡间断点

3. 设 $f(x) = \dfrac{e^{\frac{1}{x}} + e}{e^{\frac{1}{x}} - e}, x = 0$ 为 $f(x)$ 的(　　).

A. 第一类间断点　　　　　　　　　B. 第二类间断点

C. 连续点　　　　　　　　　　　　D. 无法确定

4. 设 $f(x)$ 在 $(-\infty + \infty)$ 内有定义,且 $\lim\limits_{x \to \infty} f(x) = 0, g(x) = \begin{cases} f\left(\dfrac{1}{x^2}\right), & x \neq 0 \\ 0, & x = 0 \end{cases}$,则

$x = 0$ 必为 $g(x)$ 的(　　).

A. 第一类间断点　　　　　　　　　B. 第二类间断点

C. 连续点　　　　　　　　　　　　D. 以上都不对

5. 若 $f(x)$ 的连续区间为 $[0,1]$,则 $f(x^2)$ 的连续区间为(　　).

A. $[0,1]$　　　　　　　　　　　　B. $[-1,0]$

C. $[-1,1]$　　　　　　　　　　　D. 无法确定

6. 设 $f(x)$ 在 (a,b) 内处处有定义,且 $f(x) > 0, x \in (a,b)$,则对 $x_0 \in (a,b)$, $\lim\limits_{x \to x_0} \ln f(x)$ 存在的充要条件是(　　).

A. $\lim\limits_{x \to x_0} f(x)$ 存在,且 $\lim\limits_{x \to x_0} f(x) > 0$　　B. $f(x)$ 在 x_0 点连续

C. $f(x)$ 有界　　　　　　　　　　D. $f(x)$ 单调

7. 当 $|x| < 1$ 时,函数 $f(x) = \lim\limits_{n \to \infty} \dfrac{1+x}{1+x^{2n}} = ($　　$)$.

A. 0　　　　　　B. 1　　　　　　C. $1+x$　　　　　　D. 无意义

8. 设 $f(x)$ 在 $[a,b]$ 上连续,则 $\dfrac{1}{f(x)}$ 在 $[a,b]$ 上(　　).

A. 也连续　　　　　　　　　　　　B. 一定不连续

C. 不一定连续　　　　　　　　　　D. 单调

9. 若 $f(x)=\dfrac{e^x-a}{x}$ 有可去间断点，则常数 $a=($　　　$)$.

A. 0　　　　　　　B. 1　　　　　　　C. -1　　　　　　　D. e

10. 设 $f(x)=f(x^2)$ 且在 $[0,1]$ 上连续，则当 $x\in[0,1]$ 时 $f(x)\equiv($　　　$)$.

A. $f(0)$　　　　B. $f(1)$　　　　C. 0　　　　D. 1

(二)填空题(每空 2 分,共 20 分)

1. 设 $f(x)=\begin{cases}(e^x)^{\frac{1}{2}}, & x<0\\ 0, & x=0\\ \dfrac{\sin x}{x}, & x>0\end{cases}$，则 $f(x)$ 的连续区间是＿＿＿＿＿＿，间断点是＿＿＿

＿＿＿＿＿＿，其为第＿＿＿＿＿＿类间断点.

2. 设 $f(x)=\ln\left(\dfrac{\sin x}{x}\right)^2$，要使 $f(x)$ 在 $x=0$ 处有定义，则可补充定义 $f(0)=$

＿＿＿＿＿＿.

3. 设 $f(x)=\begin{cases}e^{\frac{1}{x-1}}, & x\geqslant 0\\ \ln(1+x), & x<0\end{cases}$，则 $x=0$ 为 $f(x)$ 的第＿＿＿＿＿＿类间断点，

$x=1$ 为第＿＿＿＿＿＿类间断点.

4. 设 $f(x)=\begin{cases}\dfrac{\sqrt{1+x}-\sqrt{1-x}}{x}, & -1\leqslant x<0\\ 0, & x=0\\ \dfrac{1}{x}\ln(1+x), & x>0\end{cases}$，则 $f(x)$ 的连续区间是＿＿＿＿＿，

间断点是＿＿＿＿＿＿，是第＿＿＿＿＿＿类间断点.

5. 设 $f(x)$ 连续，且 $\lim\limits_{x\to 0}\dfrac{f(x)-1}{x^2}=2$，则 $f(0)=$＿＿＿＿＿＿.

(三)解答与证明题(每题 10 分,共 50 分)

1. 求 $f(x)=\arcsin\dfrac{3x}{1+x}$ 的连续区间.

2. 设 $f(x)=\begin{cases}\dfrac{x^2-1}{x^2-3x+2}, & x>1\\ 1-\sqrt{x}, & 0<x\leqslant 1\\ \sin x-1, & x\leqslant 0\end{cases}$，讨论 $f(x)$ 的连续性.

3. 设 $f(x)=\begin{cases}(1+x)^{-\frac{1}{x}}, & x\neq 0\\ e, & x=0\end{cases}$，求出 $f(x)$ 的间断点并说明其类型；若存在可

去间断点,请作出连续延拓函数.

4.设 $f(x)=e^x-2$,证明在区间$(0,2)$内至少有一点 x_0,使 $f(x_0)=x_0$.

5.求极限$\lim\limits_{x\to 0}(1+x^2 e^x)^{\frac{1}{1-\cos x}}$.

习题答案与提示

(一)单项选择题

(A)

1. A　　　2. C　　　3. B　　　4. B　　　5. C　　　　6. C

7. D　　　8. A　　　9. -2　　10. B　　　11. B

12. B　　提示:当 $x>1$ 及 $x<1$ 时,$f(x)$连续. 在 $x=1$ 处,$\lim\limits_{x\to 1^-}f(x)=\lim\limits_{x\to 1^-}(2ax-1)=2a-1$,$\lim\limits_{x\to 1^+}f(x)=\lim\limits_{x\to 1^+}(a+\ln x)=a$,$f(1)=a$. 若 $f(x)$在 $x=1$ 处连续,需 $f(1-0)=f(1+0)=f(1)$,即 $2a-1=a$,也即 $a=1$. 所以 $a=1$ 时,$f(x)$在$(-\infty,+\infty)$内连续.

(B)

1. C　　提示:$\lim\limits_{x\to 1^-}f(x)=0$,$\lim\limits_{x\to 1^+}f(x)=1$.

2. D　　　3. D　　　4. C　　　5. D　　　6. D

(二)填空题

(A)

1. ± 2　　　2. e^2

3. -2　　提示:$f(0)=a$,$\lim\limits_{x\to 0^-}f(x)=\lim\limits_{x\to 0^-}a e^{2x}=a$,$\lim\limits_{x\to 0^+}f(x)=\lim\limits_{x\to 0^+}\dfrac{1-e^{\tan x}}{\arcsin\dfrac{x}{2}}=\lim\limits_{x\to 0^+}\dfrac{-\tan x}{\dfrac{x}{2}}=-2$.

4. $x=0$,二　　5. $(-\infty,2)$,1　　6. $\dfrac{3}{2}$　　7. $-\dfrac{\pi}{2}$

8. 必要　　　9. 0　　　　10. $x=0$,一

(B)

1. a 为任意数,$b=n\pi$(n 为正整数)

2. $(-\infty,-1)\bigcup(-1,3)\bigcup(3,+\infty)$

3. $[-2,-1)\bigcup(-1,+\infty)$

4. $1,1$　　提示：$f(x)+g(x)=\begin{cases}x+b,&x\leqslant0\\2x+1,&0<x<1,\\x+a+1,&x\geqslant1\end{cases}$只需讨论分段点处函数的连

续性.

$x=0$ 时，$f(0)+g(0)=b.\ \lim\limits_{x\to0^-}[f(x)+g(x)]=\lim\limits_{x\to0^-}(x+b)=b,\ \lim\limits_{x\to0^+}[f(x)+$

$g(x)]=\lim\limits_{x\to0^+}(2x+1)=1$,则有 $b=1.$

$x=1$ 时，$f(1)+g(1)=a+2,\ \lim\limits_{x\to1^-}[f(x)+g(x)]=\lim\limits_{x\to1^-}(2x+1)=3,$

$\lim\limits_{x\to1^+}[f(x)+g(x)]=\lim\limits_{x\to1^+}(x+a+1)=a+2$,则 $a+2=3$,即 $a=1.$

综上所述，当 $a=1,b=1$ 时，$f(x)+g(x)$ 在 $(-\infty,+\infty)$ 内连续.

5. $x=0$,一

6. $x=-3$,二

7. 二,一

8. $x=1$,一

9. $x=k(k=0,\pm1,\pm2,\cdots)$,二

10. 连续

(三)解答与证明题

(A)

1. $\Delta y=-1$

2. $\Delta y\approx-0.051$

3. (1)$x=-1$　　(2)$x=-1$　　(3)$x=2,x=1$　　(4)$x=0,\pm\pi,\pm2\pi,\cdots$

(5)$x=\pm1$　　(6)$x=1$

4. 函数在一点连续应满足三个条件(具体见教材),并非任何分段函数在其分

段点均不连续,如 $f(x)=\begin{cases}x,&x\geqslant0\\-x,&x<0\end{cases}$ 在其分段点 $x=0$ 处就连续.

5. 因为 $x=1$ 为 $f(x)$ 的可去间断点,所以 $\lim\limits_{x\to1}\dfrac{e^x-a}{x-1}$ 存在,于是 $\lim\limits_{x\to1}(e^x-a)=0$,

所以 $a=e.$

6. 提示：设 $f(x)=x^3-4x^2+1$,用零点定理.

7.方法一:设 $f(x)=x-a\sin x-b$,显然 $f(x)$ 在 $[0,a+b]$ 上连续. $f(0)=$ $-b<0,f(a+b)=a[1-\sin(a+b)]\geqslant0$.

若 $f(a+b)=0$,则 $x=a+b$ 为符合条件的根.

若 $f(a+b)\neq0$,即 $f(a+b)>0$,则 $f(0)\cdot f(a+b)<0$,由零点定理知,至少存在一点 $x_0\in(0,a+b)$,使 $f(x_0)=0$.

综上所述,方程 $x=a\sin x+b(a>0,b>0)$ 至少有一个不超过 $a+b$ 的正根.

方法二:显见 $x=a\sin x+b\leqslant a+b$. 令 $f(x)=x-a\sin x-b$,显然 $f(x)$ 在 $(-\infty,+\infty)$ 上连续. 因 $f(0)=-b<0$,而 $\lim\limits_{x\to+\infty}f(x)=\lim\limits_{x\to+\infty}(x-a\sin x-b)=$ $+\infty$,故 $f(x)$ 至少有一个零点,即 $x=a\sin x+b$ 至少有一个正实根且它不超过 $a+b$.

8.提示:设 $f(x)=x^5-3x-1$,用零点定理即可.

9.提示:参见教材.　　　　　10.提示:参见教材.

11.(1)$\ln 2+1$　(2)$\cos 2$　(3)e^2

(4)$\dfrac{1}{4}$　提示:先分子有理化,注意到当 $x\to0$ 时 $\tan x-\sin x\sim\dfrac{1}{2}x^3$.

(B)

1.因为 $\lim\limits_{x\to0^-}f(x)=\lim\limits_{x\to0^-}\dfrac{2^{\frac{1}{x}}-1}{2^{\frac{1}{x}}+1}=-1$,而 $f(0)=1$,所以 $f(x)$ 在 $x=0$ 处不连续.

2.(1)$a=1$　　(2)$a=1,b=1$

3.(1)$a=1,f(x)$ 在 $x=0$ 点连续

(2)$a\neq1,a\geqslant0,f(x)$ 在 $x=0$ 点不连续

(3)$a=2$ 时,$f(x)$ 的连续区间为 $(-\infty,0)$ 和 $[0,+\infty)$

4.$f(x)=\begin{cases}1-x, & x<-1 \\ \cos\dfrac{\pi}{2}x, & -1\leqslant x\leqslant1 \\ x-1, & x>1\end{cases}$

(1)定义域 $(-\infty,+\infty)$

(2)在 $(-\infty,-1),(-1,1),(1,+\infty)$ 内,$f(x)$ 是初等函数,因此只需讨论区间端点处函数的连续性.

当 $x=-1$ 时，$f(-1)=0$，而 $\lim\limits_{x \to -1^-} f(x)=\lim\limits_{x \to -1^-}(1-x)=2$，$\lim\limits_{x \to -1^+} f(x)=$

$\lim\limits_{x \to -1^+} \cos \dfrac{\pi}{2} x=0$，故 $f(-1-0) \neq f(-1+0)$，即 $\lim\limits_{x \to -1} f(x)$ 不存在，故 $x=-1$ 为函数

的第一类间断点.

当 $x=1$，$f(1)=0$，又 $\lim\limits_{x \to 1^-} f(x)=\lim\limits_{x \to 1^-} \cos \dfrac{\pi}{2} x=0$，$\lim\limits_{x \to 1^+} f(x)=\lim\limits_{x \to 1^+}(x-1)=0$，

故 $f(1-0)=f(1+0)=f(1)$，即 $x=1$ 是 $f(x)$ 的连续点.

综上所述，$f(x)$ 的连续区间为 $(-\infty,-1) \bigcup (-1,+\infty)$.

(3) $f(x)$ 的间断点为 $x=-1$，为第一类间断点（跳跃间断点）

5. $x=1$ 时，$\lim\limits_{n \to \infty} \dfrac{x^{2n+1}+ax^2+bx}{x^{2n}+1}=\dfrac{1+a+b}{2}$；

$|x|<1$ 时，$\lim\limits_{n \to \infty} \dfrac{x^{2n+1}+ax^2+bx}{x^{2n}+1}=\dfrac{ax^2+bx}{1}$；

$|x|>1$ 时，$\lim\limits_{n \to \infty} \dfrac{x^{2n+1}+ax^2+bx}{x^{2n}+1}=\lim\limits_{n \to \infty} \dfrac{\dfrac{1}{x}+\dfrac{a}{x^{2n-2}}+\dfrac{b}{x^{2n-1}}}{1+\dfrac{1}{x^{2n}}}=\dfrac{1}{x}$；

$x=-1$ 时，$\lim\limits_{n \to \infty} \dfrac{x^{2n+1}+ax^2+bx}{x^{2n}+1}=\dfrac{-1+a-b}{2}$.

于是 $f(x)=\begin{cases} ax^2+bx, & |x|<1 \\ \dfrac{1}{x}, & |x|>1 \\ \dfrac{1+a+b}{2}, & x=1 \\ \dfrac{a-1-b}{2}, & x=-1 \end{cases}$.

现讨论分段点处的连续性.

$x=1$，$\lim\limits_{x \to 1^+} f(x)=\lim\limits_{x \to 1^+} \dfrac{1}{x}=1$，$\lim\limits_{x \to 1^-} f(x)=\lim\limits_{x \to 1^-}(ax^2+bx)=a+b$. $f(1)=$

$\dfrac{1+a+b}{2}$，要使 $f(x)$ 在 $x=1$ 处连续，则 $a+b=1$.

$x=-1$，$\lim\limits_{x \to -1^+} f(x)=\lim\limits_{x \to -1^+}(ax^2+bx)=a-b$，$\lim\limits_{x \to -1^-} f(x)=\lim\limits_{x \to -1^-} \dfrac{1}{x}=-1$.

$f(-1)=\dfrac{a-1-b}{2}$，要使 $f(x)$ 在 $x=-1$ 处连续，则 $a-b=-1$.

于是有 $\begin{cases} a+b=1 \\ a-b=-1 \end{cases}$,解得 $\begin{cases} a=0 \\ b=1 \end{cases}$.

即,当 $a=0,b=1$ 时,$f(x)$ 在 $(-\infty,+\infty)$ 内为连续函数.

6.当 $x=\dfrac{3}{4}\pi,\dfrac{7}{4}\pi$ 时,$\tan\left(x-\dfrac{\pi}{4}\right)$ 无定义;

当 $x=\dfrac{\pi}{4}$,$x=\dfrac{5}{4}\pi$ 时,$\tan\left(x-\dfrac{\pi}{4}\right)=0$.

所以,$x_1=\dfrac{3}{4}\pi,x_2=\dfrac{7}{4}\pi,x_3=\dfrac{\pi}{4}\pi,x_4=\dfrac{5}{4}\pi$ 为 $f(x)$ 在 $(0,2\pi)$ 内的间断点.

由 $\lim\limits_{x\to\frac{3\pi}{4}}\dfrac{x}{\tan\left(x-\dfrac{\pi}{4}\right)}=0$,$\lim\limits_{x\to\frac{7\pi}{4}}\dfrac{x}{\tan\left(x-\dfrac{\pi}{4}\right)}=0$,于是 $\lim\limits_{x\to\frac{3\pi}{4}}f(x)=1$,$\lim\limits_{x\to\frac{7\pi}{4}}f(x)=1$,

即 $x_1=\dfrac{3\pi}{4}$,$x_2=\dfrac{7\pi}{4}$ 为 $f(x)$ 的第一类间断点.

又 $\lim\limits_{x\to\frac{\pi}{4}^+}\dfrac{x}{\tan\left(x-\dfrac{\pi}{4}\right)}=\infty$,$\lim\limits_{x\to\frac{5\pi}{4}^+}\dfrac{x}{\tan\left(x-\dfrac{\pi}{4}\right)}=\infty$,从而 $\lim\limits_{x\to\frac{\pi}{4}^+}f(x)=+\infty$,

$\lim\limits_{x\to\frac{5\pi}{4}^+}f(x)=+\infty$,可见,$x_3=\dfrac{\pi}{4}$,$x_4=\dfrac{5\pi}{4}$ 为 $f(x)$ 的第二类间断点.

7.$\lim\limits_{t\to x}\left(\dfrac{\sin t}{\sin x}\right)^{\frac{x}{\sin t-\sin x}}=\lim\limits_{t\to x}\left(1+\dfrac{\sin t-\sin x}{\sin x}\right)^{\frac{x}{\sin t-\sin x}}$

$=\lim\limits_{t\to x}\left[\left(1+\dfrac{\sin t-\sin x}{\sin x}\right)^{\frac{\sin x}{\sin t-\sin x}}\right]^{\frac{x}{\sin x}}=\mathrm{e}^{\frac{x}{\sin x}}.$

即 $f(x)=\mathrm{e}^{\frac{x}{\sin x}}$.显然 $x=k\pi(k=0,\pm1,\pm2,\cdots)$ 为函数的间断点(无定义).

因为 $\lim\limits_{x\to0}\dfrac{x}{\sin x}=1$,$\lim\limits_{x\to k\pi}\dfrac{x}{\sin x}=\infty(k=\pm1,\pm2,\cdots)$,所以 $x=0$ 是第一类间断点,$x=k\pi(k=\pm1,\pm2,\cdots)$ 为第二类间断点.

8.提示:$f(x)+g(x)=\begin{cases} \mathrm{e}^x+b, & x<0 \\ a+b+x, & 0\leqslant x<1 \\ a+x+\sqrt{1+x^3}, & x\geqslant1 \end{cases}$.

通过讨论 $f(x)+g(x)$ 在分段点 $x=0,x=1$ 处的连续性,可求得 $a=1,b=\sqrt{2}$.

9.$x=1$,第一类间断点;$x=0$,第二类间断点 提示:注意到 $\lim\limits_{x\to1^+}\dfrac{x}{1-x}=-\infty$,$\lim\limits_{x\to1^-}\dfrac{x}{1-x}=+\infty$,从而 $\lim\limits_{x\to1^+}\mathrm{e}^{\frac{x}{1-x}}=0$,$\lim\limits_{x\to1^-}\mathrm{e}^{\frac{x}{1-x}}=\infty$.

10. **方法一：**令 $f(x)=x^3-3x^2-9x+1$.

$f(0)=1>0$，$f(1)=-10<0$，且 $f(x)$ 在 $[0,1]$ 上连续，则由零点定理，至少存在 $\xi_1\in(0,1)$，使 $f(\xi_1)=0$.

唯一性：设 $\xi_2\in(0,1)(\xi_2\neq\xi_1)$，使 $f(\xi_2)=0$，则 $f(\xi_1)-f(\xi_2)=0$.

$\xi_2^3-3\xi_2^2-9\xi_2+1-\xi_1^3+3\xi_1^2+9\xi_1-1=0$，即 $(\xi_2-\xi_1)[(\xi_2^2+\xi_1\xi_2+\xi_1^2)-3(\xi_2+\xi_1)-9]=0$.

因为 $\xi_2^2+\xi_1\xi_2+\xi_1^2-3(\xi_2+\xi_1)-9<0$，注意 $\xi_1,\xi_2\in(0,1)$，所以 $\xi_2-\xi_1=0$，即 $\xi_2=\xi_1$，从而 $f(x)=x^3-3x^2-9x-1$ 在 $(0,1)$ 内只有唯一的实根.

方法二：令 $f(x)=x^3-3x^2-9+1$.

$f(0)=1>0$，$f(1)=-10<0$.

$$\lim_{x\to-\infty}f(x)=\lim_{x\to-\infty}(x^3-3x^2-9x+1)$$

$$=\lim_{x\to-\infty}\left\{x\left[\left(x-\frac{3}{2}\right)^2-\frac{45}{4}\right]+1\right\}$$

$$=-\infty;$$

$$\lim_{x\to+\infty}f(x)=\lim_{x\to+\infty}(x^3-9x+1)=+\infty.$$

又 $f(x)$ 在 $(-\infty,+\infty)$ 内连续，则 $f(x)$ 在 $(-\infty,0)$，$(0,1)$，$(1,+\infty)$ 各区间内至少有一个零点. 即方程在 $(-\infty,0)$，$(0,1)$，$(1,+\infty)$ 各区间内至少有一个实根，又因为 $x^3-3x^2-9x+1=0$ 为一元三次方程，最多只有三个实根，所以方程在 $(-\infty,0)$，$(0,1)$，$(1,+\infty)$ 各区间内恰有一个实根，即方程在 $(0,1)$ 内有唯一的实根.

11. 设存在 $x_0\in[0,1]\left(x_0\neq\frac{1}{2}\right)$，使 $f(x_0)=A\neq\frac{1}{2}$，因为 $f(x)$ 在 $[0,1]$ 上连续，则 $f(x)$ 在 $\left[\frac{1}{2},x_0\right]$ 或 $\left[x_0,\frac{1}{2}\right]$ 上亦连续，且 $f\left(\frac{1}{2}\right)=\frac{1}{2}$. 由介值定理知，$f(x)$ 可取得介于 $\left[A,\frac{1}{2}\right]$ 或 $\left[\frac{1}{2},A\right]$ 内的任意数值. 因为在 $\left[A,\frac{1}{2}\right]$ 或 $\left[\frac{1}{2},A\right]$ 中必有无理数，所以 $f(x)$ 可取得无理数，此与 $f(x)$ 只取有理数矛盾. 所以 $f(x)\equiv\frac{1}{2}$，$x\in[0,1]$.

12. 令 $F(x)=f(x)-f(x+k)$，$x\in[0,1-k]$. 因为 $f(x)$ 在 $[0,1]$ 上连续，所以 $F(x)$ 在 $[0,1-k]$ 上也连续.

$F(0)=f(0)-f(k)=-f(k)$，$F(1-k)=f(1-k)$.

当 $F(0)=0$ 或 $F(1-k)=0$ 时,则 $x_0=0$, $x_0=1-k$ 即满足条件的点.

当 $F(0)\neq0$ 且 $F(1-k)\neq0$ 时,则 $f(k)\neq0$ 且 $f(1-k)\neq0$,由 $f(x)$ 非负得, $f(k)>0$, $f(1-k)>0$,于是 $F(0)=-f(k)<0$, $F(1-k)>0$,即 $F(0)\cdot F(1-k)<0$.由零点定理知,至少存在一点 $\xi\in(0,1-k)$,使 $F(\xi)=0$,即在 $(0,1)$ 内,至少存在一点 $\xi\in(0,1-k)\subset(0,1)$,使 $f(\xi)=f(\xi+k)$.

综上所述,至少存在一点 $x_0\in(0,1)$,使 $f(x_0)=f(x_0+k)$.

13.用反证法:若对 $\forall x\in[a,b]$, $f(x)\neq0$,因为 $f(x)$ 在 $[a,b]$ 上连续,所以 $f(x)$ 在 $[a,b]$ 上同号,不妨设 $f(x)>0$.

因为 $f(x)$ 在 $[a,b]$ 上连续,则存在 $\xi_1\in[a,b]$,使 $f(\xi_1)=\min f(x)$, $x\in[a,b]$ 且 $f(\xi_1)>0$,由题设知,存在 $\eta\in[a,b]$,使 $|f(\eta)|<k[f(\xi_1)]<f(\xi_1)$,此与 $f(\xi_1)$ 为最小值相矛盾.

因此,至少存在一点 $\xi\in[a,b]$,使 $f(\xi)=0$.

14.若 $f(c)=f(d)$,则 $f(c)=f(d)=\frac{1}{2}k$,于是 $\xi=c$ 或 $\xi=d$ 即为所求.

若 $f(c)\neq f(d)$,不妨设 $f(c)<f(d)$.

令 $F(x)=f(x)-\frac{k}{2}$,由 $f(x)$ 的连续性知, $F(x)$ 在 $[a,b]$ 上连续.

$$F(c)=f(c)-\frac{k}{2}=f(c)-\frac{f(c)+f(d)}{2}=\frac{1}{2}[f(c)-f(d)]<0,$$

$$F(d)=f(d)-\frac{k}{2}=f(d)-\frac{f(c)+f(d)}{2}=\frac{1}{2}[f(d)-f(c)]>0,$$

则 $F(c)\cdot F(d)<0$,由零点定理知,至少存在一点 $\xi\in(c,d)\subset(a,b)$,使 $F(\xi)=0$,即 $f(\xi)=\frac{k}{2}$.

自测题答案与提示

自测题 A

(一)单项选择

1.D   2.B   3.A   4.C   5.A   6.D   7.D   8.C

(二)填空题

1.-1 2.k 3.1   4.$(-\infty,1),[1,+\infty)$; $x=1$;一

5.1,1   6.$a\neq-2$ 7.$x=0$,一   8.任一整数点,一

(三)解答与证明题

1. 提示:$f(x)=\begin{cases}-x, & -1\leqslant x<0 \\ x, & 0\leqslant x\leqslant 1 \\ 1, & 1<x\leqslant 3\end{cases}$,$x=0$ 和 $x=1$ 均为连续点.

2. (1)$x=2$ 是第一类间断点　(2)$(-\infty,2)$ 和 $[2,+\infty),(-\infty,+\infty)$

3. 提示:用零点定理讨论即可.

4. 提示:设 $f(x)=xa^x-b$,在$[0,1]$上用零点定理.

5. $\lim_{x\to 0}(1+x)^{\frac{1}{\sin x}}=\lim_{x\to 0}e^{\frac{1}{\sin x}\ln(1+x)}=e^{\lim_{x\to 0}\frac{\ln(1+x)}{\sin x}}=e^{\lim_{x\to 0}\frac{x}{x}}=e$

自测题 B

(一)单项选择题

1. A　　2. A　　3. A　　提示:$\lim_{x\to 0^-}\dfrac{e^{\frac{1}{x}}+e}{e^{\frac{1}{x}}-e}=-1$,$\lim_{x\to 0^+}\dfrac{e^{\frac{1}{x}}+e}{e^{\frac{1}{x}}-e}=\lim_{x\to 0^+}\dfrac{1+e^{1-\frac{1}{x}}}{1-e^{1-\frac{1}{x}}}=1$.

4. C　　5. C　　6. A　　7. C　　8. C　　9. B

10. A　　提示:因 $f(x)=f(x^2)$,所以有 $f(x)=f(x^2)=f(x^4)=\cdots=f(x^{2^n})$;又当 $x\in(0,1)$ 时,$\lim_{n\to\infty}x^{2^n}=0$,且 $f(x)$ 在 $x=0$ 处右连续,所以当 $x\in(0,1)$ 时,

$f(x)=\lim_{n\to\infty}f(x^{2^n})=f(\lim_{n\to\infty}x^{2^n})=f(0)$.

根据上述结论和 $f(x)$ 在 $x=1$ 处左连续有 $f(1)=\lim_{x\to 1^-}f(x)=f(0)$,于是当 $x\in[0,1]$ 时 $f(x)\equiv f(0)$.

(二)填空题

1. $(-\infty,0)\cup(0,+\infty),x=0,$一　　　2. 0　　　3. 一、二

4. $[-1,0)\cup(0,+\infty),x=0,$一　　　5. 1

(三)解答与证明题

1. $\left[-\dfrac{1}{4},\dfrac{1}{2}\right]$

2. 除 $x=0,x=1,x=2$ 外,$f(x)$ 在其他点连续

3. $x=0$ 是 $f(x)$ 的可去间断点

$f(x)$ 的连续延拓函数:

$$f(x) = \begin{cases} (1+x)^{-\frac{1}{x}}, & x \neq 0 \\ e^{-1}, & x = 0 \end{cases}$$

4.提示：设 $F(x) = e^x - 2 - x$，用零点定理讨论即可.

5.$\lim\limits_{x \to 0}(1+x^2 e^x)^{\frac{1}{1-\cos x}} = \lim\limits_{x \to 0} e^{\frac{1}{1-\cos x}\ln(1+x^2 e^x)}$

$$= e^{\lim\limits_{x \to 0}\frac{\ln(1+x^2 e^x)}{1-\cos x}} = e^{\lim\limits_{x \to 0}\frac{x^2 e^x}{\frac{1}{2}x^2}}$$

$$= e^{\lim\limits_{x \to 0} 2e^x} = e^2$$

第四章 导数与微分

在一切理论成就中,未必再会有什么像17世纪下半叶微积分的发现那样被看作人类精神的最高胜利了.如果在某个地方我们看到人类精神的纯粹的和唯一的功绩,那正是在这里.

——恩格斯

一、基本要求

(1)理解并掌握导数的定义,了解导数的几何意义.

(2)理解并掌握导数记号的精确含义.

(3)掌握求导法则,熟记基本求导公式.

(4)理解并掌握链式法则及其应用.

(5)了解各类特殊函数求导,掌握其中隐函数的求导方法.

(6)会求任意曲线在可导点的切线和法线方程.

(7)了解高阶导数及其求法.

(8)理解微分定义,掌握微分运算法则,会微分变形.

(9)理解微分在近似计算上的原理,并会简单的近似计算.

二、内容提要

(一)导数

1.导数的定义

函数 $f(x)$ 在点 x_0 处的导数定义为 $f'(x_0) = \lim\limits_{\Delta x \to 0} \dfrac{\Delta y}{\Delta x} = \lim\limits_{x \to x_0} \dfrac{f(x) - f(x_0)}{x - x_0} =$

$\lim\limits_{h \to 0} \dfrac{f(x_0 + h) - f(x_0)}{h}$,它表示函数在点 x_0 处的函数值相对于自变量的(瞬时)变化率.这是一种极限的概念.运用极限的运算法则,可得到各种求导法则和常用函数的求导公式,从而可求出一切可导的初等函数、分段函数、幂指函数和隐函数的导数.

2. 导数 $f'(x_0)$ 的几何意义

$f'(x_0)$ 表示函数 $f(x)$ 在点 $x=x_0$ 处切线的斜率. $f(x)$ 在点 $(x_0, f(x_0))$ 处的切线方程和法线方程分别为 $y-f(x_0)=f'(x_0)(x-x_0)$ 和 $y-f(x_0)=-\dfrac{1}{f'(x_0)} \cdot (x-x_0)(f'(x_0) \neq 0)$.

3. 导数记号

(1)默认型导数记号,即不明确标明函数关于哪一个变量求导的符号,如 $f'(x^2),(\sin x)'\cdots$

(2)强制型导数记号,即在记号中强行规定函数关于某个变量求导的符号,例如 $f'_{x^2}(x^2)$、$(\sin 2x^2)'_{x^2}$ 这类记号,都强制关于下标 x^2 求导. 微商形式的导数记号也属于强制型导数记号,如 $\dfrac{\mathrm{d}f(x)}{\mathrm{d}g(x)}$,强制分子的微分变量关于分母的微分变量 $g(x)$ 求导,如 $\dfrac{\mathrm{d}f(x)}{\mathrm{d}x}=f'(x)$,$\dfrac{\mathrm{d}f(2x^2)}{\mathrm{d}(2x)}=f'_{2x}(2x^2)$.

4. 导数的四则运算法则

若 $f(x),g(x)$ 均可导,则

(1)$[f(x) \pm g(x)]'=f'(x) \pm g'(x)$;

(2)$[f(x)g(x)]'=f'(x)g(x)+f(x)g'(x)$;

(3)若 $g(x) \neq 0$,则 $\left[\dfrac{f(x)}{g(x)}\right]'=\dfrac{f'(x)g(x)-f(x)g'(x)}{g^2(x)}$.

5. 链式求导法则

$\{f[\phi(x)]\}'=f'[\phi(x)] \cdot \phi'(x)$,即 $\dfrac{\mathrm{d}f[\phi(x)]}{\mathrm{d}x}=\dfrac{\mathrm{d}f[\phi(x)]}{\mathrm{d}\phi(x)} \cdot \dfrac{\mathrm{d}\phi(x)}{\mathrm{d}x}$.

6. 特殊函数求导

(1)反函数求导:若 $x=\phi(y)$ 是 $y=f(x)$ 的反函数,且 $f'(x) \neq 0$,则 $\phi'(y)=\dfrac{1}{f'(x)}$ 或 $f'(x)=\dfrac{1}{\phi'(y)}$.

(2)隐函数求导:隐函数的导数仍然是隐函数. 只要等式两边关于同一个变量求导,并经过整理,即可求出结果.

7. 分段函数与参数函数的求导

分段函数在每一段上的函数表达式均可按公式及链式法则求导,但在分段点

处,必须根据左、右导数是否相等来判断和求导数. 参数函数如 $\begin{cases} x=f(t) \\ y=g(t) \end{cases}$,一般用

微商形式导数符号即可解决: $\dfrac{\mathrm{d}y}{\mathrm{d}x} = \dfrac{\mathrm{d}y}{\mathrm{d}t} \cdot \dfrac{\mathrm{d}t}{\mathrm{d}x} = \dfrac{\frac{\mathrm{d}y}{\mathrm{d}t}}{\frac{\mathrm{d}x}{\mathrm{d}t}} = \dfrac{g'(t)}{f'(t)}$.

8. 高阶导数

高阶导数是导函数再进行求导的结果. 用各种求导方法与公式逐次对函数求

第 1 次、第 2 次……第 n 次导数,即得到函数的 n 阶导数. 一般,欲求一个函数的 n

阶导数的一般表达式,要运用归纳法,才能把一些常用函数的 n 阶导数表达出来.

(二)微分

1. 微分的概念

微分由极限形式的导数定义公式而来. 若 $f'(x) = \lim\limits_{\Delta x \to 0} \dfrac{\Delta y}{\Delta x}$ 存在,则 $\dfrac{\Delta y}{\Delta x} = f'(x) +$

α, α 是 $\Delta x \to 0$ 的无穷小,则 $\Delta y = f'(x)\Delta x + \alpha \cdot \Delta x$. 由于当 $\Delta x \to 0$ 时, $\alpha \cdot \Delta x$ 是一个比

Δx 更高阶的无穷小, $\alpha \cdot \Delta x$ 太微小,在某些时候可以忽略不计,只需考虑 $f'(x)\Delta x$,

用 $f'(x)\Delta x$ 来近似代替 Δy,这就是微分. Δy 的这种近似值被记作 $\mathrm{d}y$,相应地,当 $y=$

x 时, $\mathrm{d}y = \mathrm{d}x$,并且可以按照 $(x')\Delta x = \mathrm{d}y = \mathrm{d}x$ 自循环. 因此, $\mathrm{d}x$ 是微分中最小的算

子,任何微分中都会显含或隐含 $\mathrm{d}x$(常量的微分里).

微分的运算或变形均依据其定义 $\mathrm{d}y = y'\mathrm{d}x$(或写成 $\mathrm{d}f(x) = f'(x)\mathrm{d}x$)来进

行,方向可能从等号左边往右边运算,也可能由右往左运算. 例如: $\mathrm{d}\sin 2x =$

$(\sin 2x)'\mathrm{d}x = 2\cos 2x\mathrm{d}x, \dfrac{x}{\sqrt{x^2-1}}\mathrm{d}x = \mathrm{d}\sqrt{x^2-1}$.

2. 微分的应用——近似计算

由微分定义可知,微分表示函数增量 Δy 的线性主部,因而如果自变量的变化

Δx 很小,就可用微分来近似代替函数增量,亦即用 $\mathrm{d}y$ 来近似代替 Δy. 若 $f(x)$ 在

x_0 处可微,则 $f(x) \approx f(x_0) + f'(x_0)(x-x_0)$(当 $|x-x_0|$ 很小时).

三、本章知识网络图

$$f'(x_0) = \lim_{\Delta x \to x_0} \frac{\Delta y}{\Delta x} = \lim_{\Delta x \to x_0} \frac{f(x) - f(x_0)}{x - x_0}$$

极限公式：
（定义形式）

$$= \lim_{\Delta x \to 0} \frac{f(x_0 + \Delta x) - f(x_0)}{\Delta x}$$

$$\text{或} \lim_{h \to 0} \frac{f(x_0 + h) - f(x_0)}{h}$$

定义

单侧导数：
（左、右导数） 左导数 $f'_-(x_0) = \lim\limits_{\Delta x \to x_0^-} \dfrac{\Delta y}{\Delta x}$，右导数 $f'_+(x_0) = \lim\limits_{\Delta x \to x_0^+} \dfrac{\Delta y}{\Delta x}$

导函数

导数存在的充要条件：左、右导数均存在且相等

几何意义：$f'(x_0)$ 表示曲线 $y = f(x)$ 在点 $(x_0, f(x_0))$ 处的切线的斜率

可导与连续的关系：可导必连续，但连续未必可导

导数

求导数的方法

定义求导法（左、右导数）

四则运算法则求导法

利用基本导数公式求导法

链式求导法（复合函数求导法） {导数符号，链式法则}

特殊函数求导法 {反函数求导法，隐函数求导法，取对数求导法，参数方程求导法}

高阶导数 {定义，求高阶导数方法}

导数与微分

微分

定义：$\Delta y = f(x_0 + \Delta x) - f(x_0) = f'(x_0)\Delta x + o(\Delta x)(\Delta x \to 0)$

几何意义：函数 $y = f(x)$ 在点 x_0 处的微分 $dy = f'(x_0)dx$ 表示曲线

$y = f(x)$ 在点 $(x_0, f(x_0))$ 处的切线的纵坐标的改变量

微分与导数关系公式：$dy = f'(x_0)\Delta x = f'(x_0)dx$

近似计算

四、习题

(一)单项选择题

(A)

1. 设 $f(0)=0$，且 $f'(x)$ 存在，则 $\lim\limits_{x \to 0} \dfrac{f(x)}{x}=($)．

A. $f(0)$　　　　B. $f'(x)$　　　　C. $f'(0)$　　　　D. 以上都不对

2. 设 $f(x)=x(x-1)(x-2)\cdots(x-99)(x-100)$，则 $f'(0)=($)．

A. 100　　　　B. 100!　　　　C. -100　　　　D. $-100!$

3. 设 $f(x)=\begin{cases} \ln x, & x \geqslant 1 \\ x-1, & x < 1 \end{cases}$，则 $f(x)$ 在 $x=1$ 处( )．

A. 不连续　　　　　　　　　　　B. 连续但不可导

C. 连续且 $f'(1)=0$　　　　　　　D. 连续且 $f'(1)=1$

4. 若 $f'(x)=g'(x),x\in(a,b)$，则在 (a,b) 内，有( )，下式中 C 为任意常数．

A. $f(x)=g(x)$　　　　　　　　B. $f(x)>g(x)$

C. $f(x)=g(x)+C$　　　　　　　D. $f(x)<g(x)$

5. 曲线 $y=x^2$ 在点 $(-1,1)$ 处的切线方程是( )．

A. $y-1=2x(x+1)$　　　　　　B. $y+1=2(x-1)$

C. $y-1=-2(x+1)$　　　　　　D. $y+1=-2x(x-1)$

6. 在曲线 $y=x^3+x-2$ 上，点( )处的切线平行于 $y=4x-1$．

A. $(-1,0)$和$(1,0)$　　　　　　B. $(1,0)$和$(-1,-4)$

C. $(-1,4)$和$(1,0)$　　　　　　D. $(1,-4)$和$(-1,0)$

7. 若 $f(x)$ 为可导的偶函数，则曲线 $y=f(x)$ 在其上任意一点 (x,y) 和点 $(-x,y)$ 处的切线斜率( )．

A. 彼此相等　　B. 互为相反数　　C. 互为倒数　　D. 以上都不对

8. 设 $f(x)=\ln|x-1|$，则 $f'(x)=($)．

A. $\begin{cases} \dfrac{1}{x-1}, & x>1 \\ \dfrac{1}{1-x}, & x<1 \end{cases}$　　　　　B. $\begin{cases} \dfrac{1}{x-1}, & x \geqslant 1 \\ \dfrac{1}{1-x}, & x<1 \end{cases}$

C. $\begin{cases} \dfrac{1}{x-1}, & x \neq 1 \\ 1, & x=1 \end{cases}$　　　　　D. $\dfrac{1}{x-1}$

9. 函数 $y=f(x)$ 在点 x_0 处可导是其在该点可微的( )．

A. 必要条件，不是充分条件　　　B. 充分条件，不是必要条件

C. 充要条件   D. 既不是充分条件也不是必要条件

10. 已知函数 $f(x)$ 可微, n 为自然数, 则 $\lim\limits_{n \to \infty} n\left[f(x+\dfrac{a}{n})-f(x)\right]=($).

A. $f'(x)$ B. $\dfrac{1}{a}f'(x)$ C. $af'(x)$ D. $-f'(x)$

11. $f(x)=\dfrac{1}{4}\ln\dfrac{x^2-1}{x^2+1}$, 则 $f'(1)=($).

A. $\dfrac{1}{4}$ B. 0   C. -1 D. 不存在

12. 若 $f(x)$ 可导但 $g(x)$ 不可导, 则 $f(x)+g(x)($).

A. 可导   B. 不可导   C. 不一定可导   D. 不一定不可导

13. 下列函数在 $x=0$ 处不可导的是(   ).

A. $2x^2+x|x|$ B. $\sin x|x|$ C. $xe^{|x|}$ D. $\begin{cases} x\sin\dfrac{1}{|x|}, & x\neq 0 \\ 1, & x=0 \end{cases}$

14. 已知 $f'(x_0)=5$, $\lim\limits_{h \to 0}\dfrac{f(x_0)-f(x_0-kh)}{h}=-3$, 则 $k=($).

A. 1   B. 任意实数   C. $\dfrac{3}{5}$ D. $-\dfrac{3}{5}$

15. 若 $f'(a)=2$, 则 $f(x+a)$ 在点 $x=0$ 处(   ).

A. 连续   B. 不连续   C. 无界   D. 不可导

16. 若 $f'(a)$ 不存在, 则(   ).

A. $f(x)$ 在 $x=a$ 处无切线   B. $f(x)$ 在 $x=a$ 处有切线

C. $f(x)$ 在 $x=a$ 处无法线   D. 无法确定

17. 以下正确的是(   ).

A. $f'(2x)=[f(2x)]'$ B. $f'(2\pi)=[f(2\pi)]'$

C. $\dfrac{\mathrm{d}f(2x)}{\mathrm{d}x}=f'(2x)$ D. $\dfrac{\mathrm{d}f(2x)}{\mathrm{d}x}=[f(2x)]'$

18. 以下正确的是(   ).

A. $\dfrac{\mathrm{d}f[\varphi(x)]}{\mathrm{d}\varphi(x)}=f'[\varphi(x)]\cdot\varphi'(x)$ B. $\dfrac{\mathrm{d}f(2\pi)}{\mathrm{d}x}=f'(2\pi)$

C. $\mathrm{d}f(2\pi)=f'(2\pi)\mathrm{d}x$ D. $\dfrac{\mathrm{d}f(2x)}{\mathrm{d}x}=2f'(2x)$

(B)

1. 设函数 $f(x)$ 和 $g(x)$ 在 $x=0$ 处可导, $f(0)=g(0)=0$, 且 $f'(0)\neq 0$, 则 $\lim\limits_{x \to 0}\dfrac{g(x)}{f(x)}=($).

A. $\dfrac{g(0)}{f(0)}$ B. $\dfrac{g'(0)}{f'(0)}$ C. $\dfrac{g'(x)}{f'(x)}$ D. 以上都不对

2. 设导函数 $f'(x)$ 存在,则 $\lim\limits_{h\to 0}\dfrac{f(x+ah)-f(x-\beta h)}{h}=($).

A. $af'(x)$ B. $\beta f'(x)$ C. $(a+\beta)f'(x)$ D. $(a-\beta)f'(x)$

3. 对于函数 $f(x)=($),关系式 $f'(a+b)=f'(a)+f'(b)$ 成立.

A. e^x B. $\ln x$ C. x^2 D. x^3

4. 设函数 $y=f(x)$ 在点 x_0 处可导,当自变量由 x_0 增至 $x_0+\Delta x$ 时,记 Δy 为 $f(x)$ 的增量,$\mathrm{d}y$ 为 $f(x)$ 的微分,则 $\Delta y-\mathrm{d}y=($)(当 $\Delta x\to 0$ 时).

A. $o(\Delta x)$ B. -1 C. 1 D. ∞

5. 若 $f(x)=\dfrac{\arccos x}{x}+g(x)$,且 $f'(x)=-\dfrac{\arccos x}{x^2}$,则 $g(x)=($).

A. $\dfrac{1}{2}\arcsin x$

B. $-\ln\dfrac{1+\sqrt{1-x^2}}{x}$

C. $\arctan\sqrt{x}-\sqrt{x}$

D. $-\sqrt{1+x^2}$

6. $f(x)=\ln(\sin^2 x+1)$,则 $\dfrac{\mathrm{d}f(x)}{\mathrm{d}\Delta x}=($).

A. $\dfrac{1}{\sin^2 x+1}$ B. $f(x)$ C. $\dfrac{2\sin\Delta x\cos\Delta x}{\sin^2\Delta x+1}$ D. 0

7. 若 $f(x+1)=af(x)$ 总成立,且 $f'(0)=b,a$ 和 b 为非零常数,则 $f(x)$ 在 $x=1$ 处(   ).

A. 不可导

B. 可导且 $f'(1)=a$

C. 可导且 $f'(1)=ab$

D. 可导且 $f'(1)=b$

8. 设 $F(x)=g(x)\cdot\varphi(x)$,$\varphi(x)$ 在 $x=a$ 处连续,则 $g(x)$ 在 $x=a$ 处连续是 $F'(a)$ 存在的(   ).

A. 必要条件

B. 充分条件

C. 充要条件

D. 非充分非必要条件

9. $\lim\limits_{n\to\infty}(x^{n-1})^{(n)}=($).

A. $(n-1)!$ B. ∞ C. 0 D. 无法计算

10. 设 $f'(x)=f(1-x)$,则(   )成立.

A. $f''(x)+f'(x)=0$ B. $f''(x)-f'(x)=0$

C. $f''(x)+f(x)=0$ D. $f''(x)-f(x)=0$

(二)填空题

(A)

1. 函数 $y=f(x)$ 由方程 $e^{x+y}+\cos xy=0$ 所确定,则 $\dfrac{\mathrm{d}y}{\mathrm{d}x}=$ _____ .

2. 已知 $f(x) = \cos 3x$，则 $\{f[f(x)]\}'_x = $ _____ .

3. 已知 $f(x) = \cos 3x$，则 $f'[f(x)] = $ _____ .

4. 设 $e^x = e^y + \sin xy$，$y'_x \big|_{x=0} = $ _____ .

5. $f(x) = \sin 3x$，则 $f^{(4)}(x) = $ _____ .

6. $(e^{ax} \cos bx)'_n = $ _____ .

7. $\left[\ln\left(1 + \dfrac{1}{n}\right)^n\right]'_x = $ _____ .

8. $\mathrm{d}\sqrt{x} = $ _____ $\mathrm{d}x$.

9. d _____ $= \cos t\mathrm{d}t$.

10. _____ $\mathrm{d}x = \mathrm{d}\sqrt{1 - x^3}$.

11. $\dfrac{\mathrm{d}x}{x} = $ _____ $\mathrm{d}(3 - 5\ln x)$.

12. d _____ $= e^{-2x}\mathrm{d}x$.

13. 曲线 $x^2 + 3xy + y^2 + 1 = 0$ 在点 $(2, -1)$ 处的切线斜率 $= $ _____ .

(B)

1. 若 $\varphi(t)$ 在 t_0 处可导，则 $\lim\limits_{h \to 0} \dfrac{\varphi(t_0 + mh) - \varphi(t_0 - nh)}{h} = $ _____ .

2. $f(x) = \begin{cases} \dfrac{\sin^2 x}{x}, & x \neq 0 \\ 0, & x = 0 \end{cases}$，则 $f'(0) = $ _____ .

3. 设 $f(x)$ 可导，且 $f'(x) = \sin^2[\sin(x+1)]$，$f(0) = 4$，则 $f(x)$ 的反函数 $\varphi(y)$ 当 $y = 4$ 时的导数值为 _____ .

4. 设 $\begin{cases} x = \cos t + \tan \dfrac{t}{2} \\ y = \arcsin t^2 \end{cases}$，则 $\dfrac{\mathrm{d}y}{\mathrm{d}x}\bigg|_{t=0} = $ _____ .

5. $\lim\limits_{r \to 0} \dfrac{a}{r}\left[f\left(x + \dfrac{r}{a}\right) - f\left(x - \dfrac{r}{a}\right)\right] = $ _____ （$f'(x)$ 存在）.

6. 已知 $f(x) = \ln \sin x$，则 $f'_{\ln \sin x}(x) \cdot f'_{\sin x} \cdot \cos x = $ _____ .

7. 若 $f(x) = \cos 2x$，则 $f^{(n)}(x) = $ _____ .

8. 若 $4 \mid n$（4 整除 n），n 为自然数，则 $(\sin x)^{(n)}\big|_{x = \frac{\pi}{6}} = $ _____ .

9. 设 $f(x) = \begin{cases} \sin x + 2ae^x, & x < 0 \\ 9\arctan x + 2b(x-1)^3, & x \geqslant 0 \end{cases}$，若 $f(x)$ 在 $x = 0$ 处可导，则 a, b 应满足的条件是 _____ .

10. 设非常数函数 $f(x)$ 为可导函数，且 $f(x_0) = 0$，则函数 $|f(x)|$ 在 $x = x_0$ 处可导的充要条件是 _____ .

11. 设 $f'(x_0)$ 存在,且 $x_0 \neq 0$,则 $\lim\limits_{x \to x_0} \dfrac{x f(x_0) - x_0 f(x)}{x - x_0} =$ _____.

12. 设 $\dfrac{\mathrm{d}}{\mathrm{d}x} f(x^3) = \dfrac{1}{x}$,则 $f'(x) =$ _____.

13. 设 $y = f(\ln x) \mathrm{e}^{f(x)}$,$f(x)$ 可微,则 $\mathrm{d}y =$ _____.

14. 设 $y = \dfrac{x^n}{1-x}$,则 $y^{(n)} =$ _____.

15. 已知函数 $y = f(x)$,$f'(x) = g(y)$ 且 $y = f(x)$ 的反函数为 $x = \varphi(y)$,$t(x)$ 可导,则 $\dfrac{\mathrm{d}}{\mathrm{d}x} \varphi[t(x)] =$ _____.

16. 若直线 $y = 3x$ 是抛物线 $y = x^2 + ax + b$ 在点 $(2,6)$ 处的切线方程,则 a 和 b 的值是 _____.

(三)解答与证明题

(A)

1. 已知 $\varphi(x)$ 在 $x = a$ 处可导,而 $f(x) = \varphi(a+bx) - \varphi(a-bx)$,求 $f'(0)$.

2. $\begin{cases} x = \ln(t^2 + 2) \\ y = \sin\sqrt{t} \end{cases}$,求 y'_x.

3. $f(x) = \sqrt{x \sqrt{x \sqrt{x}}}$,求 $f'(x)$.

4. 已知 $xy + \mathrm{e}^y - \sin(xy^2) = 1$,求 y'_x 和 x'_y.

5. 求下列函数的导数 y'(即 y'_x):

(1) $y = \sqrt{f^2(x) + g^2(x)}$;

(2) $y = \arccos(\sin x)$;

(3) $y = \ln(\sqrt{x^2 + 1} + x)$;

(4) $y = \arctan(\tan^2 x)$;

(5) $y = \ln\left(\arccos \dfrac{1}{\sqrt{x}}\right)$;

(6) $y = \dfrac{\sin^2 x}{\sin x^2}$;

(7) $y = \dfrac{1}{6} \ln \dfrac{(n+1)^2}{n^2 - n + 1}$;

(8) $y = (\ln x)^x$.

6. 设 u, v 是 x 的可微函数,求下列 $\mathrm{d}y$:

(1) $y = \arctan \dfrac{u}{v}$;

(2) $y = \ln \sin(u + v)$;

(3) $y = \sqrt{u^2 + v^2}$;

(4) $y = \cos^2 u - \cos^3 v$;

(5) $y = (xu)^v$;

(6) $y = (1 + u)^{\frac{1}{v}}$;

(7) $y = x^u \cdot v^x$.

(B)

1. $f(x) = \sin x \cdot \sqrt{\dfrac{1 - \sin x}{1 + \sin x}}$,求 $f'(0)$.

2. 已知 $f(x) = x|x-1|$，求 $f'(x)$.

3. $f(x) = \begin{cases} g(x), & x < 0 \\ \varphi(x), & x \geqslant 0 \end{cases}$，且 $f'(0) = 1$，又知 $g(x), \varphi(x)$ 均为定义在 **R** 上的初等函数，证明 $f(x)$ 在 **R** 上连续.

4. $f(x) = x|x+2|$，求 $f(x)$ 在点 $(0,0)$ 处的切线与法线方程.

5. 设 $y = \varphi^2[x + \varphi(x)]$，求 y'.

6. 设 $y = f(x|x|)$，f 可导，求 $\dfrac{\mathrm{d}y}{\mathrm{d}x}$.

7. 证明 $\lim\limits_{\Delta x \to 0} \dfrac{2\Delta x}{\mathrm{d}y - \Delta y}$ 发散，其中 Δy 是由 Δx 引起的函数值增量.

8. 求下列函数的导数 y'（即 y'_x）：

(1) $y = f^n[\varphi^n(\sin x^n)]$；

(2) $y = \sqrt{x + \sqrt{x + \cos x}}$；

(3) $y = \tan^2 \arccos x^2$；

(4) $\begin{cases} x = f'(t) \\ y = tf'(t) - f(t) \end{cases}$，其中 $f''(t) \neq 0$；

(5) $y = x^{a^a} + a^{x^a} + a^{a^x}$；

(6) $y = a^x \ln^2 \ln^2 x$.

9. 设 u, v 是 x 的可微函数，求下列 $\mathrm{d}y$：

(1) $y = \ln \sqrt{u^2 + v^2}$；　　　　　　　(2) $y = \dfrac{\cos u + \sin v}{uv}$；

(3) $y = \mathrm{e}^{\sqrt{u^2 + v^2}}$.

10. 求 $\sin 61°$ 的近似值.

11. 求 $\ln 1.03$ 的近似值.

12. $y = \dfrac{1}{1 - x^2}$，求 $y^{(n)}$.

13. 求 $\sqrt{0.97}$ 的近似值.

五、自测题

自测题 **A**（100 分）

（一）单项选择题（每题 2 分，共 20 分）

1. $f(x)$ 在点 $x = a$ 处连续是 $f'(a)$ 存在的（　　）条件.

A. 充要　　　　　B. 充分　　　　　C. 必要　　　　　D. 既不充分也不必要

2. $f(x) = |x-1|$ 在 $x = 1$ 处（　　）.

A. 连续　　　　　B. 可导　　　　　C. 仅左可导　　　D. 仅右可导

3. $f(x)$可导,且$\lim\limits_{h\to 0}\dfrac{f(x_0-2h)-f(x_0)}{h}=4$,则 $f'(x_0)=($ 　　).

A. -1　　　　　B. 1　　　　　C. -2　　　　　D. 2

4. $f(x)=x^2-2x-1$ 在点 $x=1$ 处的切线方程为(　　).

A. $y=0$　　　B. $y=-2$　　　C. $x=0$　　　D. $x=-2$

5. 可导奇函数的导函数必为(　　).

A. 奇函数　　　B. 偶函数　　　C. 周期函数　　　D. 单调函数

6. 连续函数在不可导点处(　　).

A. 一定不存在切线　　　　　　　B. 一定存在切线

C. 不能存在切线　　　　　　　　D. 以上都不正确

7. 以下哪个是一阶微分？(　　)

A. $d\sin^2 dx$　　　　　　　　　B. $(\sin^2 x)'$

C. $d\sin^2 x+dx$　　　　　　　　D. $\dfrac{d}{dx}\sin^2 x$

8. $\lim\limits_{h\to 0}\dfrac{f(x)-f(a)}{x-a}=($ 　　).

A. $f'(x)$　　　B. $f'(a)$　　　C. 0　　　　D. $\dfrac{f(x)-f(a)}{x-a}$

9. 已知 $f(2x)=\sin 2x^2$,则 $f'(2x)=($ 　　).

A. $\cos 2x^2$　　B. $2\cos 2x^2$　　C. $2x\sin 2x^2$　　D. $2x\cos 2x^2$

10. $(\sin x)^{(4)}-(\cos x)^{(4)}=($ 　　).

A. $(\sin^2 x+\cos^2 x)(\sin^2 x-\cos^2 x)$　B. $(\sin x-\cos x)^4$

C. $\sin x+\cos x$　　　　　　　　D. $\sin x-\cos x$

(二)填空题(每题 2 分,共 20 分)

1. $f(x)=|x-3|$,则 $f'(x)=$ _____.

2. $\begin{cases}x=e^{\cos\theta}\\y=e^{\sin\theta}\end{cases}$,则 $x'_y=$ _____.

3. 若 $f(x)=\varphi(2x)+\ln 2x$,且 $f'(x)=4x$,则 $\dfrac{df(x)}{d(2x)}=$ _____.

4. 曲线 $y=x^2-1$ 在点 $(2,3)$ 处的法线方程为 _____.

5. $f(x)=\ln\ln x$,则 $f''(x)=$ _____.

6. $x=\varphi(y)$是 $y=f(x)$ 的反函数,又知 $f'(2x)=x$,则 $\varphi'(y)=$ _____.

7. 已知 $xy=\sin(x^2+y^2)$,则 $x'_y=$ _____.

8. $(x^x)'=$ _____.

9. $d\sin\sqrt{x^2-1}=$ _____.

10.若 $f'(x)\mathrm{d}x$ 不是微分,则 $f(x) = $ _____.

(三)解答与证明题(每题 10 分,共 60 分)

1.证明:可导偶函数的导数是奇函数.

2.$f(x) = \begin{cases} \sin x, & x < 0 \\ \mathrm{e}^x, & x \geq 0 \end{cases}$,求 $f'(0)$.

3.已知函数 $y = f(x)$ 由方程 $x = 3t^2 + 2t + 3$,$\mathrm{e}^y \sin t - y + 1 = 0$ 确定,求 $\dfrac{\mathrm{d}y}{\mathrm{d}x}\Big|_{t=0}$.

4.求 $\left[\ln(\mathrm{e}^x + \sqrt{1+\mathrm{e}^{2x}})\right]'$.

5.计算 $\mathrm{d}y = \mathrm{d}\ln\dfrac{\sqrt{x^2+1}-x}{\sqrt{x^2+1}+x}$.

6.已知 $y = f(x)$ 可导,$\Delta y = f(x + \Delta x) - f(x)$,计算 $\lim\limits_{\Delta x \to 0}\dfrac{(\Delta y)^2 + (\mathrm{d}y)^2 - 2\Delta y \mathrm{d}y}{\sin(\Delta x)^2}$.

自测题 B(100 分)

(一)单项选择题(每题 2 分,共 20 分)

1.若 $f(x)$ 在 $x = a$ 处可导,但 $g(x)$ 在该点不可导,则 $f(x)g(x)$ 在 $x = a$ 处( ).

A. 一定可导   B. 可能可导

C. 一定不可导   D. 以上都不正确

2.$f(x)$ 在某点处( ).

A. 有导数不一定有切线   B. 没有导数则一定没有切线

C. 有切线一定有导线   D. 有切线不一定有导数

3.已知 $u = x + \dfrac{b}{a}\left(\dfrac{b}{a}$ 为有理数$\right)$,$a_n \neq 0$,则 $(a_n u^n + a_{n-1}u^{n-1} + \cdots + a_1 u + a_0)^{(n)} = $ ( ).

A. a_n B. $n!a_n$ C. a_n^{n+1} D. $\dfrac{b}{a}(n+1)$

4.已知 $f'(a) = 1$,$\lim\limits_{h \to 0}\dfrac{f(a) - f(a+kh)}{h} = 2$,则 $k = $ ( ).

A. -1 B. 1 C. -2 D. 2

5.若 $\mathrm{d}f(x) = C$(C 为某常数),则 $C = $ ( ).

A. x B. 0 C. 1 D. $\sqrt[n]{f(x)}$

6.若 $f(x)$ 可微,则 $\mathrm{d}f(x)$ 的几何意义是( ).

A. 很小一段 $f(x)$ 的曲线弧长   B. 很小一段 $f(x)$ 的切线段

C. d$f(x)$就是 $\Delta f(x)$,即函数增量　D. $f(x)$的切线的纵坐标增量

7. $f'(0)=2$,则$\lim\limits_{h\to 0}\dfrac{f(h)-f(-h)}{h}=$(　　).

A. 1　　　　　　B. 2　　　　　　C. 3　　　　　　D. 4

8. 若 $f(x),x\in\mathbf{R}$ 是可导奇函数,则曲线 $f(x)$在点$(1,f(1))$和点$(-1,f(-1))$处的切线斜率关系是(　).

A. 彼此相等　　B. 互为相反数　C. 互为倒数　　　D. 互为负倒数

9. $f(x)=\ln\dfrac{x^2-1}{x^2+1}$,则 $f'(1)=$(　　).

A. 不存在　　　B. 0　　　　　C. 1　　　　　　D. -1

10. 可导的周期函数其导数是(　　).

A. 0　　　　　　　　　　　　B. 非周期函数

C. 周期函数　　　　　　　　　D. 无法确定是否为周期函数

(二)填空题(每题 2 分,共 20 分)

1. $f(x)=x|x|$,则 $f'(x)=$_____.

2. $\begin{cases}x=t^2+1\\ y=t^3\end{cases}$,$y'_x=$_____.

3. 若 $f'(2)$存在,则$\lim\limits_{x\to 2}\dfrac{2f(x)-xf(2)}{x-2}=$_____.

4. 曲线 $y=\sqrt{x}$在点$(1,1)$处的切线方程为_____.

5. $x=\arctan(x+y)$,求 $x'_y=$_____.

6. $(x^{\sin x})'=$_____.

7. $\text{d}\ln\sin x=$_____.

8. 已知 $f(x)=\begin{cases}2x,&x<0\\ \varphi(x),&x\geqslant 0\end{cases}$可导,则 $\varphi'(0)=$_____.

9. 曲线 $x^2+xy+y^2=3$ 在点$(1,1)$处的切线是_____.

10. $f(x)$在某点可微是 $f(x)$在该点连续的_____条件.

(三)解答与证明题(每题 10 分,共 60 分)

1. 证明 $f(x)=|x-1|$在 $x=1$处不可导.

2. $y=x+\sin x$,求 y'_{2x}.

3. 已知隐函数 $x+y+xy=\sin(x+y)$,求 x'_y 和 y'_x.

4. 求$(\sqrt{\sin^2 x+1})'$.

5. $y=\ln\sqrt{x}$,求 y''.

6. 求 $\sqrt[4]{0.98}$的近似值.

习题答案与提示

(一)单项选择题

(A)

1. C 提示:$\lim\limits_{x \to 0}\dfrac{f(x)}{x}=\lim\limits_{x \to 0}\dfrac{f(x)-0}{x-0}=\lim\limits_{x \to 0}\dfrac{f(x)-f(0)}{x-0}=f'(0)$.

2. B 提示:n 项连乘的函数求导,结果的每项和式中只有原函数各因式中唯一一项求导,其余因式都不求导.所以,除了"x"被求导得常数 1 而导致因式乘积中不存在 x 之外,结果中其他和项中都会保留一个 x 因式.当 $x=0$ 时,含有 x 因式的乘积都为 0.因此,结果只剩下 $f'(0)=1 \cdot (0-1) \cdot (0-2) \cdot (0-3) \cdot \cdots \cdot (0-100)=(-1)^{100} \cdot 100!=100!$.

3. D 提示:由于 $\ln 1=0$,$(x-1)|_{x=1}=1-1=0$,所以本题求导可以对分段函数里的各段函数分别通过法则简便求导:$f'(x)=\begin{cases}\dfrac{1}{x},x \geqslant 1 \\ 1, \quad x<1\end{cases}$,$f'(1)=1$.导数存在.可导必连续.

4. C   5. C

6. B 提示:$y'=3x^2+1$.直线 $y=4x-1$ 的斜率为 $y'_x=(4x-1)'_x=4$(直线斜率求法——无论方程形式是显式还是隐式,都看成隐函数,两边关于 x 求导,然后解出 y'_x 即可).若要 y 在某点 (x_0,y_0) 处切线与直线 $y=4x-1$ 平行,必有 $3x_0^2+1=4$,即 $x_0^2=1$,$x_0=\pm 1$.而相应 $y_0=0$ 或 $y_0=-4$.

7. B 提示:可导偶函数的导数为奇函数,$f'(-x)=-f'(x)$.

8. D 提示:绝对值函数在求导时,一定要首先转化为分段函数再求导.$\ln|x-1|=\begin{cases}\ln(x-1),x>1 \\ \ln(1-x),x<1\end{cases}$,由 $\ln|x-1|$ 本身的定义域可知 $x \neq 1$,所以求导时也不考虑 $x=1$ 时情况.不考虑分段点导数,则可以直接使用求导法则来进行求导.当 $x>1$ 时,$f'(x)=[\ln(x-1)]'=\dfrac{1}{x-1}$;当 $x<1$ 时,$f'(x)=[\ln(1-x)]'=\dfrac{-1}{1-x}=\dfrac{1}{x-1}$,所以 $f'(x)=\dfrac{1}{x-1}$.

9. C   10. C

11. D 提示:当 $x=1$ 时,$f(x)$ 无定义,因此 $f(x)$ 在 $x=1$ 处不连续,不连续则不可导.

12. B 提示:假设 $f(x)+g(x)$ 可导,因 $f(x)$ 可导则 $-f(x)$ 必可导,则 $[f(x)+g(x)]+[-f(x)]=g(x)$ 可导,矛盾!因此 $f(x)+g(x)$ 不可导.

13. D 提示:函数 D 在点 $x=0$ 处显然不连续,不连续则不可导.

14. D

15. A　提示:可导必连续.

16. D　提示:$f'(a)$不存在分两类情况;一类是因为左、右导数不等,另一类是 $f'(a)\rightarrow\infty$. 当 $F'(a)$ 是第一类情况时,$f(x)$ 在 $x=a$ 处无切线. 若 $f(x)$ 在 $x=a$ 处连续且 $f'(a)\rightarrow\infty$,则 $f(x)$ 在 $x=a$ 处有一条垂直于水平方向的切线.

17. D　提示:导数记号的相关问题.

18. D

(B)

1. B　提示:$\lim\limits_{x\to 0}\dfrac{g(x)}{f(x)}=\lim\limits_{x\to 0}\dfrac{\dfrac{g(x)}{x-0}}{\dfrac{f(x)}{x-0}}=\lim\limits_{x\to 0}\dfrac{\dfrac{g(x)-g(0)}{x-0}}{\dfrac{f(x)-f(0)}{x-0}}=\dfrac{g'(0)}{f'(0)}$. 注意:当 $f(0)\neq 0$ 或 $g(0)\neq 0$ 时,这个结果不成立. 不能把这种看起来似乎很对应的形式看成一种普遍.

2. C　提示:$\lim\limits_{h\to 0}\dfrac{f(x+\alpha h)-f(x)+f(x)-f(x-\beta h)}{h}$

$$=\alpha\lim\limits_{h\to 0}\dfrac{f(x+\alpha h)-f(x)}{\alpha h}-(-\beta)\lim\limits_{h\to 0}\dfrac{f(x-\beta h)-f(x)}{-\beta h}$$

$$=\alpha f'(x)-(-\beta)f'(x)=(\alpha+\beta)f'(x)$$

3. C　提示:代值验证即可.

4. A　提示:Δy 与 $\mathrm{d}y$ 分别代表函数增量与微分,当 $\Delta x\rightarrow 0$ 时它们之间相差一个比 Δx 更高阶的无穷小.

5. B　提示:先对 $f(x)$ 求导,然后对四个答案逐一求导,并把结果对比即得.

6. D　提示:因为变量 Δx 与 $f(x)$ 无关,$f(x)$ 相对于 Δx 而言是常量,常量求导的结果恒为 0.

7. D　提示:$f'(1)=\lim\limits_{x\to 1}\dfrac{f(x)-f(1)}{x-1}\xrightarrow{\text{设}u=x-1}\lim\limits_{u\to 0}\dfrac{f(u+1)-f(1)}{u}$

$$=\lim\limits_{u\to 0}\dfrac{af(u)-af(0)}{u-0}=af'(0)=ab.$$

8. A　　9. C

10. C　提示:因为 $f''(x)=[f'(x)]'=[f(1-x)]'=-f'(1-x)$,令 $u=1-x$,则 $-f'(1-x)=-f'(u)=-f(1-u)=-f[1-(1-x)]=-f(x)$. 所以 $f''(x)+f(x)=0$.

(二)填空题　　　　　　　(A)

1. $\dfrac{y\sin xy-\mathrm{e}^{x+y}}{\mathrm{e}^{x+y}-x\sin xy}$

2. $9(\sin 3x)(\sin 3\cos 3x)$

3. $-3\sin(3\cos 3x)$　提示：$f[f(x)]=\cos(3\cos 3x)$. $f'[f(x)]=\dfrac{\mathrm{d}f[f(x)]}{\mathrm{d}f(x)}=$

$\dfrac{\mathrm{d}\cos(3\cos 3x)}{\mathrm{d}\cos 3x}=-3\sin(3\cos 3x)$.

4. 1　　　　　5. $81\sin 3x$

6. 0　提示：$\mathrm{e}^{ax}\cos bx$ 与变量 n 无关，相对于 n 为常量，结果为 0.

7. 0　　　　　8. $\dfrac{1}{2\sqrt{x}}$　　　　　9. $\sin t$

10. $\dfrac{-3x^2}{2\sqrt{1-x^3}}$　　　11. $-\dfrac{1}{5}$　　　12. $-\dfrac{1}{2}\mathrm{e}^{-2x}$

13. $-\dfrac{1}{4}$　提示：把 $x^2+3xy+y^2+1=0$ 看成隐函数求 y'_x，然后把 $x=2$，$y=-1$ 代入得到切线斜率.

(B)

1. $(m+n)\varphi'(t_0)$　提示：$\lim\limits_{h\to 0}\dfrac{\varphi(t_0+mh)-\varphi(t_0-nh)}{h}$

$$=\lim\limits_{h\to 0}\dfrac{\varphi(t_0+mh)-\varphi(t_0)+\varphi(t_0)-\varphi(t_0-nh)}{h}$$

$$=\lim\limits_{h\to 0}\dfrac{\varphi(t_0+mh)-\varphi(t_0)}{h}-\lim\limits_{h\to 0}\dfrac{\varphi(t_0-nh)-\varphi(t_0)}{h}.$$

2. 提示：利用左、右导数计算.

3. $\dfrac{1}{[\varphi(y)]^3}$

4. 0　　　　5. $2f'(x)$　　　　6. $\cot x$

7. $\begin{cases} -2^n\sin 2x, n\ \text{为奇数} \\ 2^n\cos 2x, n\ \text{为偶数} \end{cases}$ 或 $2^n\cdot\sin\left(2x+\dfrac{n+1}{2}\pi\right)$

8. $\dfrac{1}{2}$

9. $a=1, b=1$　提示：可导必连续，根据左、右极限相等，可得 $2a=-2b$. 由于 $\sin 0+2a\mathrm{e}^0=9\arctan 0+2b(0-1)^3$，符合直接利用求导法则计算左、右导数的要求，分别求出 $f(x)$ 的左、右导数并将 $x=0$ 代入得 $f'_-(0)$ 和 $f'_+(0)$，令其相等，最后算出结果.

10. 在 x_0 的左、右邻域内 $f(x)$ 不异号（即要么 $f(x)\geqslant 0$，要么 $f(x)\leqslant 0$）　提示：若 $f(x)$ 在 x_0 的邻域内异号，则必有 $|f(x)|=\begin{cases} -f(x), x<x_0 \\ f(x), x>x_0 \end{cases}$ 或 $|f(x)|=\begin{cases} f(x), x<x_0 \\ -f(x), x>x_0 \end{cases}$. 这两种情况都必然导致 $|f(x)|$ 在 x_0 点处左、右极限不相等.

11. $f(x_0)-x_0f'(x_0)$　提示：$\lim\limits_{x\to x_0}\dfrac{xf(x_0)-x_0f(x)}{x-x_0}$

$$=\lim\limits_{x\to x_0}\dfrac{xf(x_0)-x_0f(x)+x_0f(x_0)-x_0f(x_0)}{x-x_0}$$

$$=\lim\limits_{x\to x_0}\dfrac{-x_0[f(x)-f(x_0)]}{x-x_0}+\lim\limits_{x\to x_0}\dfrac{f(x_0)(x-x_0)}{x-x_0}.$$

12. $\dfrac{1}{3x}$　提示：$\dfrac{\mathrm{d}}{\mathrm{d}x}f(x^3)\cdot(x^3)'=3x^2\cdot f'(x^3)=\dfrac{1}{x}.$ 即 $f'(x^3)=\dfrac{1}{3x^3}$，令 $u=$

x^3，则 $f'(u)=\dfrac{1}{3u}$，即 $f'(x)=\dfrac{1}{3x}.$

13. $\mathrm{e}^{f(x)}\left[\dfrac{1}{x}f'(x)f(\ln x)\right]\mathrm{d}x$

14. $\dfrac{(-1)^n(n^2-n)}{(1-x)^{n+1}}$　提示：$y=\dfrac{x^n}{1-x}=\dfrac{x^n-1}{1-x}+\dfrac{1}{1-x}$，而 $\dfrac{x^n-1}{1-x}$ 约分后是一个次

数低于 n 的多项式，它的 n 阶导数为 0，所以 $y^{(n)}=\left(\dfrac{1}{1-x}\right)^{(n)}.$

15. $\dfrac{t'(x)}{g[t(x)]}$　提示：反函数求导法则 $\varphi(y)=\dfrac{1}{f'(x)}$ 或 $f'(x)=\dfrac{1}{\varphi'(y)}$ 里，有一

个对求导结果的再处理过程 $\varphi'(y)=\dfrac{1}{f'(x)}$，是不能保留以 x 为自变量的结果的，

必须把 $f'(x)$ 通过 $x=\varphi(y)$ 换之为以 y 为自变量的结果。同理，$f'(x)=\dfrac{1}{\varphi'(y)}$ 里也

不能保留以 y 为自变量的结果，必须把结果通过 $y=f(x)$ 换元为以 x 为自变量的

结果。$\dfrac{\mathrm{d}}{\mathrm{d}x}\varphi[t(x)]=\dfrac{\mathrm{d}\varphi[t(x)]}{\mathrm{d}t(x)}\cdot\dfrac{\mathrm{d}t(x)}{\mathrm{d}x}.$ 这里可把 $t(x)$ 看成 y，即 $\dfrac{\mathrm{d}(y)}{\mathrm{d}x}=\varphi'(y)\cdot y'_x$，

$\varphi'(y)=\dfrac{1}{f'(y)}=\dfrac{1}{g(y)}$，$y'_x=t'(x).$

16. $a=-1,b=4$　提示：抛物线 $y=x^2+ax+b$ 的切线斜率为 $y'=2x+a$，在

点 $(2,6)$ 处切线斜率为 $4+a$，直线 $y=3x$ 斜率为 3，因为 $4+a=3$，所以 $a=-1.$ 再

由点 $(2,6)$ 是抛物线上一点得 $6=x^2-x+b$，解得 $6=4-2+b,b=4.$

(三)解答与证明题

(A)

1. $f'(0)=\lim\limits_{x\to 0}\dfrac{\varphi(a+bx)-\varphi(a-bx)-[\varphi(a)-\varphi(a)]}{x}$

$$=b\lim\limits_{x\to 0}\dfrac{\varphi(a+bx)-\varphi(a)}{bx}-(-b)\lim\limits_{x\to 0}\dfrac{\varphi(a-bx)-\varphi(a)}{-bx}=2b\varphi'(a)$$

2. $y'_x=\dfrac{\mathrm{d}y}{\mathrm{d}x}=\dfrac{\frac{\mathrm{d}y}{\mathrm{d}t}}{\frac{\mathrm{d}x}{\mathrm{d}t}}=\dfrac{\frac{1}{2\sqrt{t}}\cos\sqrt{t}}{\frac{2t}{t^2+2}}=\dfrac{(t^2+2)\cos t}{4t\sqrt{t}}$

3. 提示：$\sqrt{x\sqrt{x\sqrt{x}}}=\left[(x^{\frac{1}{2}}\cdot x)^{\frac{1}{2}}\cdot x\right]^{\frac{1}{2}}=x^{\frac{7}{8}}$.

4. 提示：在隐函数里，y 与 x 可看成互为反函数，$x'_y=\dfrac{1}{y'_x}$，因此只需求出 y'_x 就可以利用反函数求导法则得出 x'_y，不必另外求导计算.

5. (1) $\dfrac{f(x)f'(x)+g(x)g'(x)}{\sqrt{f^2(x)+g^2(x)}}$ 　　　　(2) $y'=-\dfrac{\cos x}{\sqrt{1-\sin^2 x}}=-\dfrac{\cos x}{|\cos x|}$

(3) $\dfrac{1}{\sqrt{x^2+1}}$ 　　　　　　　　　　(4) $\dfrac{\sin 2x}{\sin^4 x+\cos^4 x}$

(5) $\dfrac{1}{2x\sqrt{x-1}\arccos\dfrac{1}{\sqrt{x}}}$ 　　(6) $\dfrac{\sin 2x\cdot\sin x^2-2x\sin^2 x\cos x^2}{\sin^2 x^2}$

(7) 0　提示：n 与 x 无关，y 相对于 x 为常量.

(8) $(\ln x)^x\left(\ln\ln x+\dfrac{1}{\ln x}\right)$　提示：等式两边取对数，得 $\ln y=\ln(\ln x)^x$，即 $\ln y=x\ln\ln x$ 两边关于 x 求导，得 $\dfrac{y'_x}{y}=\ln\ln x+x\cdot\dfrac{1}{\ln x}\cdot\dfrac{1}{x}=\ln\ln x+\dfrac{1}{\ln x}$ $y'_x=y\left(\ln\ln x+\dfrac{1}{\ln x}\right)=(\ln x)^x\left(\ln\ln x+\dfrac{1}{\ln x}\right)$.

6. (1) $\dfrac{v\mathrm{d}u-u\mathrm{d}v}{u^2+v^2}$ 　　(2) $\cot(u+v)(\mathrm{d}u+\mathrm{d}v)$ 　　(3) $\dfrac{u\mathrm{d}u+v\mathrm{d}v}{\sqrt{u^2+v^2}}$

(4) $-3\sin u\cdot\cos^2 u\mathrm{d}u+3\sin v\cdot\cos^2 v\mathrm{d}v$

(5) $(xu)^v\left[\dfrac{v}{x}\mathrm{d}x+\dfrac{v}{u}\mathrm{d}u+\ln(xu)\cdot\mathrm{d}v\right]$

(6) $(1+u)^{\frac{1}{v}}\left[\dfrac{\mathrm{d}u}{v(1+u)}-\dfrac{\ln(1+u)}{v^2}\mathrm{d}v\right]$

(7) $x^u\cdot v^x\left(\ln x\mathrm{d}u+\dfrac{u\mathrm{d}x}{x}+\ln v\mathrm{d}x+\dfrac{x}{v}\mathrm{d}v\right)$

(B)

1. $f'(0)=\lim\limits_{x\to 0}\dfrac{\sin x\cdot\sqrt{\dfrac{1-\sin x}{1+\sin x}}-0}{x}=\lim\limits_{x\to 0}\dfrac{\sin x}{x}\cdot\lim\limits_{x\to 0}\sqrt{\dfrac{1-\sin x}{1+\sin x}}=1$　提示：有时用求导法则来求导不一定比用定义公式求导更简单.

2. $f(x)=x|x-1|=\begin{cases}x-x^2,&x<1\\0,&x=1\\x^2-x,&x>1\end{cases}$，则 $f'_-(1)=(x-x^2)'|_{x=1}=-1$，$f'_+(1)=$

$(x^2-x)'|_{x=1}=1$，由此可知 $f'(1)$ 不存在，故 $f'(x)=\begin{cases}1-2x,x<1\\2x-1,x>1\end{cases}$.

3. 提示：可导必连续，$f'(0)=1$，说明 $f(x)$ 在分段点 $x=0$ 连续，$g(x),\varphi(x)$ 均为 **R** 上初等函数，所以 $g(x)$ 在 $x<0$ 连续，且 $\varphi(x)$ 在 $x\geq0$ 时连续. 故 $f(x)$ 在 **R** 上连续.

4. 提示：注意到尽管 $f(x)$ 是一个分段函数，但 $x=0$ 并非其分段点，因此，在 $x=0$ 的某个邻域内，$f(x)=x^2+2x,f'(x)=2x+2,f'(0)=2$.

5. $2\varphi[x+\varphi(x)]\cdot[1+\varphi'(x)]\cdot\varphi'[x+\varphi(x)]$

6. $y=\begin{cases}f(x^2),& x\geq0\\f(-x^2),x<0\end{cases}$，$y'_-(0)=-2xf'(-x^2)|_{x=0}=0,y'_+(0)=2xf'(x^2)|_{x=0}=$

0. 因此，y' 处处可导，$\dfrac{dy}{dx}=\begin{cases}-2xf'(-x^2),x<0\\2xf'(x^2),& x\geq0\end{cases}$

7. 因为 $f'(x)=\lim\limits_{\Delta x\to0}\dfrac{\Delta y}{\Delta x}$，所以 $y=f'(x)\Delta x+2\Delta x$，当 $\Delta x\to0$ 时，$f'(x)\Delta x=\mathrm{d}y$，

$\Delta y-\mathrm{d}y=\alpha\cdot\Delta x,\lim\limits_{\Delta x\to0}\dfrac{2\Delta x+1}{\mathrm{d}y-\Delta y}=\lim\limits_{\Delta x\to0}\dfrac{2\Delta x+1}{-\alpha\Delta x}=\lim\limits_{\Delta x\to0}\dfrac{-1}{\alpha\cdot\Delta x}\to\infty$，发散

8. $(1) n^3 x^{n-1}\cos x^n\varphi^{n-1}(\sin x)f^{n-1}[\varphi^n(\sin x^n)]$

$(2) \dfrac{1+\dfrac{1-\sin x}{2\sqrt{x+\cos x}}}{2\sqrt{x+\sqrt{x+\cos x}}}$
$\qquad\qquad(3) \dfrac{-4\tan\arccos x^2}{x^3\sqrt{1-x^4}}$

$(4) \dfrac{dx}{dt}=f''(t),\dfrac{dy}{dt}=f'(t)+tf''(t)-f'(t)=tf''(t)$，所以 $y'_x=\dfrac{\dfrac{dy}{dt}}{\dfrac{dx}{dt}}=\dfrac{tf''(t)}{f''(t)}=t$

$(5) a^a x^{a^a-1}+a^{x^a+1}x^{a-1}\ln a+a^{a^x+x}\ln^2 a$
$\qquad(6) y'=a^x\left(\ln a\cdot\ln^2\ln^2 x+\dfrac{4\ln\ln^2 x}{x\ln x}\right)$

9. $(1) \dfrac{u\,du+v\,dv}{u^2+v^2}$

$(2) \dfrac{[v(\cos u+\sin v)-uv\sin u]du+[u(\cos u+\sin v)+uv\cos v]dv}{u^2 v^2}$

$(3) e^{\sqrt{u^2+v^2}}\cdot\dfrac{u\,du+v\,dv}{\sqrt{u^2+v^2}}$

10. 0.874 76　提示：$\sin(x_0+\Delta x)\approx\sin x_0+\cos x_0\Delta x,61°=\dfrac{\pi}{3}+\dfrac{\pi}{180}$.

11. $\ln 1.03=\ln(1+0.03)\approx0.03$　提示：先根据原理证明 x 很小时，有 $\ln(1+x)\approx x$.

12. 提示：$\dfrac{1}{1-x^2}=-\dfrac{1}{2}\left(\dfrac{1}{x-1}-\dfrac{1}{x+1}\right)$.

13. 提示: 设 $f(x) = \sqrt[n]{1+x}$, 则 $f'(x) = \frac{1}{n}(1+x)^{\frac{1}{n}-1}$. 由 $f(x) \approx f(x_0) + f'(x_0)$ $(x-x_0)$, 得当 $x_0 = 0$ 时 $f(x) \approx f(0) + f'(0)x$. 因此, 当 $|x|$ 很小时, $\sqrt[n]{1+x} \approx f(0) + f'(0)$. $x = 1 + \frac{x}{n}$, 因此 $\sqrt{0.97} = \sqrt{1-0.03} \approx 1 - \frac{0.03}{2} = 0.985$.

自测题答案与提示
自测题 A

(一)单项选择题

1. C 　　　2. A 　　　3. C 　　　4. B 　　　5. B

6. D 　提示: 当函数在某点处取得无穷导数时, 连续函数存在垂直于 x 轴的切线.

7. C 　　8. D

9. D 　提示: $[f(2x)]' = 2f'(2x)$, 因此 $f'(2x) = \frac{[f(2x)]'}{2} = \frac{4x\cos 2x^2}{2}$.

10. D

(二)填空题

1. $f'(x) = \begin{cases} -1, & x < 3 \\ 1, & x > 3 \end{cases}$ 　2. $-\tan\theta \mathrm{e}^{\cos\theta - \sin\theta}$ 　3. $2x$ 　提示: $\frac{\mathrm{d}f(x)}{\mathrm{d}(2x)} = \dfrac{\dfrac{\mathrm{d}f(x)}{\mathrm{d}x}}{\dfrac{\mathrm{d}(2x)}{\mathrm{d}x}}$.

4. $x + 4y - 14 = 0$ 　5. $-\dfrac{\ln x + 1}{x^2 \ln^2 x}$ 　6. $\dfrac{2}{\varphi(y)}$ 　7. $\dfrac{2y\cos(x^2+y^2) - x}{y - 2x\cos(x^2+y^2)}$

8. $x^n(\ln x + 1)$ 　9. $\dfrac{x\cos\sqrt{x^2-1}}{\sqrt{x^2-1}}\mathrm{d}x$ 　10. $f(x) = C (C$ 为任意常数$)$

(三)解答与证明题

1. 略

2. 提示: $f(0-0) = \infty$, $f(0+0) = 1$, 左、右极限不等, 因此 $f(x)$ 在 $x = 0$ 点不连续, 不连续必不可导, 因此 $f'(0)$ 不存在.

3. 提示: 等式 $\mathrm{e}^y \sin t - y + 1 = 0$ 两边关于 t 求导, 得 $y'_t \sin t + \mathrm{e}^y \cos t - y'_t = 0$, 则 $y'_t = \dfrac{-\mathrm{e}^y \cos t}{\sin t - 1}$, 由 $\mathrm{e}^y \sin t - y + 1 = 0$ 可知, $t = 0$ 时, 所以 $\left.\dfrac{\mathrm{d}y}{\mathrm{d}t}\right|_{t=0} = \mathrm{e}$, $\left.\dfrac{\mathrm{d}x}{\mathrm{d}t}\right|_{t=0} = (6t+2)|_{t=0} = 2$, 因此 $\left.\dfrac{\mathrm{d}y}{\mathrm{d}x}\right|_{t=0} = \dfrac{\dfrac{\mathrm{d}y}{\mathrm{d}t}}{\dfrac{\mathrm{d}y}{\mathrm{d}t}}\Bigg|_{t=0} = \dfrac{\mathrm{e}}{2}$.

4. 原式 $= \dfrac{\mathrm{e}^x + \dfrac{2\mathrm{e}^{2x}}{2\sqrt{1+\mathrm{e}^{2x}}}}{\mathrm{e}^x + \sqrt{1+\mathrm{e}^{2x}}} = \dfrac{\dfrac{\mathrm{e}^x(\sqrt{1+\mathrm{e}^{2x}} + \mathrm{e}^x)}{\sqrt{1+\mathrm{e}^{2x}}}}{\mathrm{e}^x + \sqrt{1+\mathrm{e}^{2x}}} = \dfrac{1}{\sqrt{1+\mathrm{e}^{2x}}}$

5. $y' = [\ln(\sqrt{x^2+1}-x) - \ln(\sqrt{x^2+1}+x)]' = [\ln(\sqrt{x^2+1}-x)]' -$

$[\ln(\sqrt{x^2+1}+x)]' = \dfrac{\dfrac{2x}{2\sqrt{x^2+1}}-1}{\sqrt{x^2+1}-x} - \dfrac{\dfrac{2x}{2\sqrt{x^2+1}}+1}{\sqrt{x^2+1}+x} = \dfrac{-2}{\sqrt{x^2+1}}$

6. $\lim\limits_{\Delta x \to 0} \dfrac{(\Delta y)^2 + (\mathrm{d}y)^2 - 2\Delta y \mathrm{d}y}{\sin(\Delta x)^2} = \lim\limits_{\Delta x \to 0} \dfrac{(\Delta y - \mathrm{d}y)^2}{\sin(\Delta x)^2}$ (*)，由 $y=f(x)$ 可导知，$f'(x)=$

$\lim\limits_{\Delta x \to 0} \dfrac{\Delta y}{\Delta x}$，故 $\dfrac{\Delta y}{\Delta x} = f'(x) + \alpha$（无穷小）．$\Delta y = f'(x)\Delta x + \alpha \cdot \Delta x$，当 $\Delta x \to 0$ 时，$\mathrm{d}y = f'(x) \cdot$

Δx，则 $\Delta y - \mathrm{d}y = \alpha \cdot \Delta x$．（ * ）式 $= \lim\limits_{\Delta x \to 0} \dfrac{(\alpha \cdot \Delta x)^2}{\sin(\Delta x)^2} = \lim\limits_{\Delta x \to 0} \alpha^2 \cdot \lim\limits_{\Delta x \to 0} \dfrac{(\Delta x)^2}{\sin(\Delta x)^2} = 0$

自测题 B

(一)单项选择题

1. B　提示：例如 $|x|$ 在 $x=0$ 不可导，但 $x|x|$ 在 $x=0$ 处可导．

2. D　提示：例如 $x^2 + y^2 = 1$ 在 $x=1$ 处不可导，但存在切线 $x=1$．连续函数在 $x=a$ 处导数趋于无穷大时，导数即不存在，但这种情况下函数有一条垂直于 x 轴的切线．

3. A　　　4. C

5. B　提示：除非 $f(x)=C$，否则 $\mathrm{d}f(x)$ 中含有的 $\mathrm{d}x$ 不会消失．

6. D　　　7. D　　　8. A

9. A　提示：$f(x)$ 在 $x=1$ 不连续，不连续则不可导．

10. C　提示：利用导数的极限定义公式来证明．

(二)填空题

1. $\begin{cases} -2x, & x<0 \\ 2x, & x\geqslant 0 \end{cases}$　　　2. $\dfrac{3t}{2}$　　　3. $2f'(2) - f(2)$　　　4. $x - 2y + 1 = 0$

5. $\dfrac{1}{(x+y)^2}$　　　6. $x^{\sin x}\left(\cos x \ln x + \dfrac{\sin x}{x}\right)$　　　7. $\cot x \mathrm{d}x$

8. 2　提示：左导数必须等于右导数，而左导数等于 2．

9. $x + y - 2 = 0$

10. 充分　提示：可微与可导等价，可导必连续．

(三)解答与证明题

1. $f(x) = |x-1| = \begin{cases} 1-x, & x<1 \\ x-1, & x\geqslant 1 \end{cases}$，由于 $x=1$ 时，$1-x$ 与 $x-1$ 的值都等于 $f(1)=0$，所以可以用求导法则直接求左、右导数：$f'_-(1) = (1-x)'|_{x=1} = -1$，$f'_+(1) = (x-1)'|_{x=1}$，左、右导数不等，故 $f'(1)$ 不存在．

2. $y'_{2x} = y'_x \cdot x'_{2x} = (1 + \cos x) \cdot \left(\frac{1}{2} \cdot 2x \right)'_{2x} = \frac{1}{2} (1 + \cos x). \ x'_{2x}$ 也可以这样

求：令 $2x = u$，则 $x = \frac{u}{2}$，则 $x'_{2x} = \left(\frac{u}{2} \right)'_u = \frac{1}{2}$.

3. 略

4. 略

5. 略

6. 令 $f(x) = \sqrt[n]{1+x}$，则 $f'(x) = \frac{1}{n} (1+x)^{\frac{1}{n}-1}$ 在近似公式 $f(x) \approx f(a) + f'(a) \cdot$

$(x-a)$ 中，当 $a = 0$ 时，有 $f(x) \approx f(0) + f'(0)x$，因此，$\sqrt[n]{1+x} \approx f(0) + f'(0)x =$

$1 + \frac{x}{n}$，本题 $\sqrt[4]{0.98} = \sqrt[4]{1+(-0.02)} \approx 1 - \frac{0.02}{4} = 0.995$.

第五章　中值定理与导数应用

"如果认为只有在几何证明里或者在感觉的证据里才有必然，那会是一个严重的错误. 给我五个系数, 我将画出一头大象; 给我六个系数, 大象将会摇动尾巴. 人必须确信, 如果他是在给科学添加许多新的术语而让读者接着研究那摆在他们面前的奇妙难尽的东西, 已经使科学获得了巨大的进展."

——柯　西

一、基本要求

(1) 理解罗尔定理.

(2) 理解拉格朗日中值定理, 并会应用拉格朗日中值定理.

(3) 了解柯西中值定理.

(4) 掌握用洛必达法则求未定式的极限.

(5) 掌握用导数判断函数的单调性.

(6) 理解函数极值的概念, 掌握求极值的方法.

(7) 会求解较简单的最大值和最小值的应用问题.

(8) 会用导数判断函数图形的凹凸性, 会求拐点.

(9) 会描绘函数的图形(包括水平和铅直渐近线).

二、内容提要

(一) 中值定理

罗尔定理、拉格朗日中值定理、柯西中值定理一般称为微分中值定理. 中值定理是导数应用的理论基础, 利用中值定理可以建立一套应用导数来研究函数及曲线的性态的方法. 这三个定理中, 前一个都是后一个的特例.

1. 罗尔定理

函数 $f(x)$ 在 $[a,b]$ 上连续, 在 (a,b) 内可导, $f(a)=f(b)$, 则存在 $\xi \in (a,b)$, 使 $f'(\xi)=0$.

2. 拉格朗日中值定理

函数在 $f(x)$ 在 $[a,b]$ 上连续, 在 (a,b) 内可导, 则存在 $\xi \in (a,b)$, 使 $f'(\xi) = \dfrac{f(b)-f(a)}{b-a}$.

推论　如果在区间 I 上 $f'(x)=0$, 则在区间 I 上 $f(x)=C$(常数).

3. 柯西中值定理

函数 $f(x), g(x)$ 在 $[a,b]$ 上连续,在 (a,b) 内可导,且 $g'(x) \neq 0$,则存在 $\xi \in (a,b)$,使 $\dfrac{f'(\xi)}{g'(\xi)} = \dfrac{f(b)-f(a)}{g(b)-g(a)}.$

(二)导数应用

1. 极值的定义

极值表达函数在小范围内的最大和最小值,是局部性概念.函数在定义域内可能有多个极大(极小)值,极大值和极小值统称为极值.注意函数极值和最值的区别、极值点和极值的区别.

2. 驻点的定义

使 $f'(x)=0$ 的点 x 叫作函数 $f(x)$ 的驻点.

3. 极值点的定义

极大值点和极小值点统称为函数的极值点.

4. 曲线的凹凸与拐点

设 $f(x)$ 在 (a,b) 内连续,$\forall x_1, x_2 \in (a,b)$,若 $f\left(\dfrac{x_1+x_2}{2}\right) > $(或 $<$)$\dfrac{f(x_1)+f(x_2)}{2}$,则称曲线 $y=f(x)$ 在 (a,b) 内是向下凹(或向上凹)的,也称 $y=f(x)$ 在 (a,b) 内是上凸(或下凸)的.

曲线 $y=f(x)$ 的凹弧与凸弧的分界点 $(x_0, f(x_0))$ 叫拐点.

注:拐点是平面上的点,需用一对坐标表示.

5. 洛必达法则

设当 $x \to a(x \to \infty)$ 时,函数 $f(x)$ 及 $g(x)$ 都趋于零;在点 a 的某去心邻域(或 $|x|$ 充分大),$f'(x)$ 及 $g'(x)$ 都存在,且 $g'(x) \neq 0$;$\lim\limits_{\substack{x \to a \\ (x \to \infty)}} \dfrac{f'(x)}{g'(x)}$ 存在(或为无穷大),则

$$\lim_{\substack{x \to a \\ (x \to \infty)}} \frac{f(x)}{g(x)} = \lim_{\substack{x \to a \\ (x \to \infty)}} \frac{f'(x)}{g'(x)}.$$

说明:洛必达法则主要用于求未定式的极限.

6. 函数单调增减性的判别

设函数 $y=f(x)$ 在 $[a,b]$ 上连续,在 (a,b) 内可导,如果 $f'(x) > 0(f'(x) < 0)$,则 $f(x)$ 在该区间上单调增加(单调减少).

说明:

(1)函数在某个区间上单调并不排除在某些孤立点处 $f'(x)=0$ 或 $f'(x)$ 不存在(但要求连续).

(2)判别法不仅可以判断函数在某区间上的增减性及求 $f(x)$ 的单调区间,还可以用于证明不等式、判断方程是否有根,并确定各根所在区间等.

7. 函数的极值与极值点的判别

(1)极值存在的必要条件.如果函数 $f(x)$ 在 x_0 处可导,且在 x_0 处取得极值,

那么 $f'(x_0)=0$.

(2)第一判别法. $f'(x_0)=0$,如果 $f'(x)$ 在 x_0 点左、右两侧变号,则 x_0 为极值点,且在 x_0 点两侧 $f'(x)$ 的符号左正右负(左负右正),则 $f(x_0)$ 为极大值(极小值).

(3)第二判别法. $f'(x_0)=0$,$f''(x_0)\ne0$,若 $f''(x_0)<0(f''(x_0)>0)$,则 $f(x_0)$ 是极大值(极小值).

说明:对于可导函数,极值只能在驻点处取得,但驻点不一定是极值点;极值也可能在导数不存在的连续点处取得.

(4)第三判别法. 若 $f'(x_0)=f''(x_0)=\cdots=f^{(n-1)}(x_0)=0$,且 $f^{(n)}(x_0)\ne0$,则若 n 为正偶数,当 $f^{(n)}(x_0)<0$ 时,$f(x_0)$ 为极大值,当 $f^{(n)}(x_0)>0$ 时,$f(x_0)$ 为极小值;若 n 为正奇数,$f(x)$ 在 x_0 点无极值.

8. 曲线的凹凸性与拐点的判别

(1)曲线凹凸性的判别. 在 (a,b) 内,若 $f''(x)>0$(或 <0),则曲线 $y=f(x)$ 在该区间上向上凹(或向上凸).

(2)拐点的判别法 I. 若 $f''(x)=0$,且在 x_0 点两侧 $f''(0)$ 变号,则点 $(x_0,f(x_0))$ 为曲线 $y=f(x)$ 的拐点.

说明:拐点也可能在 $f''(x_0)$ 不存在的连续点处取得.

(3)拐点的判别法 Ⅱ. 设 $f(x)$ 在 x_0 点具有三阶导数,$f'(x_0)=0$,且 $f''(x_0)=0$,且 $f'''(x_0)\ne0$,则点 $(x_0,f(x_0))$ 为拐点.

三、本章知识网络图

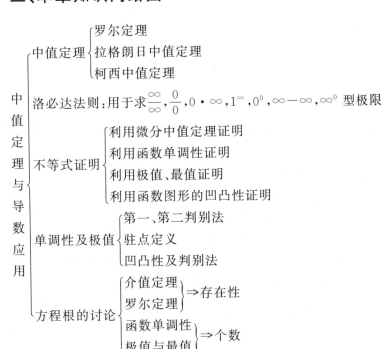

四、习题

(一)单项选择题

(A)

1. 设 $f(x)$ 在 $[a,b]$ 上连续,在 (a,b) 内可导,则 (Ⅰ) $f(a)=f(b)$ 与 (Ⅱ) 在 (a,b) 内至少有一点 ξ,使得 $f'(\xi)=0$ 之间的关系是(　　).

A. (Ⅰ)是(Ⅱ)的充分但非必要条件

B. (Ⅰ)是(Ⅱ)的必要但非充分条件

C. (Ⅰ)是(Ⅱ)的充要条件

D. (Ⅰ)不是(Ⅱ)的充分条件,也不是(Ⅱ)的必要条件

2. 使函数 $f(x)=\sqrt[3]{x^2(1-x^2)}$ 满足罗尔定理条件的区间是(　　).

A. $[0,1]$　　　　B. $[-1,1]$　　　　C. $[-2,2]$　　　　D. $\left[-\dfrac{3}{5},\dfrac{4}{5}\right]$

3. 极限 $\lim\limits_{x\to 0}\dfrac{e^{|x|}-1}{x}$ 的结果是(　　).

A. 1　　　　　　B. -1　　　　　　C. 0　　　　　　D. 不存在

4. 下列有关极值的命题中,正确的是(　　).

A. 若 $y=f(x)$ 在 $x=x_0$ 处有 $f'(x_0)=0$,则 $f(x)$ 在 $x=x_0$ 必取得极值

B. 极大值一定大于极小值

C. 若可导函数 $y=f(x)$ 在 $x=x_0$ 处取得极值,则必有 $f'(x_0)=0$

D. 极大值就是最大值

5. 设 $f(x)=x^3+ax^2+bx$ 在 $x=1$ 处有极小值 -2,则必有(　　).

A. $a=-4,b=1$　　　　　　　B. $a=4,b=-7$

C. $a=0,b=-3$　　　　　　　D. $a=b=1$

6. 设 $g(x)$ 在 $(-\infty,+\infty)$ 严格单调减少,又 $f(x)$ 在 $x=x_0$ 处有极大值,则必有(　　).

A. $g[f(x)]$ 在 $x=x_0$ 处有极大值

B. $g[f(x)]$ 在 $x=x_0$ 处有极小值

C. $g[f(x)]$ 在 $x=x_0$ 处有最小值

D. $g[f(x)]$ 在 $x=x_0$ 处既无极值也无最小值

7. 若在 (a,b) 内函数 $f(x)$ 的一阶导数 $f'(x)<0$,则函数在此区间内是(　　).

A. 单调增加无最小值

B. 单调减少无最大值

C. 单调增加有最大值

D. 单调减少有最小值

8. 方程 $x^3-3x+1=0$ 在区间 $(0,1)$ 内（　　　）.

    A. 无实根　　　　B. 有唯一实根　　　　C. 有两个实根　　　　D. 有三个实根

9. 设 $f(x)=\begin{cases} 3-x^2, & 0\leqslant|x|\leqslant 1 \\ \dfrac{2}{x}, & 1<|x|\leqslant 2 \end{cases}$，则在区间 $(0,2)$ 内适合 $f(2)-f(0)=f'(\xi)\cdot$

$(2-0)$ 的 ξ 值（　　　）.

    A. 只有一个　　　B. 不存在　　　　C. 有两个　　　　D. 有三个

10. 设 $f(x)=\begin{cases} \dfrac{1-\mathrm{e}^{x^2}}{x}, & x\neq 0 \\ 0, & x=0 \end{cases}$，则在 $x=0$ 处 $f(x)$ 的导数（　　　）.

    A. 等于 0　　　　B. 不存在　　　　C. 等于 1　　　　D. 等于 -1

(B)

1. 设 $f(x)$ 在 $(-a,a)$ 内是连续的偶函数，且当 $0<x<a$ 时，$f(x)<f(0)$，则（　　　）.

    A. $f(0)$ 是 $f(x)$ 在 $(-a,a)$ 内的极大值，但不是最大值

    B. $f(0)$ 是 $f(x)$ 在 $(-a,a)$ 内的最小值

    C. $f(0)$ 是 $f(x)$ 在 $(-a,a)$ 内的极大值，也是最大值

    D. $f(0)$ 是曲线 $y=f(x)$ 内的拐点的纵坐标

2. 设 $f(x)$ 在 $x=x_0$ 处三阶连续可导，且 $f'(x_0)=f''(x_0)=0$，$f'''(x)>0$，则（　　　）.

    A. $y=f(x)$ 在 $x=x_0$ 处有极大值

    B. $y=f(x)$ 在 $x=x_0$ 处有极小值

    C. $y=f(x)$ 在 $x=x_0$ 处有拐点

    D. $y=f(x)$ 在 $x=x_0$ 处无极值也无拐点

3. 设 $ab<0$，$f(x)=\dfrac{1}{x}$，则在 $a<x<b$ 内使 $f(b)-f(a)=f'(\xi)(b-a)$ 成立的点 ξ（　　　）.

    A. 只有一个　　　　　　　　B. 有两个

    C. 不存在　　　　　　　　　D. 是否存在与 a,b 的值有关

4. 设 $\lim\limits_{x\to x_0}\dfrac{f(x)-f(x_0)}{(x-x_0)^2}=-1$ 且 $f(x)$ 在 $(-\infty,+\infty)$ 内连续，则必有（　　　）.

    A. $y=f(x)$ 在 $x=x_0$ 处有极大值

    B. $y=f(x)$ 在 $x=x_0$ 处有极小值

    C. $y=f(x)$ 在 $x=x_0$ 处有拐点

    D. $y=f(x)$ 在 $x=x_0$ 处无极值也无拐点

5. 设 $f'(x)=[\varphi(x)]^3$，其中 $\varphi(x)$ 在 $(-\infty,+\infty)$ 内连续、可导，且 $\varphi'(x)>0$，

则必有（　　）.

　　A. $f(x)$ 在 $(-\infty,+\infty)$ 内单调增加

　　B. $f(x)$ 在 $(-\infty,+\infty)$ 内单调减少

　　C. $y=f(x)$ 在 $(-\infty,+\infty)$ 内是凹的（即向上凹）

　　D. $y=f(x)$ 在 $(-\infty,+\infty)$ 内是凸的（即向下凹）

　　6. 设 $f(x)$ 在 $x=x_0$ 处四阶连续可导，且 $f'(x_0)=f''(x_0)=f'''(x_0)=0$，$f^{(4)}(x_0)<0$，则（　　）.

　　A. $y=f(x)$ 在 $x=x_0$ 处有极大值

　　B. $y=f(x)$ 在 $x=x_0$ 处有极小值

　　C. $y=f(x)$ 在 $x=x_0$ 处有拐点

　　D. $y=f(x)$ 在 $x=x_0$ 处无极值也无拐点

　　7. 设函数 $y=\begin{cases}\ln x-x, & x\geqslant 1 \\ x^2-2x, & x<1\end{cases}$，则（　　）.

　　A. 该函数在 $x=1$ 处有最小值

　　B. 该函数在 $x=1$ 处有最大值

　　C. 该函数所表示的曲线在 $x=1$ 处有拐点

　　D. 该函数所表示的曲线在 $x=1$ 处无拐点

　　8. 设函数 $y=\begin{cases}\cos x-1, & x\leqslant 0 \\ x\ln x, & x>0\end{cases}$，则（　　）.

　　A. 函数在 $x=0$ 处无极值

　　B. 函数在 $x=0$ 处有极小值

　　C. 函数在 $x=0$ 处有最大值

　　D. 函数在 $x=0$ 处有极大值

　　9.（研 2004、二）设 $f(x)=|x(1-x)|$，则（　　）.

　　A. $x=0$ 是 $f(x)$ 的极值点，但点 $(0,0)$ 不是曲线 $y=f(x)$ 的拐点

　　B. $x=0$ 不是 $f(x)$ 的极值点，但点 $(0,0)$ 是曲线 $y=f(x)$ 的拐点

　　C. $x=0$ 是 $f(x)$ 的极值点，且点 $(0,0)$ 是曲线 $y=f(x)$ 的拐点

　　D. $x=0$ 不是 $f(x)$ 的极值点，点 $(0,0)$ 也不是曲线 $y=f(x)$ 的拐点

　　10.（研 2004、三）设 $f'(x)$ 在 $[a,b]$ 上连续，且 $f'(a)>0$，$f'(b)<0$，则下列结论中错误的是（　　）.

　　A. 至少存在一点 $x_0\in(a,b)$，使得 $f(x_0)>f(a)$

　　B. 至少存在一点 $x_0\in(a,b)$，使得 $f(x_0)>f(b)$

　　C. 至少存在一点 $x_0\in(a,b)$，使得 $f'(x_0)=0$

　　D. 至少存在一点 $x_0\in(a,b)$，使得 $f(x_0)=0$

(二)填空题

(A)

1. $\lim\limits_{x\to 0}\dfrac{\ln(3x+1)}{6x}$ 的值等于 _____.

2. $\lim\limits_{x\to 0}\dfrac{2x-\sin 2x}{x^3}$ 的值等于 _____.

3. $\lim\limits_{x\to 0}\dfrac{\mathrm{e}^{-\frac{1}{x}}}{x^a}$ 的值等于 _____ $(a>0)$.

4. $\lim\limits_{x\to 0}\dfrac{\ln\cos\alpha x}{\ln\cos\beta x}=$ _____ $(\beta\neq 0)$.

5. $\lim\limits_{x\to +\infty}\dfrac{x^p}{\mathrm{e}^{ax}}$ 的值等于 _____ $(a>0,p>0)$.

6. 数列极限 $\lim\limits_{n\to\infty}n(a^{\frac{1}{n}}-1)$ _____ (其中 $a>0$).

7. $\lim\limits_{x\to 0}\dfrac{\sin^2 hx}{\ln\cos hx}=$ _____.

8. 函数 $f(x)=\begin{cases}4-x^2,&x\leqslant 1\\ 3x^2,&x>1\end{cases}$ 的极小值是 _____.

9. 函数 $f(x)=x^3-\dfrac{3}{x}-\sin 6x$ 的单调增加区间是 _____.

10. 函数 $f(x)=10\arctan x-3\ln x$ 的极小值是 _____.

11. 函数 $f(x)=x^3+3x^2-9x$ 在 $0\leqslant x<+\infty$ 上的最小值是 _____.

12. 函数 $f(x)=x\mathrm{e}^x$ 在 $(-\infty,+\infty)$ 上的最小值是 _____.

(B)

1. $\lim\limits_{x\to +\infty}x^2\mathrm{e}^{-0.001x}$ 的值等于 _____.

2. 若 $f(x)$ 在 $[a,b]$ 上连续,在 (a,b) 内可导,则 $f(x)$ 在 $[a,b]$ 上单调增加的充分(非必要)条件是 _____.

3. 函数 $f(x)=2\arctan x-\ln\sqrt{1+x^2}$ 的单调减少区间是 _____.

4. 当常数 a,b,c 满足条件 _____ 时,函数 $y=ax^3+bx^2+cx+3$ 在 $(-\infty,+\infty)$ 上单调减少 $(a\neq 0)$.

5. 曲线 $y=\mathrm{e}^x-6x+x^2$ 在区间 _____ 是凹的(即向上凹).

6. 曲线 $y=x\mathrm{e}^{2x}$ 在区间 _____ 是凸的(即向下凹).

7. 曲线 $y=x\mathrm{e}^{-3x}$ 的拐点坐标是 _____.

8. (研考 2003、一)$\lim\limits_{x\to 0}(\cos x)^{\frac{1}{\ln(1+x^2)}}=$ _____.

（三）解答与证明题

（A）

1. 求极限 $\lim\limits_{x\to 1}\dfrac{1+\cos \pi x}{x^2-2x+1}$.

2. 求极限 $\lim\limits_{x\to 0}\dfrac{x-\arctan x}{\tan^3 x}$.

3. 求极限 $\lim\limits_{x\to \frac{\pi}{2}}\dfrac{2^{\cos^2 x}-1}{\ln \sin x}$.

4. 求极限 $\lim\limits_{x\to \infty}\dfrac{\ln(1+3x^2)}{\ln(3+x^4)}$.

5. 求极限 $\lim\limits_{x\to 0}\dfrac{\tan^2 x-x^2}{x^2\tan^2 x}$.

6. 求极限 $\lim\limits_{x\to \pi}\sin 5x\cot 3x$.

7. 求极限 $\lim\limits_{x\to 0}\left[\dfrac{1}{x}+\dfrac{1}{x^2}\ln(1-x)\right]$.

8. 求极限 $\lim\limits_{x\to +0}(\cot x)^{\sin x}$.

9. 求极限 $\lim\limits_{x\to 0}(2-e^{\sin x})^{\cot \pi x}$.

10. 求极限 $\lim\limits_{x\to 0}\dfrac{x^2}{xe^x-\sin x}$.

11. 求极限 $\lim\limits_{x\to 1}\dfrac{1+\cos \pi x}{\tan^2 \pi x}$.

12. 求极限 $\lim\limits_{x\to 0}\dfrac{\ln|\sin ax|}{\ln|\sin bx|}$（$a,b$ 都是不为零的常数）.

13. 求极限 $\lim\limits_{x\to 0}x^2\ln x$.

14. 求极限 $\lim\limits_{x\to 1}(1-x)\tan \dfrac{\pi}{2}x$.

15. 求极限 $\lim\limits_{x\to 0}\left(\dfrac{\csc x}{4x}-\dfrac{\cos^3 x}{4x\sin x}\right)$.

16. 求极限 $\lim\limits_{x\to 1}\left(\dfrac{1}{\ln x}-\dfrac{1}{x-1}\right)$.

17. 求极限 $\lim\limits_{x\to \infty}\left(\cos \dfrac{1}{x}\right)^{x^2}$.

18. 求 $f(x)=\sqrt[3]{x}\ln|x|$ 的极大值与极小值.

19. 求 $f(x)=\dfrac{x^2}{2}+2x+\ln|x|$ 在 $[-4,-1]$ 上的最大值与最小值.

20. 确定 $y=x^2-3x-\dfrac{x^3}{3}$ 的单调区间.

21. 确定 $y=2x+\dfrac{1}{x}-\dfrac{x^3}{3}$ 的单调区间.

22. 确定 $y=\ln x-x$ 的单调区间.

23. 试讨论或确定 $f(x)=\dfrac{\ln x}{\sqrt{x}}$ 的极大值与极小值.

24. 求 $f(x)=e^{\sqrt{3}\cdot x}\cos x$ 的极小值点.

25. 求 $f(x)=x^2+x$ 在 $[-1,1]$ 上的最大值与最小值.

26. 讨论 $f(x)=x\ln x$ 在其定义域上的最大值与最小值.

27. 设 $y=x^3+ax^2+bx+2$ 在 $x_1=1$ 和 $x_2=2$ 处取得极值,试确定 a 与 b 的值,并证明 $y(x_1)$ 是极大值,$y(x_2)$ 是极小值.

28. 把数 8 分为两个正数之和,使其立方之和为最小,求两个正数.

29. 边长为 $a(a>0)$ 的正方形铁皮各角剪去同样大小的小方块,做成无盖的长方体盒子,怎样剪可使盒子的容积最大?

30. 甲、乙两人,甲位于乙的正东 50 km 处,甲骑自行车以 10 km/h 的速度向西行走,而乙步行以 5 km/h 的速度向正北走去,问经过多长时间,甲、乙两人相距最近? 最近距离是多少?

31. 设扇形的周长 $P(P>0)$ 为常量,问当扇形的半径为何值时,扇形的面积最大?

32. 在椭圆 $\dfrac{x^2}{a^2}+\dfrac{y^2}{b^2}=1(a>0,b>0)$ 的内接矩形(各边平行于坐标轴)中,求其面积最大值.

33. 已知正圆锥体的底半径为 r,高为 h,试求它的体积最大的内接圆柱体的高.

34. 设 $0<a<b,f(x)$ 在 $[a,b]$ 上可导,试证明:存在 $\xi(a<\xi<b)$,使

$$f(b)-f(a)=\xi f'(\xi)\ln\frac{b}{a}.$$

35. 证明:方程 $x^3+a^2x+b=0$(其中 a,b 都为任意实数)必有且仅有一个实根.

36. 证明:当 $x\neq0$ 时,有不等式 $e^x>1+x$.

37. 证明:对于一切实数 x,有不等式 $x^2\geqslant2(1-\cos x)$.

38. 证明:当 $x>0$ 时,$x-\dfrac{x^2}{2}<\ln(1+x)<x$.

39. 求 $f(x)=\dfrac{3}{x}-x^2$ 在 $[1,3]$ 上的最大值与最小值.

(B)

1. 求极限 $\lim\limits_{x\to\infty}x^2(1-x\sin\dfrac{1}{x})$.

2. 求极限 $\lim\limits_{x \to 1} \dfrac{x^x - 1}{x \ln x}$.

3. 求极限 $\lim\limits_{x \to \frac{\pi}{2}} \left(\tan \dfrac{x}{2} \right)^{\frac{1}{\left(x - \frac{\pi}{2} \right)}}$.

4. 求极限 $\lim\limits_{x \to +0} (\sin x)^{\frac{k}{\ln x + 1}}$（其中 k 为常数）.

5. 求极限 $\lim\limits_{x \to 0} \left(5 - \dfrac{4}{\cos x} \right)^{\frac{1}{\sin^2 3x}}$.

6. 求极限 $\lim\limits_{x \to +\infty} \left(\dfrac{2}{\pi} \arctan x \right)^x$.

7. 确定 $y = \cos 2x - 2x$ 的单调区间.

8. 求曲线 $y = x^2 + \cos x$ 的凹凸区间.

9. 讨论曲线 $y = e^{-x^2}$ 的凹凸区间.

10. 求曲线 $y = x^5 + 5x^3 - x - 2$ 的拐点坐标.

11. 求曲线 $y^2 = x^3$ 在点 $(4, 8)$ 处的曲率及曲率半径.

12. 求曲线 $y = x^4 + x^2 - 6$ 在极值点处的曲率.

13. 设排水阴沟的横断面面积一定，断面的上部是半圆形，下部是矩形，问圆半径 r 与矩形高 h 之比为何值时，建沟所用材料（包括顶部、底部及侧壁）最省？

14. 设 $F(x) = (x - 1) f(x)$，其中 $f(x)$ 在 $[1, 2]$ 上具有一阶连续导数，在 $(1, 2)$ 内二阶可导，且 $f(1) = f(2) = 0$. 试证明：存在 $\xi \in (1, 2)$，使 $F''(\xi) = 0$.

15. 利用微分中值定理证明不等式

$$\frac{1}{n+1} < \ln \left(1 + \frac{1}{n} \right) < \frac{1}{n} \, (n \text{ 为自然数})$$

成立.

16. 证明：恒等式 $\arctan x^2 + \arctan \dfrac{1}{x^2} = \dfrac{\pi}{2}$ 要在 $x \neq 0$ 时成立.

17. 设函数 $f(x)$ 在点 x_0 处存在二阶导数，试证明：

$$f''(x_0) = \lim\limits_{h \to 0} \frac{f(x_0 + h) + f(x_0 - h) - 2f(x_0)}{h^2}.$$

18. 试证明：$x \neq 0$ 时，$0 < \dfrac{1}{x} \left(\arctan e^x - \dfrac{\pi}{4} \right) < \dfrac{1}{2}$.

19. 证明：不等式 $\tan x + \tan y > 2 \tan \dfrac{x + y}{2} \left(\text{其中 } 0 < x < y < \dfrac{\pi}{2} \right)$ 成立.

20. 证明：当 $x > 0$ 时，$\ln(1 + x) < \dfrac{x}{\sqrt{1 + x}}$.

21. 证明：当 $0 < x < 2$ 时，$4x \ln x - x^2 - 2x + 4 > 0$.

五、自测题

自测题 A（100 分）

(一)单项选择题（每题 4 分,共 20 分）

1. 下列函数在给定的区间上满足罗尔定理的是(　　　).

A. $f(x)=\dfrac{1}{x}, x\in[-2,0]$　　　　B. $f(x)=(x-4)^2, x\in[-2,4]$

C. $f(x)=\sin x, x\in\left[-\dfrac{3}{2}\pi, \dfrac{\pi}{2}\right]$　　D. $f(x)=|x|, x\in[-1,1]$

2. 函数 $y=\sin x$ 在区间 $[0,\pi]$ 上满足罗尔定理的 $\xi=$(　　　).

A. $\dfrac{\pi}{2}$　　　　B. $\dfrac{\pi}{4}$　　　　C. 0　　　　D. π

3. 函数 $y=2x^2-x+1$ 在区间 $[-1,3]$ 上满足拉格朗日中值定理的 $\xi=$(　　　).

A. $-\dfrac{3}{4}$　　　　B. 0　　　　C. $\dfrac{3}{4}$　　　　D. 1

4. 下列命题中正确的是(　　　).

A. 若点 $(x_0, f(x_0))$ 为 $f(x)$ 的极值点,则必有 $f'(x_0)=0$

B. 若 $f'(x_0)=0$,则点 $(x_0, f(x_0))$ 必为 $f(x)$ 的极值点

C. 若 $f(x)$ 在 (a,b) 内有极大值,也有极小值,则极大值必定大于极小值

D. 若 $f(x)$ 在点 $(x_0, f(x_0))$ 处可导,且点 $(x_0, f(x_0))$ 为 $f(x)$ 的极值点,则必有 $f'(x_0)=0$

5. 若直线 l 与 x 轴平行,且与曲线 $y=x-e^x$ 相切,则切点的坐标为(　　　).

A. $(1,1)$　　　B. $(-1,1)$　　　C. $(0,-1)$　　　D. $(0,1)$

(二)填空题（每题 4 分,共 20 分）

1. $\lim\limits_{x\to 0}\dfrac{e^x+e^{-x}-2}{\sin x^2}=$ _____ .

2. $\lim\limits_{x\to 0}(1-\sin x)^{\cot x}=$ _____ .

3. 若 $y=f(x)$ 在 x_0 处可导,且 $f(x_0)$ 为其极小值,则 $\lim\limits_{\Delta x\to 0}\dfrac{f(x_0+\Delta x)-f(x_0)}{\Delta x}=$ _____ .

4. 若 $y=f(x)$ 在点 x_0 处可导,且 $f(x_0)$ 为其极大值,则曲线 $y=f(x)$ 在点 $(x_0, f(x_0))$ 处的切线方程为 _____ .

5. 函数 $y=x+\dfrac{4}{x}$ 的单调减小区间为 _____ .

(三)解答与证明题(每题 10 分,共 60 分)

1. 求极限:

(1) $\lim\limits_{x \to +\infty} \dfrac{\ln(x^2+1)}{x^2}$;　　　　　　(2) $\lim\limits_{x \to \infty}\left(\sin\dfrac{1}{x}+\cos\dfrac{1}{x}\right)^x$.

2. 求 $y = x^2 \ln x$ 的极值与极值点.

3. 求 $y = \dfrac{x}{\ln x}$ 的单调区间.

4. 求 $y = \dfrac{1}{3}x^3 - \dfrac{5}{2}x^2 + 4x$ 在 $[0,2]$ 上的最大值与最小值.

5. 欲围造一个面积为 15 000 m^2 的运动场,其正面材料造价为每平方米 600 元,其余三面材料造价为每平方米 300 元,试问正面长为多少才能使材料费用最少?

6. 设 $a_1,\cdots,a_{2k+1}$ 是任意实数,求证 $f(x) = a_1 \sin x + a_3 \sin 3x + \cdots + a_{2k+1} \cdot \sin(2k+1)x$ 在 $\left(-\dfrac{\pi}{2},\dfrac{\pi}{2}\right)$ 内必有零点.

自测题 **B**(100 分)

(一)单项选择题(每题 3 分,共 18 分)

1. 设 $f(x),g(x)$ 在 $[a,b]$ 上连续可导,$f(x)g(x) \neq 0$,且 $f'(x)g(x) < f(x) \cdot g'(x)$,则当 $a < x < b$ 时有( ).

A. $f(x)g(x) < f(a)g(a)$　　　　　　B. $f(x)g(x) < f(b)g(b)$

C. $\dfrac{f(x)}{g(x)} < \dfrac{f(a)}{g(a)}$　　　　　　　　D. $\dfrac{f(x)}{g(x)} < \dfrac{g(b)}{f(b)}$

2. 使不等式 $2\cosh x < 2 + x^2$ 成立的 x 取值的最大范围是( ).

A. $|x| > 1$　　　B. $0 < |x| < 1$　　　C. $0 < |x| < +\infty$　　　D. $0 < x < +\infty$

3. 判断(Ⅰ)$f(x) > g(x)$ 是判断(Ⅱ)$f'(x) > g'(x)$ 的( ).

A. 充分但非必要条件　　　　　　B. 必要但非充分条件

C. 充要条件　　　　　　　　　　D. 既非充分也非必要条件

4. 设 $f(x)$ 处处连续,且在 $x = x_1$ 处有 $f'(x_1) = 0$,在 $x = x_2$ 处不可导,那么( ).

A. $x = x_1$ 及 $x = x_2$ 都必不是 $f(x)$ 的极值点

B. 只有 $x = x_1$ 是 $f(x)$ 的极值点

C. $x = x_1$ 及 $x = x_2$ 都有可能是 $f(x)$ 的极值点

D. 只有 $x = x_2$ 是 $f(x)$ 的极值点

5. 设 $f'(x) = [\varphi(x)]^2$,其中 $\varphi(x)$ 在 $(-\infty,+\infty)$ 内恒为正值,其导数 $\varphi'(x)$ 单调减少,且 $\varphi'(x_0) = 0$,则( ).

A. $y=f(x)$ 所表示的曲线在 $(x_0,f(x_0))$ 处有拐点

B. $x=x_0$ 是 $y=f(x)$ 的极大值点

C. 曲线 $y=f(x)$ 在 $(-\infty,+\infty)$ 内是凹的

D. $f(x_0)$ 是 $f(x)$ 在 $(-\infty,+\infty)$ 内的最小值

6. 设 $f(x)$ 在 $(-\infty,+\infty)$ 内二阶可导，$f'(x_0)=0$，$f(x)$ 还要满足（　　），则 $f(x_0)$ 必是 $f(x)$ 的最大值.

　　A. $x=x_0$ 是 $f(x)$ 的唯一驻点　　　　B. $x=x_0$ 是 $f(x)$ 的极大值点

　　C. $f''(x)$ 在 $(-\infty,+\infty)$ 内恒为负值　　D. $f''(x_0)\neq 0$

(二)填空题(每题 3 分,共 12 分)

1. 函数 $f(x)=3x^4-16x^3+24x^2+5$ 的单调减区间为_____.

2. 曲线 $y=x^4-6x^2+3x$ 的上凸区间为_____.

3. $\lim\limits_{x\to 2\pi}\dfrac{\ln\cos x}{3^{\sin 2x}-1}$ 的值等于_____.

4. 函数 $f(x)=20\arctan x-6\ln x$ 的极大值是_____.

(三)解答与证明题(每题 7 分,共 70 分)

1. 求 $f(x)=e^{-x}(x+1)$ 在区间 $[1,3]$ 上的最大值与最小值.

2. 求曲线 $y=x^3+3x^2-x-1$ 的凹凸区间与拐点坐标.

3. 求 $f(x)=(x-1)x^{\frac{2}{3}}$ 的极值.

4. 求极限 $\lim\limits_{x\to 0}\dfrac{x\cot x-1}{x^2}$.

5. 求极限 $\lim\limits_{x\to 0}(2-\cos 3x)^{1/\ln(1+x^2)}$.

6. 求使不等式 $\arctan x+\dfrac{x^3}{3}<x$ 成立的 x 取值的最大范围.

7. 设 $f(x)=\begin{cases}\dfrac{1}{x}\ln(1-x),&0<|x|<1\\-1,&x=0\end{cases}$，求 $f'(0)$.

8. 设有底面为等边三角形的一个直柱体,其体积为常量 $V(V>0)$,若要使其表面积最小,底面的边长应是多少?

9. 设函数 $f(x)$ 具有连续二阶导数,且 $f(0)=f'(0)=0$,$f''(0)=6$,试求 $\lim\limits_{x\to 0}\dfrac{f(\sin^2 x)}{x^4}$.

10. 已知函数 $f(x)$ 在 $[0,1]$ 上连续,在 $(0,1)$ 内有二阶导数,$f(0)=f(1)=0$,且曲线 $y=f(x)$ 与直线 $y=x$ 当 x 在 $(0,1)$ 内时有交点,试证明在 $(0,1)$ 内至少存在一点 ξ,使 $f''(\xi)<0$.

习题答案与提示

(一)单项选择题

(A)

1. A	2. A	3. D	4. C	5. C	6. B
7. B	8. B	9. C	10. D		

(B)

1. C	2. C	3. C	4. A	5. C	6. A
7. C	8. D	9. C	10. D		

(二)填空题

(A)

1. $\dfrac{1}{2}$　　　2. $\dfrac{4}{3}$　　　3. 0　　　4. $\dfrac{\alpha^2}{\beta^2}$　　　5. 0　　　6. $\ln a$

7. -2　　　8. $f(1)=3$　　　9. $(-\infty,0)\bigcup(0,+\infty)$

10. $f(3)=10\arctan 3-3\ln 3$　　　11. $f(1)=-5$　　　12. $-\dfrac{1}{e}$

(B)

1. 0　　　2. $f'(x)>0,x\in(a,b)$　　　3. $[2,+\infty)$或$(2,+\infty)$

4. $b^2\leqslant 3ac,a<0$　　　5. $(-\infty,+\infty)$　　　6. $(-\infty,-1)$

7. $\left(\dfrac{2}{3},\dfrac{2}{3e^2}\right)$　　　8. $e^{-\frac{1}{2}}$

(三)解答与证明题

(A)

1. $\dfrac{\pi^2}{2}$　　2. $\dfrac{1}{3}$　　3. $-2\ln 2$　　4. $\dfrac{1}{2}$　　5. $\dfrac{2}{3}$　　6. $-\dfrac{5}{3}$

7. $-\dfrac{1}{2}$　　8. 1　　9. $e^{-\frac{1}{\pi}}$　　10. 1　　11. $\dfrac{1}{2}$　　12. 1

13. 0　　14. $\dfrac{2}{\pi}$　　15. $\dfrac{3}{8}$　　16. $\dfrac{1}{2}$　　17. $e^{-\frac{1}{2}}$

18. 极大值 $f\left(-\dfrac{1}{e^3}\right)=\dfrac{3}{e}$,极小值 $f\left(\dfrac{1}{e^3}\right)=-\dfrac{3}{e}$

19. 最大值 $f(-4)=\ln 4$,最小值 $f(-1)=-\dfrac{3}{2}$

20. 在$(-\infty,+\infty)$内单调减少

21. 在$(-\infty,0)$和$(0,+\infty)$内单调减少

22. 在$(0,1]$内单调增加,在$[1,+\infty)$内单调减少

23. 极大值 $f(\mathrm{e}^2)=\dfrac{2}{\mathrm{e}}$,没有极小值

24. $f'(x)=\mathrm{e}^{\sqrt{3}x}(\sqrt{3}\cos x-\sin x)$,$f''(x)=\mathrm{e}^{\sqrt{3}}(2\cos x-2\sqrt{3}\sin x)$得驻点 $x=n\pi+\dfrac{\pi}{3}$,$n=0,\pm1,\pm2\cdots$. $x=(2n+1)\pi+\dfrac{\pi}{3}$时,$f''(x)>0$;$x=2n\pi+\dfrac{\pi}{3}$时,$f''(x)<0$.所以,函数极小值点是 $x=(2n+1)\pi+\dfrac{\pi}{3}$,$n=0,\pm1,\pm2\cdots$

25. 最小值 $f\left(-\dfrac{1}{2}\right)=-\dfrac{1}{4}$,最大值 $f(1)=2$

26. $f(x)=x\ln x$ 在定义域$(0,+\infty)$内连续、可导,$f'(x)=1+\ln x$,$f''(x)=\dfrac{1}{x}>0$,$x\in(0,+\infty)$.令 $f'(x)=0$,得唯一驻点 $x=\dfrac{1}{\mathrm{e}}$,$f\left(\dfrac{1}{\mathrm{e}}\right)$是极小值也是最小值.又 $\lim\limits_{x\to+\infty}f(x)=+\infty$,所以 $f(x)$在其定义域内有最小值 $f\left(\dfrac{1}{\mathrm{e}}\right)=-\dfrac{1}{\mathrm{e}}$,无最大值

27. $y'=3x^2+2ax+b$,由 $\begin{cases}y'(1)=3+2a+b=0\\ y'(2)=12+4a+b=0\end{cases}$,解得 $a=-\dfrac{9}{2}$,$b=6$,得 $y=x^3-\dfrac{9}{2}x^2+6x+2$,$y'=3(x^2-3x+2)$,$y''=6x-9$,由于 $y''(1)=-3<0$,$y''(2)=3>0$,所以 $y(1)$是极大值,$y(2)$是极小值

28. 设 $x+y=8$,且使 $S=x^3+y^3$ 最小,$S=x^3+(8-x)^3(0<x<8)$.由 $S'=48(x-4)=0$得可微函数唯一,$x=4$,且 $S''=48>0$,故 $x=4$,$y=8-x=4$ 时,所求立方和最小

29. 设剪去的小方块的边长为 x,显然 $0<x<\dfrac{9}{2}$,则盒子容积为 $V=x(a-2x)^2$,$0<x<\dfrac{a}{2}$.$V'=(a-2x)(a-6x)$.令 $V'=0$,得定义域内该可微函数唯一驻点 $x=\dfrac{a}{6}$,且当$0<x<\dfrac{a}{6}$时,$V'>0$;$\dfrac{a}{6}<x<\dfrac{a}{2}$时,$V'<0$,故当 $x=\dfrac{a}{6}$ 时 V 最大

30. 设经过 x h,两人距离为 d km,$f(x)=d^2=(50-10x)^2+25x^2$,$f'(x)=250(x-4)=0$,得唯一驻点 $x=4$,且 $f''(4)=250>0$,故经过 4 h甲、乙两人的距离最近,其最近距离 $d\big|_{x=4}=\sqrt{500}$ km$=10\sqrt{5}$ km

31. 设扇形的半径为 R,故扇形的弧长为 $P-2R$,扇形面积 $A=\dfrac{1}{2}R(P-2R)$,$0<R<\dfrac{R}{2}$.由 $A'_R=\dfrac{P}{2}-2R=0$ 得唯一驻点 $R=\dfrac{P}{4}$,且 $A''_R=-2<0$,故当 $R=\dfrac{P}{4}$时扇形面积最大

32. 在椭圆的第一象限上任取一点$(a\cos\theta,b\sin\theta)$,则矩形面积 $A=4ab\sin\theta\cos\theta=$

$2ab\sin 2\theta\left(0\leqslant\theta\leqslant\dfrac{\pi}{2}\right)$. 当 $\theta=\dfrac{\pi}{4}$ 时, A 有最大值为 $A_{\max}=2ab$

33. 设内接圆柱体的高为 x, 其底半径为 y, 则 $\dfrac{y}{r}=\dfrac{h-x}{h}$, 得 $y=\dfrac{r}{h}(h-x)$. 圆柱体的体积为 $V=\pi y^2 x=\dfrac{\pi r^2}{h^2}x(h-x)^2,\ 0<x<h.\ \dfrac{\mathrm{d}V}{\mathrm{d}x}=\dfrac{\pi r^2}{h^2}(3x-h)(x-h)$, 由 $\dfrac{h}{3}<x<h$ 时, $\dfrac{\mathrm{d}V}{\mathrm{d}x}<0$, 故当 $x=\dfrac{h}{3}$ 时 V 最大

34. 因 $f(x),\ \ln x$ 在 $[a,b]$ 上连续, 在 (a,b) 内可导, 且在 $[a,b]$ 上 $(\ln x)'=\dfrac{1}{x}\neq 0$, 由柯西中值定理知, 存在 $\xi(a<\xi<b)$, 使得 $\dfrac{f(b)-f(a)}{\ln b-\ln a}=\dfrac{f'(\xi)}{\dfrac{1}{\xi}}=\xi f'(\xi)$

35. 令 $f(x)=x^3+a^2 x+b,\ f(x)$ 在 $(-\infty,+\infty)$ 内连续, $f'(x)=3x^2+a^2\geqslant 0$, $f(x)$ 在 $(-\infty,+\infty)$ 内单调增加, 方程 $f(x)=0$ 最多只有一个实根. 又因 $\lim\limits_{x\to-\infty}f(x)=-\infty,\ \lim\limits_{x\to+\infty}f(x)=+\infty$, 由此证得方程 $f(x)=0$ 必有唯一的实根

36. 令 $f(x)=e^x-x-1,\ f(x)$ 在 $(-\infty,+\infty)$ 内连续, $f'(x)=e^x-1,\ f''(x)=e^x>0;\ f'(0)=0,\ f''(0)>0$, 所以 $f(0)$ 是 $f(x)$ 的极小值也是最小值. 当 $x\neq 0$ 时, 得 $f(x)>f(0)$, 故当 $x\neq 0$ 时, $e^x>1+x$

37. $f(x)=x^2+2\cos x-2,\ f'(x)=2x-2\sin x$. 当 $x>0$ 时, $f'(x)>0$; 当 $x<0$ 时, $f'(x)<0,\ f'(0)=0$, 且驻点只有这一个, 所以, $f(0)$ 是 $f(x)$ 在 $(-\infty,+\infty)$ 内的极小值也是最小值. 即 $x\in(-\infty,+\infty),\ f(x)\geqslant f(0)=0$, 即证得 $x\in(-\infty,+\infty),\ x^2\geqslant 2(1-\cos x)$

38. 令 $f(x)=x-\ln(1+x),\ g(x)=\ln(1+x)-\left(x-\dfrac{x^2}{2}\right),\ f(x),\ g(x)$ 在 $[0,+\infty)$ 上连续可导, $f'(x)=1-\dfrac{1}{1+x}>0,\ g'(x)=\dfrac{1}{1+x}-1+x=\dfrac{x^2}{1+x}>0(x>0)$, 所以 $f(x),\ g(x)$ 都在 $[0,+\infty)$ 上单调增加. 即当 $x>0$ 时, $f(x)>f(0)=0$, $g(x)>g(0)=0$, 证得当 $x>0$ 时, $x>\ln(x+1),\ \ln(1+x)>x-\dfrac{x^2}{2}$. 即当 $x>0$ 时, 有 $x-\dfrac{x^2}{2}<\ln(1+x)<x$

39. 最大值 $f(1)=2$, 最小值 $f(3)=-8$

(B)

1. $\dfrac{1}{6}$　　2. 1　　3. e　　4. e^h　　5. $e^{-\frac{2}{9}}$　　6. $e^{-\frac{2}{\pi}}$　　7. $(-\infty,+\infty)$

8. $(-\infty,+\infty)$　　提示: $y'=2x-\sin x,\ y''=2-\cos x>0$, 曲线在 $(-\infty,+\infty)$ 内是上凹的.

9. $y'=-2x\mathrm{e}^{-x^2}$，$y''=\mathrm{e}^{-x^2}(4x^2-2)$，当 $-\infty<x<-\dfrac{1}{\sqrt{2}}$ 和 $\dfrac{1}{\sqrt{2}}<x<+\infty$ 时，

$y''>0$；当 $-\dfrac{1}{\sqrt{2}}<x<\dfrac{1}{\sqrt{2}}$ 时，$y''<0$. 所以，曲线在 $\left(-\infty,-\dfrac{1}{\sqrt{2}}\right)$ 和 $\left[\dfrac{1}{\sqrt{2}},+\infty\right]$ 上是上凹

的，在 $\left[-\dfrac{1}{\sqrt{2}},\dfrac{1}{\sqrt{2}}\right]$ 上是下凹的

10. $y'=5x^4+15x^2-1$，$y''=10x(2x^2+3)=0\Rightarrow x=0$. $x<0$ 时，$y''<0$；$x>0$

时，$y''>0$，故曲线的拐点坐标是 $(0,-2)$

11. $y=x^{\frac{3}{2}}$，$y'\big|_{x=4}=\dfrac{3}{2}x^{\frac{1}{2}}\big|_{x=4}=3$，$y''\big|_{x=4}=\dfrac{3}{4}x^{-\frac{1}{2}}\big|_{x=4}=\dfrac{3}{8}$，$k=$

$\dfrac{|y''|}{(1+y'^2)^{\frac{3}{2}}}\bigg|_{x=4}=\dfrac{3\sqrt{10}}{800}$，$R=\dfrac{1}{k}=\dfrac{80}{3}\sqrt{10}$

12. $y'=2x(2x^2+1)$，$y''=12x^2+2$，$x=0$ 是曲线的极小值点，$k\big|_{x=0}=2$

13. 横断面面积 $A=\dfrac{1}{2}\pi r^2+2rh$，故得 $h=\dfrac{A}{2r}-\dfrac{\pi}{4}r$. 断面的周长为 $f(r)=\pi r+$

$2r+2\left(\dfrac{A}{2r}-\dfrac{\pi}{4}r\right)=2r+\dfrac{\pi}{2}r+\dfrac{A}{r}$，$0<r\leqslant\sqrt{\dfrac{2A}{\pi}}$. $f'(r)=2+\dfrac{\pi}{2}-\dfrac{A}{r^2}$. 令 $f'(r)=0$，得

唯一驻点 $r=\sqrt{\dfrac{2A}{\pi+4}}$，且 $f''(r)=\dfrac{2A}{r^3}>0$，故当 $r=\sqrt{\dfrac{2A}{\pi+4}}$ 时，$f(r)$ 最小，此时，$\dfrac{h}{r}=$

$\dfrac{A}{2r^2}-\dfrac{\pi}{4}=1$，故当 r 与 h 之比为 1 时，建沟所用材料最少

14. $f(x)$ 在 $[1,2]$ 上可导，$F(x)$ 在 $[1,2]$ 上可导，又因 $F(1)=F(2)=0$，由罗尔

定理知，有 $x_0\in(1,2)$，使 $F'(x_0)=0$，而 $F'(x)=f(x)+(x-1)f'(x)$，$F'(x)$ 在

$[1,2]$ 上连续，在 $(1,2)$ 内可导，$F'(1)=f(1)=0$ 在 $[1,x_0]$ 上对 $F'(x)$ 用罗尔定理，

有 $\xi\in(1,x_0)$，使 $F''(\xi)=0$，$1<\xi<x_0<2$

15. 因为 $\ln\left(1+\dfrac{1}{n}\right)=\ln(n+1)-\ln n$，令 $f(x)=\ln x$，在 $[n,n+1]$ 上由拉格

朗日中值定理有 $\ln(n+1)-\ln n=f'(\xi)=\dfrac{1}{\xi}$ $(n<\xi<n+1)$，由于 $\dfrac{1}{n+1}<\dfrac{1}{\xi}<\dfrac{1}{n}$，

故有 $\dfrac{1}{n+1}<\ln\left(1+\dfrac{1}{n}\right)<\dfrac{1}{n}$

16. 只要证明 $\arctan x^2+\arctan\dfrac{1}{x^2}=\dfrac{\pi}{2}$ 在 $0<x<+\infty$ 成立. 记 $f(x)=$

$\arctan x^2+\arctan\dfrac{1}{x^2}$，$x\in(0,+\infty)$，$f(x)$ 在 $(0,+\infty)$ 内连续、可导，且 $f'(x)=$

$\dfrac{2x}{1+x^4}+\dfrac{\dfrac{-2}{x^3}}{1+\dfrac{1}{x^4}}=0$. 故当 $0<x<+\infty$ 时，$f(x)=C=f(1)=\dfrac{\pi}{2}$. 即证得 $\arctan x^2+\arctan\dfrac{1}{x^2}=\dfrac{\pi}{2}$

在 $0<x<+\infty$ 时成立. 由于 $f(x)$ 是偶函数,所以恒等式在 $0<|x|<+\infty$ 成立

17. 提示:对等式右端使用洛必达法则,再用导数定义.

18. 提示:令 $f(t)=\arctan e^t$,在 $[0,x]$ 上利用拉格朗日中值定理(或在 $[0,x]$ 上讨论).

19. 提示:令 $f(x)=\tan x,f(x)$ 在 $0<x<\dfrac{\pi}{2}$ 是上凹的.

20. 略

21. 提示:令 $f(x)=4x\ln x-x^2-2x+4,x=1$ 处是 $f(x)$ 在 $(0,2)$ 上的最小值.

自测题答案与提示
自测题 A
(一)单项选择题

1. C　　　2. A　　　3. D　　　4. D　　　　5. C

(二)填空题

1. 1　　　2. e^{-1}　　　3. 0　　　4. $y=f(x_0)$　　　5. $(-2,0),(0,2)$

(三)解答与证明题

1.(1)0　　　(2)e　　　2. 极小值 $f(e^{-\frac{1}{2}})=-\dfrac{1}{2e}$,无极大值

3. 在 $(e,+\infty)$ 内单调增加,在 $(0,1)$ 及 $(1,e)$ 内单调减少

4. 最大值 $y(1)=\dfrac{11}{16}$,最小值 $y(0)=0$

5. 当正面长为 100 m 时,材料费最少

6. 略

自测题 B
(一)单项选择题

1. C　　　2. C　　　3. D　　　4. C　　　5. A　　　6. C

(二)填空题

1. $(-\infty,0)$ 或 $(-\infty,0]$　　　2. $(-1,1)$ 或 $[-1,1]$　　　3. 0

4. $20\arctan 3-6\ln 3$

(三)解答与证明题

1. 最大值 $f(1)=\dfrac{2}{e}$,最小值 $f(3)=\dfrac{4}{e^3}$

2. 拐点 $(-1,2)$,在 $(-\infty,-1)$ 内上凸,在 $(-1,+\infty)$ 内上凹

3. 极大值 $f(0)=0$,极小值 $f\left(\dfrac{2}{5}\right)=-\dfrac{3}{5}\left(\dfrac{2}{5}\right)^{\frac{2}{3}}$

4. $-\dfrac{1}{3}$　提示:先用 $\tan x=\dfrac{\sin x}{\cos x}$ 化简.

5. $e^{\frac{9}{2}}$　提示: $\ln(2-\cos 3x)\sim(1-\cos 3x)$.

6. $-\infty<x<0$

7. $-\dfrac{1}{2}$

8. 三角形边长 $\sqrt[3]{4V}$

9. 3　提示:用洛必达法则,并结合导数定义.

10. 提示:设点 $(a,f(a))$ 为两曲线交点,在 $[0,a]$,$[a,1]$ 上用拉格朗日中值定理.

第六章 不定积分

在数学领域中,提出问题的艺术比解答问题的艺术更为重要.

——康托尔

一、基本要求

(1)理解原函数与不定积分的概念,掌握不定积分的性质,熟记不定积分基本公式.

(2)掌握不定积分两类换元积分法和分部积分法.

(3)会求简单有理函数的积分,会查积分表.

二、内容提要

(一)原函数与不定积分的概念

1. 原函数

若 $F'(x) = f(x)$,则称 $F(x)$ 为 $f(x)$ 的一个原函数;若 $f(x)$ 存在一个原函数,则它有无穷多个原函数,其中任意两个原函数仅相差一个常数.

2. 不定积分

函数 $f(x)$ 的所有原函数称为 $f(x)$ 的不定积分,记作 $\int f(x)\mathrm{d}x$,其中 "$\int$" 称为积分号,$f(x)$ 称为被积函数,$f(x)\mathrm{d}x$ 称为被积表达式,x 称为积分变量.

若 $F(x)$ 为 $f(x)$ 的一个原函数,则有

$$\int f(x)\mathrm{d}x = F(x) + C \quad (C \text{ 为任意常数}).$$

(二)不定积分的性质

(1)两个函数的代数和的不定积分,等于这两个函数的不定积分的代数和:

$$\int [f(x) \pm g(x)]\mathrm{d}x = \int f(x)\mathrm{d}x \pm \int g(x)\mathrm{d}x.$$

(2)非零常数因子可以提到积分号外面:

$$\int af(x)\mathrm{d}x = a \int f(x)\mathrm{d}x (\text{常数 } a \neq 0).$$

(3)不定积分的导数(或微分)等于被积函数(或被积表达式):

$$\left(\int f(x)\mathrm{d}x\right)' = f(x)\left(\text{或 } \mathrm{d}\int f(x)\mathrm{d}x = f(x)\mathrm{d}x\right).$$

(4)函数 $F(x)$ 的导函数(或微分)的不定积分等于函数族 $F(x)+C$:

$$\int F'(x)\mathrm{d}x = F(x)+C \quad \left(\text{或}\int \mathrm{d}F(x) = F(x)+C\right).$$

(三)不定积分的基本公式

(1) $\int 0\mathrm{d}x = C$, $\int a\mathrm{d}x = ax + C$ (a 为常数);

(2) $\int x^a\mathrm{d}x = \dfrac{1}{a+1}x^{a+1} + C$ ($a \neq -1$);

(3) $\int \dfrac{1}{x}\mathrm{d}x = \ln|x| + C$;

(4) $\int a^x\mathrm{d}x = \dfrac{a^x}{\ln a} + C$, $\int \mathrm{e}^x\mathrm{d}x = \mathrm{e}^x + C$;

(5) $\int \cos x\mathrm{d}x = \sin x + C$;

(6) $\int \sin x\mathrm{d}x = -\cos x + C$;

(7) $\int \dfrac{1}{\cos^2 x}\mathrm{d}x = \int \sec^2 x\mathrm{d}x = \tan x + C$;

(8) $\int \dfrac{1}{\sin^2 x}\mathrm{d}x = \int \csc^2 x\mathrm{d}x = -\cot x + C$;

(9) $\int \dfrac{\mathrm{d}x}{\sqrt{1-x^2}} = \arcsin x + C$;

(10) $\int \dfrac{\mathrm{d}x}{1+x^2} = \arctan x + C$.

(四)计算不定积分的基本方法

1. 直接积分法

直接利用不定积分的基本性质和基本积分公式求不定积分的方法.

2. 换元积分法

(1)第一换元积分法(凑微分法).

$$\int f[\varphi(x)]\varphi'(x)\mathrm{d}x \xlongequal{\quad} \int f[\varphi(x)]\mathrm{d}\varphi(x) \xlongequal{\varphi(x)=u} \int f(u)\mathrm{d}u = F(u)+C$$

$$\xlongequal{u=\varphi(x)} F[\varphi(x)]+C.$$

当对第一换元积分法非常熟练时,中间变量 u 可以不写出来.常见的一些凑微分形式有:

$$\frac{1}{\sqrt{x}}\mathrm{d}x=2\mathrm{d}(\sqrt{x})\,;\qquad\qquad\sin x\mathrm{d}x=-\mathrm{d}(\cos x)\,;$$

$$\cos x\mathrm{d}x=\mathrm{d}(\sin x)\,;\qquad\qquad\mathrm{e}^x\mathrm{d}x=\mathrm{d}(\mathrm{e}^x)\,;$$

$$\frac{1}{x^2}\mathrm{d}x=-\mathrm{d}\left(\frac{1}{x}\right)\,;\qquad\qquad\mathrm{d}x=\frac{1}{a}\mathrm{d}(ax+b)\,(a\neq0)\,;$$

$$x\mathrm{d}x=\frac{1}{2a}\mathrm{d}(ax^2+b)\,;\qquad\qquad\frac{1}{x}\mathrm{d}x=\mathrm{d}(\ln x)\,;$$

$$\frac{1}{\cos^2 x}\mathrm{d}x=\mathrm{d}(\tan x)\,.$$

(2)第二换元积分法.

$$\int f(x)\mathrm{d}x \xrightarrow{x=\varphi(t)} \int f[\varphi(t)]\varphi'(t)\mathrm{d}t=F(t)+C \xrightarrow{t=\varphi^{-1}(x)} F[\varphi^{-1}(x)]+C.$$

第二换元积分法的主要目的是去根号. 常见根号及去根号方法有:

若被积函数中含有 $\sqrt[n]{ax+b}$,可令 $t=\sqrt[n]{ax+b}$;

若被积函数中含有 $\sqrt{a^2-x^2}$,可令 $x=a\sin t$ 或 $x=a\cos t$;

若被积函数中含有 $\sqrt{x^2+a^2}$,可令 $x=a\tan t$ 或 $x=a\cot t$;

若被积函数中含有 $\sqrt{x^2-a^2}$,可令 $x=a\sec t$ 或 $x=a\csc t$.

3. 分部积分法

分部积分公式为 $\int u\mathrm{d}v=uv-\int v\mathrm{d}u$.

应用分部积分法的关键是如何确定公式中的 u 和 $\mathrm{d}v$,选择的原则是:

(1)由 $\mathrm{d}v$ 容易求得 v ;

(2)积分 $\int v\mathrm{d}u$ 比 $\int u\mathrm{d}v$ 较容易求.

具体应用时可按如下顺序选择 u :对数函数、反三角函数、代数函数、三角函数、指数函数.

4. 有理函数的积分

有理函数是指由两个多项式的商所表示的函数,形如

$$f(x)=\frac{P(x)}{Q(x)}=\frac{a_0x^n+a_1x^{n-1}+\cdots+a_n}{b_0x^m+b_1x^{m-1}+\cdots+b_m}.$$

当 $n<m$ 时,称为真分式;当 $n\geqslant m$ 时,称为假分式.

假分式可化为多项式和真分式之和,而真分式的积分可以归结为如下类型(最简分式)的积分:

(1) $\int\dfrac{\mathrm{d}x}{(x-a)^n}$, $n\in\mathbf{N}^+$;

$(2) \int \dfrac{Mx+W}{(x^2+px+q)^m}\mathrm{d}x, m\in \mathbf{N}^+, p^2-4q<0.$

三、本章知识网络图

$$\text{不定积分}\begin{cases}\text{基本概念}\begin{cases}\text{原函数}\\ \text{不定积分}\end{cases}\\ \text{基本性质}\\ \text{积分公式}\\ \text{积分法}\begin{cases}\text{直接积分法}\\ \text{换元积分法}\begin{cases}\text{第一换元积分法(凑微分法)}\\ \text{第二换元积分法}\end{cases}\\ \text{分部积分法}: \int u\mathrm{d}v=uv-\int v\mathrm{d}u\\ \text{有理函数的积分}\end{cases}\end{cases}$$

四、习题

(一)单项选择题

(A)

1. 若 $F(x)$ 是 $f(x)$ 的一个原函数,则下列等式中正确的是(　　).

A. $\int \mathrm{d}F(x)=f(x)+C$　　　　　B. $\int f(x)\mathrm{d}x=F(x)+C$

C. $\int F'(x)\mathrm{d}x=f(x)+C$　　　　D. $\dfrac{\mathrm{d}}{\mathrm{d}x}\int F(x)\mathrm{d}x=f(x)+C$

2. 若 $\int f(x)\mathrm{d}x=\sin \sqrt{x}+C$,则 $f(x)=$(　　).

A. $\cos \sqrt{x}$　　　　　　　　　　B. $\dfrac{1}{2\sqrt{x}}\cos \sqrt{x}$

C. $\dfrac{1}{\sqrt{x}}\cos \sqrt{x}$　　　　　　　　D. $\dfrac{1}{2\sqrt{x}}\sin \sqrt{x}$

3. 若 $\int f(x)\mathrm{d}x=F(x)+C$,则(　　)成立.

A. $\dfrac{\mathrm{d}}{\mathrm{d}x}F(x+C)=f(x)$　　　　B. $F'(x)=f(x)+C$

C. $\mathrm{d}F(x)+C=f(x)\mathrm{d}x$　　　　　D. $[F(x)+C]'=f(x)$

4. 设 $f(x)$ 的任意两个原函数为 $F(x)$ 和 $G(x)$,$f(x)\neq 0$,则下式成立的有(　　).

A. $F(x)=CG(x)$　　　　　　　B. $F(x)=G(x)+C$

C. $F(x)+G(x)=C$ 　　　　　　　　D. $F(x) \cdot G(x)=C$

5. 设 $a \neq 0$，则 $\int (ax+b)^{10} dx=($ 　　　)．

A. $\dfrac{1}{10}(ax+b)^{11}+C$ 　　　　　　B. $\dfrac{9}{10}(ax+b)^{11}+C$

C. $\dfrac{1}{10a}(ax+b)^{11}+C$ 　　　　　　D. $\dfrac{1}{11a}(ax+b)^{11}+C$

6. $\int \dfrac{dx}{x-2}=($ 　　　)．

A. $\ln|x-2|$ 　　　　　　　　　　　B. $\ln|x|+C$

C. $\ln|x-2|+C$ 　　　　　　　　　D. $\dfrac{1}{2}\ln|x-2|+C$

7. 当 $x<0$ 时，$\int \dfrac{dx}{x}=($ 　　　)．

A. $\ln|x|$ 　　　　　　　　　　　　B. $C-\ln(-x)$

C. $C+\ln(-x)$ 　　　　　　　　　D. $\ln x+C$

8. 下列式子中，只有(　　)是正确的．

A. $\int x^a dx=\dfrac{x^{a+1}}{a+1}+C$(其中 a 是任意常数)

B. $\int a^x dx=a^x \ln a+C(a>0,a\neq 1)$

C. $\int \sin x dx=\cos x+C$

D. $\int \dfrac{dx}{\cos^2 x}=\tan x+C.$

9. $\int e^{\frac{1}{x}} \cdot \dfrac{dx}{x^2}=($ 　　　)．

A. $e^{\frac{1}{x}}+C$ 　　　　　　　　　　B. $e^{-\frac{1}{x}}+C$

C. $-e^{\frac{1}{x}}+C$ 　　　　　　　　　D. $e^{-\frac{1}{x^2}}+C$

10. 下列等式成立的是(　　)．

A. $\dfrac{1}{\sqrt{x}}dx=d(\sqrt{x})$ 　　　　　　B. $-\dfrac{1}{x^2}dx=d\left(\dfrac{1}{x}\right)$

C. $\dfrac{1}{x}dx=-d\left(\dfrac{1}{x^2}\right)$ 　　　　　　D. $\sin x dx=d(\cos x)$

11. 函数 $y=e^{-x}$ 的不定积分是(　　)．

A. e^{-x} 　　　　B. $-e^{-x}+C$ 　　　　C. $-e^{-x}$ 　　　　D. $e^{-x}+C$

12. $\int F'(3x)dx=($ 　　　)．

A. $\dfrac{1}{3}F(x)+C$　　　　　　　　　　B. $\dfrac{1}{3}F(3x)+C$

C. $3F(x)+C$　　　　　　　　　　　　D. $3F(3x)+C$

13. $\displaystyle\int x\sin x\,\mathrm{d}x=(\qquad)$.

A. $x\cos x+\sin x+C$　　　　　　　B. $-x\cos x+\sin x+C$

C. $-x\cos x+\sin x$　　　　　　　　D. $x\cos x+\sin x$

14. $\displaystyle\int \ln x\,\mathrm{d}x=(\qquad)$.

A. $x\ln x+x+C$　　　　　　　　　B. $x\ln x-x+C$

C. $x\ln x-x$　　　　　　　　　　D. $-x\ln x-x+C$

15. 若 $f(x)$ 的一个原函数为 $\ln x$,则 $\displaystyle\int f'(x)\,\mathrm{d}x=(\qquad)$.

A. $\ln x+C$　　　　　　　　　　B. $\dfrac{1}{x}+C$

C. $x\ln x-x+C$　　　　　　　　D. $-\dfrac{1}{x}+C$

16. 若 $F'(x)=f(x)$,则 $\displaystyle\int xf(x^2)\,\mathrm{d}x=(\qquad)$.

A. $\dfrac{1}{2}F(x^2)+C$　　　　　　　B. $\dfrac{1}{2}x^2F(x^2)+C$

C. $xF(x^2)+C$　　　　　　　　　D. $F(x^2)+C$

17. 若 $\displaystyle\int f(x)\mathrm{e}^{\frac{1}{x}}\,\mathrm{d}x=-\mathrm{e}^{\frac{1}{x}}+C$,则 $f(x)=(\qquad)$.

A. $\dfrac{1}{x^2}$　　　B. $\dfrac{1}{x}$　　　　C. $-\dfrac{1}{x}$　　　D. $-\dfrac{1}{x^2}$

(B)

1. 设 $f(x)=\sin x$,则 $\displaystyle\int \dfrac{f'(\ln x)}{x}\,\mathrm{d}x=(\qquad)$.

A. $\dfrac{\sin(\ln x)}{x}$　　B. $\sin(\ln x)+C$　　C. $\dfrac{\sin(\ln x)}{x}+C$　D. $-\sin(\ln x)+C$

2. 若 $f(x)$ 的导函数为 $\sin x$,则 $f(x)$ 的一个原函数是(　　　).

A. $1+\sin x$　　　B. $1-\sin x$　　　C. $1+\cos x$　　　D. $1-\cos x$

3. 下列不定积分中,可以按照公式 $\displaystyle\int f(x^2)x\,\mathrm{d}x=\dfrac{1}{2}\int f(x^2)\,\mathrm{d}x^2$ 计算出结果

的有(　　　).

A. $\displaystyle\int \dfrac{x^2}{1+x^2}\,\mathrm{d}x$　　B. $\displaystyle\int \dfrac{\mathrm{d}x}{1+x^2}$　　　　C. $\displaystyle\int \dfrac{x\,\mathrm{d}x}{1+x^4}$　　　　D. $\displaystyle\int \dfrac{\mathrm{d}x}{(2-3x)^2}$

4. 若 $F'(x)=\dfrac{1}{\sqrt{1-x^2}}$,$F(1)=\dfrac{3}{2}\pi$,则 $F(x)$ 为(　　　).

A. arcsin x　　　　B. arcsin $x+C$　　　　C. arccos $x+\pi$　　　D. arcsin $x+\pi$

5. $\int \dfrac{\mathrm{d}x}{x^2-4}=($　　　$)$.

A. $\dfrac{1}{4}\ln\left|\dfrac{x-2}{x+2}\right|+C$　　　　　　　　B. $\dfrac{1}{4}\ln\dfrac{x-2}{x+2}+C$

C. $\dfrac{1}{2}\ln\left|\dfrac{x-2}{x+2}\right|+C$　　　　　　　　D. $\dfrac{1}{2}\ln\dfrac{x-2}{x+2}+C$

6. 设 $I=\int \dfrac{\mathrm{d}x}{\sqrt{1+x^2}}$，则 $I=($　　　$)$.

A. arctan $x+C$　　　　　　　　　　B. $2\sqrt{1+x^2}+C$

C. $\dfrac{1}{2}\ln(1+x^2)$　　　　　　　　　D. $\ln\left|x+\sqrt{1+x^2}\right|+C$

7. $\int xf''(x)\mathrm{d}x=($　　　$)$.

A. $xf''(x)-xf'(x)-f(x)+C$　　　　B. $xf(x)-\int f(x)\mathrm{d}x$

C. $xf'(x)-f(x)+C$　　　　　　　　D. $xf'(x)+f(x)+C$

(二)填空题

(A)

1. 若在区间上 $F'(x)=f(x)$，则 $F(x)$ 叫作 $f(x)$ 在该区间上的一个 _____，$f(x)$ 的所有原函数叫作 $f(x)$ 在该区间上的 _____.

2. $F(x)$ 是 $f(x)$ 的一个原函数，则 $y=F(x)$ 的图形为 $f(x)$ 的一条 _____.

3. 因为 $\mathrm{d}(\arctan x)=\dfrac{1}{1+x^2}\mathrm{d}x$，所以 arctan x 是 _____ 的一个原函数.

4. 已知 $f(x)$ 的一个原函数为 $\sin\sqrt{ax}$，则 $\int f(x)\mathrm{d}x=$ _____.

5. 已知 $\int f(x)\mathrm{d}x=e^{2x}+C$，则 $f(x)=$ _____.

6. 曲线在任意一点处的切线斜率为 $2x$，且曲线过点 $(2,5)$，则曲线方程为 _____.

7. $\mathrm{d}\int \dfrac{x\cos x}{1+\sin x}\mathrm{d}x=$ _____.

8. 设 $f(x)=\int \dfrac{x}{\sqrt{4-x^2}}\mathrm{d}x$，则 $f'(1)=$ _____.

9. $\mathrm{d}x=$ _____ $\mathrm{d}(ax)(a\neq 0)$;　　　$\mathrm{d}x=$ _____ $\mathrm{d}(7x-3)$.

10. $x\mathrm{d}x=$ _____ $\mathrm{d}(x^2)$;　　　$x\mathrm{d}x=$ _____ $\mathrm{d}(4x^2)$.

11. $e^{2x}\mathrm{d}x=$ _____ $\mathrm{d}(e^{2x})$;　　　$e^{\frac{x}{2}}\mathrm{d}x=$ _____ $\mathrm{d}(1+e^{\frac{x}{2}})$.

12. $\dfrac{\mathrm{d}x}{x} = $ _____ $\mathrm{d}(5\ln x)$；　　　　$\dfrac{\mathrm{d}x}{x} = $ _____ $\mathrm{d}(3-5\ln x)$.

13. $\sin(ax+b)\mathrm{d}x = \mathrm{d}(\underline{\quad})$；　　　　$\cos(ax+b)\mathrm{d}x = \mathrm{d}(\underline{\quad})$.

14. $\displaystyle\int \cos(1-2x)\mathrm{d}x = $ _____ .

15. $\displaystyle\int \dfrac{\ln x}{x}\mathrm{d}x = $ _____ .

16. 若 $\displaystyle\int f(x)\mathrm{d}x = F(x)+C$，则 $\displaystyle\int f(ax+b)\mathrm{d}x = $ _____ $(a\neq 0)$.

(B)

1. 若 $\displaystyle\int f(x)\mathrm{d}x = F(x)+C$，则 $\displaystyle\int x\mathrm{d}f(x) = $ _____ .

2. $\displaystyle\int x\arctan x\mathrm{d}x = $ _____ .

3. 已知 $f(x) = \cos x$，则 $\displaystyle\int \mathrm{d}f(2x) = $ _____ .

4. 若 $x\mathrm{e}^x$ 是 $f(x)$ 的一个原函数，则 $\displaystyle\int f(2x+1)\mathrm{d}x = $ _____ .

5. 若 $\displaystyle\int f(x)\mathrm{d}x = x^2+C$，则 $\displaystyle\int xf(1-x^2)\mathrm{d}x = $ _____ .

6. 在求 $\displaystyle\int x^2\sqrt{4-x^2}\,\mathrm{d}x$ 时，需令 $x = $ _____ 进行换元.

7. 真分式 $\dfrac{5x-3}{(3x-1)(x-1)}$ 的部分分式之和为 _____ .

8. 真分式 $\dfrac{2x^2+1}{x^3-1}$ 的部分分式之和为 _____ .

(三) 解答题——求不定积分

(A)

1. $\displaystyle\int (2x^3-5x^2-3x+4)\mathrm{d}x$；　　　　2. $\displaystyle\int (\sqrt{x}+1)(\sqrt{x^3}-1)\mathrm{d}x$；

3. $\displaystyle\int 2^x\cdot 5^{2x}\mathrm{d}x$；　　　　4. $\displaystyle\int \left(\dfrac{3}{1+x^2}-\dfrac{2}{\sqrt{1-x^2}}\right)\mathrm{d}x$；

5. $\displaystyle\int \sqrt{x\sqrt{x\sqrt{x}}}\,\mathrm{d}x$；　　　　6. $\displaystyle\int \cos^2\dfrac{x}{2}\mathrm{d}x$；

7. $\displaystyle\int \dfrac{x^2}{1+x^2}\mathrm{d}x$；　　　　8. $\displaystyle\int (2^x+3^x)^2\mathrm{d}x$；

9. $\displaystyle\int \dfrac{\mathrm{d}x}{2+3x^2}$；　　　　10. $\displaystyle\int \dfrac{\mathrm{d}x}{\sqrt{2-3x^2}}$；

11. $\displaystyle\int \dfrac{x\mathrm{d}x}{\sqrt{1-x^2}}$；　　　　12. $\displaystyle\int \dfrac{x\mathrm{d}x}{3-2x^2}$；

13. $\int \dfrac{x \, \mathrm{d}x}{4+x^4}$;

14. $\int \dfrac{\mathrm{e}^x}{2+\mathrm{e}^x} \, \mathrm{d}x$;

15. $\int \dfrac{\sin x}{\sqrt{\cos^3 x}} \, \mathrm{d}x$;

16. $\int \cos 6x \, \mathrm{d}x$;

17. $\int \sin^5 x \cos x \, \mathrm{d}x$;

18. $\int \cot x \, \mathrm{d}x$;

19. $\int \dfrac{\mathrm{d}x}{x\sqrt{1-\ln^2 x}}$;

20. $\int \dfrac{1}{x(1+\ln^2 x)} \, \mathrm{d}x$;

21. $\int \mathrm{e}^x \cos \mathrm{e}^x \, \mathrm{d}x$;

22. $\int \cos x \, \mathrm{e}^{\sin x} \, \mathrm{d}x$;

23. $\int \mathrm{e}^{\arcsin x} \dfrac{\mathrm{d}x}{\sqrt{1-x^2}}$;

24. $\int \sin^3 x \, \mathrm{d}x$;

25. $\int \dfrac{\sin(\ln x)}{x} \, \mathrm{d}x$;

26. $\int \dfrac{(a+\ln x)}{x} \, \mathrm{d}x$;

27. $\int \dfrac{\mathrm{e}^x}{\cos^2 \mathrm{e}^x} \, \mathrm{d}x$;

28. $\int \dfrac{(1+\tan x)^2}{\cos^2 x} \, \mathrm{d}x$;

29. $\int \dfrac{\tan x}{\cos^2 x} \, \mathrm{d}x$;

30. $\int \dfrac{\arctan x}{1+x^2} \, \mathrm{d}x$;

31. $\int \dfrac{\mathrm{e}^x}{3+4\mathrm{e}^x} \, \mathrm{d}x$;

32. $\int \dfrac{\mathrm{d}x}{1+\sqrt{ax}} \ (a \neq 0)$;

33. $\int x\sqrt{x-6} \, \mathrm{d}x$;

34. $\int \dfrac{\mathrm{d}x}{\sqrt{x}(1+x)}$;

35. $\int \ln x \, \mathrm{d}x$;

36. $\int \ln(x^2+1) \, \mathrm{d}x$;

37. $\int \arctan x \, \mathrm{d}x$;

38. $\int x \sin 2x \, \mathrm{d}x$;

39. $\int x^2 \cos x \, \mathrm{d}x$;

40. $\int x^2 \mathrm{e}^{-x} \, \mathrm{d}x$;

41. $\int \dfrac{\ln x}{x^2} \, \mathrm{d}x$;

42. $\int x \mathrm{e}^{3x} \, \mathrm{d}x$;

43. $\int x^2 \mathrm{e}^{2x} \, \mathrm{d}x$.

(B)

1. $\int \dfrac{\cos x}{a^2+\sin^2 x} \, \mathrm{d}x$;

2. $\int \dfrac{\mathrm{d}x}{\cos^2 x \sqrt{\tan x-1}}$;

3. $\int \dfrac{\sin x+\cos x}{\sqrt[3]{\sin x-\cos x}} \, \mathrm{d}x$;

4. $\int \dfrac{\cos x-\sin x}{\cos x+\sin x} \, \mathrm{d}x$;

5. $\int \dfrac{\tan \sqrt{x}}{\sqrt{x}} \, \mathrm{d}x$;

6. $\int \dfrac{\mathrm{d}x}{x^2\sqrt{x^2-1}}$;

7. $\int \dfrac{\mathrm{d}x}{x\sqrt{x^2-a^2}}$；

8. $\int \dfrac{\mathrm{d}x}{(1-x^2)^{\frac{3}{2}}}$；

9. $\int x^2\sin 2x\mathrm{d}x$；

10. $\int x^2\cos 2x\mathrm{d}x$；

11. $\int \dfrac{\arcsin \sqrt{x}}{\sqrt{x}}\mathrm{d}x$；

12. $\int x\sin \sqrt{x}\mathrm{d}x$；

13. $\int \arctan \sqrt{x}\mathrm{d}x$；

14. $\int \dfrac{2x+3}{(x-2)(x+5)}\mathrm{d}x$；

15. $\int \dfrac{x\mathrm{d}x}{x^3-3x+2}$；

16. $\int \dfrac{\mathrm{d}x}{(x+1)(x+2)(x+3)}$；

17. $\int \dfrac{\mathrm{d}x}{x(x+1)^2}$；

18. $\int \dfrac{\mathrm{d}x}{1+\sin x}$；

19. $\int \sin(\ln x)\mathrm{d}x$；

20. $\int x\arccos x\mathrm{d}x$；

五、自测题

自测题 A（100 分）

(一)单项选择题（每题 2 分，共 20 分）

1. 设 $\int f(x)\mathrm{d}x=x\ln x+C$，则 $f(x)=($ 　　 $)$.

A. $\ln x+1$ 　　　 B. $\ln x$ 　　　 C. x 　　　 D. $x\ln x$

2. 设 $F(x)$ 是 $f(x)$ 的一个原函数，则等式（　　）成立.

A. $\dfrac{\mathrm{d}}{\mathrm{d}x}=\int f(x)\mathrm{d}x=F(x)$ 　　　 B. $\int F'(x)\mathrm{d}x=f(x)+C$

C. $\int F'(x)\mathrm{d}x=F(x)$ 　　　 D. $\dfrac{\mathrm{d}}{\mathrm{d}x}\left[\int f(x)\mathrm{d}x\right]=f(x)$

3. 设非零函数 $f(x)$ 的任意两个原函数为 $F_1(x)$ 和 $F_2(x)$，则下式成立的是（　　）.

A. $F_1(x)+F_2(x)=C$ 　　　 B. $F_1(x)-F_2(x)=C$

C. $F_1(x)\cdot F_2(x)=C$ 　　　 D. $F_1(x)=CF_2(x)$

4. 下列等式成立的是（　　）.

A. $\mathrm{e}^{2x}\mathrm{d}x=\mathrm{d}(\mathrm{e}^{2x})$ 　　　 B. $\cos x\mathrm{d}x=\mathrm{d}(\sin x)$

C. $(ax+b)\mathrm{d}x=\mathrm{d}(ax+b)$ 　　　 D. $\dfrac{1}{\sqrt{x}}\mathrm{d}x=\mathrm{d}\sqrt{x}$

5. 若 $f'(x)$ 存在且连续，则 $\left[\int \mathrm{d}f(x)\right]'=($ 　　 $)$.

A. $f(x)$　　　　　B. $f'(x)$　　　　　C. $f'(x)+C$　　　D. $f(x)+C$

6. 若 $F'(x)=f(x)$，则 $\int e^x f(e^x)\mathrm{d}x=($　　　).

A. $\dfrac{1}{2}F(e^x)+C$　　　　　　　　B. $e^x F(e^x)+C$

C. $F(e^x)+C$　　　　　　　　　D. $f(e^x)+C$

7. $\int \dfrac{x}{9+x^2}\mathrm{d}x=($　　　).

A. $\dfrac{1}{3}\arctan\dfrac{x}{3}+C$　　　　　　B. $\dfrac{1}{9}\arctan\dfrac{x}{3}+C$

C. $\dfrac{1}{3}\arcsin\dfrac{x}{3}+C$　　　　　　D. $\dfrac{1}{2}\ln(9+x^2)+C$

8. $\int \ln 2x\mathrm{d}x=($　　　).

A. $x\ln 2x+x+C$　　　　　　　　B. $x\ln 2x-x+C$

C. $x\ln 2x-x$　　　　　　　　　D. $-x\ln 2x-x+C$

9. $\int \dfrac{\mathrm{d}x}{\sqrt{2-3x}}=($　　　).

A. $-\dfrac{2}{3}\sqrt{2-3x}+C$　　　　　　B. $\dfrac{2}{3}\sqrt{2-3x}+C$

C. $-\dfrac{3}{2}\sqrt{2-3x}+C$　　　　　　D. $\dfrac{3}{2}\sqrt{2-3x}+C$

10. 若 $f(x)=\cos x$，则 $\int e^x f'(e^x)\mathrm{d}x=($　　　).

A. $\sin e^x+C$　　　B. $\cos e^x+C$　　　C. $\cos x+C$　　　D. $e^x\cos e^x+C$

(二)填空题(每题 2 分,共 20 分)

1. 曲线在任意一点处的切线斜率为 x,且曲线过点 $(0,2)$,则曲线方程为 _____.

2. 已知函数 $f(x)$ 的一个原函数是 e^{2x},则 $f'(x)=$ _____.

3. 已知 $F(x)$ 是 $f(x)$ 的一个原函数,则 $\int f(2x+1)\mathrm{d}x=$ _____.

4. 若 $\int f(x)\mathrm{d}x=\dfrac{x+1}{x-1}+C$,则 $f(x)=$ _____.

5. $\mathrm{d}\int \arcsin x\mathrm{d}x=$ _____.

6. $\int \dfrac{x\mathrm{d}x}{1-x^2}=$ _____.

7. 设 $f(x)=\int\left(\dfrac{1}{1+x^2}-\dfrac{1}{\sqrt{1-x^2}}\right)\mathrm{d}x$,则 $f'(0)=$ _____.

8. 若 $f(x)$ 的一个原函数为 $\cos\sqrt{x}$，则 $\int f'(x)\mathrm{d}x=$ _____．

9. $\int\sqrt{x\sqrt{x}}\,\mathrm{d}x=$ _____．

10. $\int\arctan x\mathrm{d}x=$ _____．

(三)计算题(第 $1\sim3$ 题，每题 8 分；第 $4\sim7$ 题，每题 9 分；共 60 分)

1. $\displaystyle\int\left(2\mathrm{e}^x-\frac{1}{x}+5\sin x\right)\mathrm{d}x$；

2. $\displaystyle\int\frac{\sqrt{1+x^2}}{\sqrt{1-x^4}}\mathrm{d}x$；

3. $\displaystyle\int\frac{x\mathrm{d}x}{x^4+1}$；

4. $\displaystyle\int\sin x\mathrm{e}^{\cos x}\mathrm{d}x$；

5. $\displaystyle\int\frac{\mathrm{d}x}{1+\sqrt{x+1}}$；

6. $\displaystyle\int x^2\mathrm{e}^x\mathrm{d}x$；

7. $\displaystyle\int\frac{\mathrm{d}x}{(x+1)(x+2)}$．

自测题 B(100 分)

(一)单项选择题(每题 2 分，共 20 分)

1. 下列结论正确的是(　　)．

A. 初等函数必存在原函数

B. 每个不定积分都可以表示为初等函数

C. 初等函数的原函数必定是初等函数

D. A、B、C 都不对

2. 下列函数中不是 $\mathrm{e}^{2x}-\mathrm{e}^{-2x}$ 的原函数的是(　　)．

A. $\dfrac{1}{2}(\mathrm{e}^{2x}+\mathrm{e}^{-2x})$ 　　　　　　B. $\dfrac{1}{2}(\mathrm{e}^x+\mathrm{e}^{-x})^2$

C. $\dfrac{1}{2}(\mathrm{e}^x-\mathrm{e}^{-x})^2$ 　　　　　　D. $2(\mathrm{e}^{2x}+\mathrm{e}^{-2x})$

3. 若 $\displaystyle\int f(x)\mathrm{d}x=F(x)+C$，且 $x=at+b$，则 $\displaystyle\int f(t)\mathrm{d}t=$(　　)．

A. $F(x)+C$ 　　　　　　　　B. $F(t)+C$

C. $\dfrac{1}{a}F(at+b)+C$ 　　　　　D. $F(at+b)+C$

4. 若 $\int f(x)\mathrm{d}x = \mathrm{e}^x\cos 2x + C$，则 $f(x) = ($ 　　$)$.

A. $\mathrm{e}^x\cos 2x$ 　　　　　　　　　　　B. $-\mathrm{e}^x\sin 2x$

C. $\mathrm{e}^x(\cos 2x - 2\sin 2x)$ 　　　　　　D. $\mathrm{e}^x(\cos 2x - 2\sin 2x) + C$

5. 已知 $\sin x$ 是 $f(x)$ 的一个原函数，则 $\lim\limits_{\Delta x \to 0} \dfrac{f(x+\Delta x)-f(x)}{\Delta x} = ($ 　　$)$.

A. $\sin x$ 　　　　B. $\cos x$ 　　　　　　C. $-\sin x$ 　　　　D. $-\cos x$

6. $\int\left(\dfrac{1}{\sin^2 x}+1\right)\mathrm{d}\sin x = ($ 　　$)$.

A. $-\cot x + C$ 　　　　　　　　　　　B. $-\cot x + \sin x + C$

C. $\dfrac{1}{\sin x} + \sin x + C$ 　　　　　　D. $-\dfrac{1}{\sin x} + \sin x + C$

7. $\int \dfrac{\ln\ln x}{x}\mathrm{d}x = ($ 　　$)$.

A. $(\ln\ln x - 1)x + C$ 　　　　　　　B. $(\ln\ln x - \ln x)x + C$

C. $(\ln\ln x - 1)\ln x + C$ 　　　　　D. $(\ln\ln x - \ln x)\ln x + C$

8. 若 $f(x)$ 可微，则 $\mathrm{d}\int f'(x)\mathrm{d}x = ($ 　　$)$.

A. $f'(x)\mathrm{d}x$ 　　　B. $f(x)\mathrm{d}x$ 　　　C. $f(x) + C$ 　　　D. $f'(c) + C$

9. 已知 $f'(x) = 2$，且 $f(0) = 1$，则 $\int f(x)f'(x)\mathrm{d}x = ($ 　　$)$.

A. $2x + 1$ 　　　B. $2x^2 + 2x + C$ 　　　C. $(2x+1)^2$ 　　　D. $(2x+1)^2 + C$

10. 若 $\int xf(x)\mathrm{d}x = \arcsin x + C$，则 $\int \dfrac{1}{f(x)}\mathrm{d}x = ($ 　　$)$.

A. $\sqrt{1-x^2} + C$ 　　　　　　　　B. $x\sqrt{1-x^2} + C$

C. $-\dfrac{1}{2}(1-x^2)^{\frac{3}{2}} + C$ 　　　　　　D. $-\dfrac{1}{3}(1-x^2)^{\frac{3}{2}} + C$

(二)填空题(每题 2 分,共 20 分)

1. 若函数 $f(x)$ 在某区间上＿＿＿＿＿＿，则在该区间上 $f(x)$ 的原函数一定存在.

2. 已知 $y' = 2x$，且 $x = 1$ 时 $y = 2$，则 $y = $ ＿＿＿＿＿.

3. 已知 $xf'(x) = 1(x > 0)$，则 $f(x) = $ ＿＿＿＿＿.

4. 若 $\int f(x+1)\mathrm{d}x = x\sin(x+1) + C$，则 $f(x) = $ ＿＿＿＿＿.

5. 若 $f'(\ln x) = 1 + x$，则 $f(x) = $ ＿＿＿＿＿.

6. 计算 $\int x^2\arctan x\mathrm{d}x$ 时,可设 $u = $ ＿＿＿＿＿,$\mathrm{d}v = $ ＿＿＿＿＿.

7. $\int \dfrac{1}{x^2} f'\left(\dfrac{2}{x}\right) \mathrm{d}x = $ _____ .

8. $\int \dfrac{f'(x)}{1+[f(x)]^2} \mathrm{d}x = $ _____ .

9. 若 $\int f(\sin x)\cos x\mathrm{d}x = \sin^2 x + C$, 则 $f(x) = $ _____ .

10. 已知 $f(x)$ 的一个原函数为 $\dfrac{\ln x}{x}$, 则 $\int x f'(x)\mathrm{d}x = $ _____ .

(三)计算题(第 $1\sim4$ 题,每题 7 分;第 $5\sim8$ 题,每题 8 分;共 60 分)

1. $\int \left(\dfrac{a}{x} + \dfrac{a^2}{x^2} + \dfrac{a^3}{x^3}\right)\mathrm{d}x$;

2. $\int \dfrac{\mathrm{d}x}{\mathrm{e}^x + \mathrm{e}^{-x}}$;

3. $\int \dfrac{x^2}{\sqrt{2-x}}\mathrm{d}x$;

4. $\int \mathrm{e}^{\sqrt{x}}\mathrm{d}x$;

5. $\int \dfrac{\mathrm{d}x}{x\ln x\ln(\ln x)}$;

6. $\int \dfrac{\mathrm{d}x}{x^2+5x+6}$;

7. $\int \dfrac{x^2-1}{x^4+1}\mathrm{d}x$;

8. $\int \csc^4 x\mathrm{d}x$.

习题答案与提示

(一)单项选择题

(A)

1. B	2. B	3. D	4. B	5. D	6. C	7. C
8. D	9. C	10. B	11. B	12. B	13. B	14. B
15. B	16. A	17. A				

(B)

1. B	2. B	3. C	4. D	5. A	6. D	7. C

(二)填空题

(A)

1. 原函数,不定积分　　2. 积分曲线　　3. $\dfrac{1}{1+x^2}$ 　　4. $\sin\sqrt{ax}+C$

5. $2e^{2x}$　　　　6. $y=x^2+1$　　　7. $\dfrac{x\cos x}{1+\sin x}dx$　　　8. $\dfrac{1}{\sqrt{3}}$　　　9. $\dfrac{1}{a},\dfrac{1}{7}$

10. $\dfrac{1}{2},\dfrac{1}{8}$　　11. $\dfrac{1}{2},2$　　12. $\dfrac{1}{5},-\dfrac{1}{5}$　　13. $-\dfrac{1}{a}\cos(ax+b),\dfrac{1}{a}\sin(ax+b)$

14. $-\dfrac{1}{2}\sin(1-2x)+C$　　　15. $\dfrac{1}{2}\ln^2 x+C$　　　16. $\dfrac{1}{a}F(ax+b)+C$

(B)

1. $xf(x)-F(x)+C$　　2. $\dfrac{1}{2}(x^2\arctan x+\arctan x-x)+C$　　3. $\cos 2x+C$

4. $\dfrac{1}{2}(2x+1)e^{2x+1}+C$　　　5. $-\dfrac{1}{2}(1-x^2)^2+C$　　　6. $2\sin t$ 或 $2\cos t$

7. $\dfrac{2}{3x-1}+\dfrac{1}{x-1}$　　　8. $\dfrac{1}{x-1}+\dfrac{x}{x^2+x+1}$

(三)解答题

(A)

1. 原式 $=\dfrac{1}{2}x^4-\dfrac{5}{3}x^3-\dfrac{3}{2}x^2+4x+C$

2. 原式 $=\displaystyle\int(x^2-x^{\frac{1}{2}}+x^{\frac{3}{2}}-1)dx=\dfrac{1}{3}x^3-\dfrac{2}{3}x^{\frac{3}{2}}+\dfrac{2}{5}x^{\frac{5}{2}}-x+C$

3. 原式 $=\displaystyle\int 2^x\cdot 25^x dx=\int 50^x dx=\dfrac{50^x}{\ln 50}+C$

4. 原式 $=3\arctan x-2\arcsin x+C$

5. 原式 $=\displaystyle\int x^{\frac{7}{8}}dx=\dfrac{8}{15}x^{\frac{15}{8}}+C$

6. 原式 $=\displaystyle\int\dfrac{1+\cos x}{2}dx=\dfrac{1}{2}(x+\sin x)+C$

7. 原式 $=\displaystyle\int\left(1-\dfrac{1}{1+x^2}\right)dx=x-\arctan x+C$

8. 原式 $=\displaystyle\int(4^x+2\cdot 6^x+9^x)dx=\dfrac{4^x}{\ln 4}+2\cdot\dfrac{6^x}{\ln 6}+\dfrac{9^x}{\ln 9}+C$

9. 原式 $=\dfrac{1}{2}\displaystyle\int\dfrac{dx}{1+\left(\sqrt{\dfrac{3}{2}}x\right)^2}=\dfrac{1}{\sqrt{6}}\int\dfrac{d\left(\sqrt{\dfrac{3}{2}}x\right)}{1+\left(\sqrt{\dfrac{3}{2}}x\right)^2}=\dfrac{1}{\sqrt{6}}\arctan\left(\sqrt{\dfrac{3}{2}}x\right)+C$

10. 原式 $=\dfrac{1}{\sqrt{2}}\displaystyle\int\dfrac{dx}{\sqrt{1-\left(\sqrt{\dfrac{3}{2}}x\right)^2}}=\dfrac{1}{\sqrt{3}}\int\dfrac{d\left(\sqrt{\dfrac{3}{2}}x\right)}{\sqrt{1-\left(\sqrt{\dfrac{3}{2}}x\right)^2}}=\dfrac{1}{\sqrt{3}}\arcsin\left(\sqrt{\dfrac{3}{2}}x\right)+C$

11. 原式 $=\dfrac{1}{2}\displaystyle\int \dfrac{\mathrm{d}x^2}{\sqrt{1-x^2}}=-\dfrac{1}{2}\displaystyle\int (1-x^2)^{\frac{1}{2}}\mathrm{d}(1-x^2)=-\sqrt{1-x^2}+C$

12. 原式 $=-\dfrac{1}{4}\displaystyle\int \dfrac{\mathrm{d}(3-2x^2)}{3-2x^2}=-\dfrac{1}{4}\ln|3-2x^2|+C$

13. 原式 $=\dfrac{1}{2}\displaystyle\int \dfrac{\mathrm{d}x^2}{4+x^4}=\dfrac{1}{8}\displaystyle\int \dfrac{\mathrm{d}x^2}{1+\left(\dfrac{x^2}{2}\right)^2}=\dfrac{1}{4}\displaystyle\int \dfrac{\mathrm{d}\left(\dfrac{x^2}{2}\right)}{1+\left(\dfrac{x^2}{2}\right)^2}=\dfrac{1}{4}\arctan \dfrac{x^2}{2}+C$

14. 原式 $=\displaystyle\int \dfrac{\mathrm{d}(2+\mathrm{e}^x)}{2+\mathrm{e}^x}=\ln(2+\mathrm{e}^x)+C$

15. 原式 $=-\displaystyle\int (\cos x)^{-\frac{3}{2}}\mathrm{d}\cos x=\dfrac{2}{\sqrt{\cos x}}+C$

16. 原式 $=\dfrac{1}{6}\displaystyle\int \cos 6x\,\mathrm{d}(6x)=\dfrac{1}{6}\sin 6x+C$

17. 原式 $=\displaystyle\int \sin^5 x\,\mathrm{d}\sin x=\dfrac{1}{6}\sin^6 x+C$

18. 原式 $=\displaystyle\int \dfrac{\cos x}{\sin x}\mathrm{d}x=\displaystyle\int \dfrac{\mathrm{d}\sin x}{\sin x}=\ln|\sin x|+C$

19. 原式 $=\displaystyle\int \dfrac{\mathrm{d}\ln x}{\sqrt{1-(\ln x)^2}}=\arcsin(\ln x)+C$

20. 原式 $=\displaystyle\int \dfrac{\mathrm{d}(\ln x)}{1+(\ln x)^2}=\arctan(\ln x)+C$

21. 原式 $=\displaystyle\int \cos(\mathrm{e}^x)\mathrm{d}\mathrm{e}^x=\sin(\mathrm{e}^x)+C$

22. 原式 $=\displaystyle\int \mathrm{e}^{\sin x}\mathrm{d}\sin x=\mathrm{e}^{\sin x}+C$

23. 原式 $=\displaystyle\int \mathrm{e}^{\arcsin x}\mathrm{d}(\arcsin x)=\mathrm{e}^{\arcsin x}+C$

24. 原式 $=\displaystyle\int \sin^2 x\cdot\sin x\,\mathrm{d}x=-\displaystyle\int (1-\cos^2 x)\mathrm{d}\cos x=-\cos x+\dfrac{1}{3}\cos^3 x+C$

25. 原式 $=\displaystyle\int \sin(\ln x)\mathrm{d}\ln x=-\cos(\ln x)+C$

26. 原式 $=\displaystyle\int (a+\ln x)\mathrm{d}\ln x=\displaystyle\int (a+\ln x)\mathrm{d}(a+\ln x)=\dfrac{1}{2}(a+\ln x)^2+C$

27. 原式 $=\displaystyle\int \dfrac{\mathrm{d}\mathrm{e}^x}{(\cos \mathrm{e}^x)^2}=\tan \mathrm{e}^x+C$

28. 原式 $=\displaystyle\int (1+\tan x)^2\mathrm{d}\tan x=\displaystyle\int (1+\tan x)^2\mathrm{d}(1+\tan x)=\dfrac{1}{3}(1+\tan x)^3+C$

29. 原式 $=\displaystyle\int \tan x\,\mathrm{d}\tan x=\dfrac{1}{2}\tan^2 x+C$

30. 原式 $=\displaystyle\int \arctan x\,\mathrm{d}\arctan x=\dfrac{1}{2}\arctan^2 x+C$

31. 原式 $=\dfrac{1}{4}\displaystyle\int \dfrac{\mathrm{d}(3+4\mathrm{e}^x)}{3+4\mathrm{e}^x}=\dfrac{1}{4}\ln(3+4\mathrm{e}^x)+C$

32. 原式 $\xlongequal{\sqrt{ax}=t}\dfrac{2}{a}\displaystyle\int \dfrac{t\,\mathrm{d}t}{1+t}=\dfrac{2}{a}\displaystyle\int \left(1-\dfrac{1}{1+t}\right)\mathrm{d}t=\dfrac{2}{a}(t-\ln|1+t|)+C=\dfrac{2}{a}\big[\sqrt{ax}-$

$\ln(1+\sqrt{ax})\big]+C$

33. 原式 $\xlongequal{\sqrt{x-6}=t}\displaystyle\int (t^2+6)\cdot t\cdot 2t\,\mathrm{d}t=2\displaystyle\int (t^4+6t^2)\mathrm{d}t=\dfrac{2}{5}t^5+4t^3+C=\dfrac{2}{5}(x-$

$6)^{\frac{5}{2}}+4(x-6)^{\frac{3}{2}}+C$

34. 原式 $\xlongequal{\sqrt{x}=t}\displaystyle\int \dfrac{2t\,\mathrm{d}t}{t(1+t^2)}=2\displaystyle\int \dfrac{\mathrm{d}t}{1+t^2}=2\arctan t+C=2\arctan \sqrt{x}+C$

35. 原式 $=x\ln x-\displaystyle\int x\,\mathrm{d}\ln x=x\ln x-\displaystyle\int \mathrm{d}x=x(\ln x-1)+C$

36. 原式 $=x\ln(x^2+1)-\displaystyle\int x\,\mathrm{d}\ln(x^2+1)=x\ln(x^2+1)-\displaystyle\int \dfrac{x\cdot 2x}{x^2+1}\mathrm{d}x=x\ln(x^2+1)-$

$2\displaystyle\int \left(1-\dfrac{1}{x^2+1}\right)\mathrm{d}x=x\ln(x^2+1)-2x+2\arctan x+C$

37. 原式 $=x\arctan x-\displaystyle\int \dfrac{x}{1+x^2}\mathrm{d}x=x\arctan x-\dfrac{1}{2}\displaystyle\int \dfrac{\mathrm{d}(1+x^2)}{1+x^2}=x\arctan x-$

$\dfrac{1}{2}\ln(1+x^2)+C$

38. 原式 $=-\dfrac{1}{2}\displaystyle\int x\,\mathrm{d}\cos 2x=-\dfrac{1}{2}x\cos 2x+\dfrac{1}{2}\displaystyle\int \cos 2x\,\mathrm{d}x=-\dfrac{1}{2}x\cos 2x+$

$\dfrac{1}{4}\sin 2x+C$

39. 原式 $=\displaystyle\int x^2\,\mathrm{d}\sin x=x^2\sin x-\displaystyle\int \sin x\,\mathrm{d}x^2=x^2\sin x-2\displaystyle\int x\sin x\,\mathrm{d}x=x^2\sin x+$

$2\displaystyle\int x\,\mathrm{d}\cos x$

$=x^2\sin x+2x\cos x-2\displaystyle\int \cos x\,\mathrm{d}x=x^2\sin x+2x\cos x-2\sin x+C$

40. 原式 $=-\displaystyle\int x^2\,\mathrm{d}\mathrm{e}^{-x}=-x^2\mathrm{e}^{-x}+\displaystyle\int \mathrm{e}^{-x}\cdot 2x\,\mathrm{d}x=-x^2\mathrm{e}^{-x}+2\displaystyle\int x\mathrm{e}^{-x}\,\mathrm{d}x$

$=-x^2\mathrm{e}^{-x}-2\displaystyle\int x\,\mathrm{d}\mathrm{e}^{-x}=-x^2\mathrm{e}^{-x}-2x\mathrm{e}^{-x}+2\displaystyle\int \mathrm{e}^{-x}\,\mathrm{d}x$

$=-(x^2+2x+2)\mathrm{e}^{-x}+C$

41. 原式 $=-\displaystyle\int \ln x\,\mathrm{d}\left(\dfrac{1}{x}\right)=-\dfrac{\ln x}{x}+\displaystyle\int \dfrac{\mathrm{d}x}{x^2}=-\dfrac{\ln x}{x}-\dfrac{1}{x}+C=-\dfrac{1}{x}(\ln x+1)+C$

42. 原式 $=\dfrac{1}{3}\displaystyle\int x\mathrm{d}(\mathrm{e}^{3x})=\dfrac{1}{3}x\mathrm{e}^{3x}-\dfrac{1}{3}\displaystyle\int \mathrm{e}^{3x}\mathrm{d}x=\dfrac{1}{9}(3x-1)\mathrm{e}^{3x}+C$

43. 原式 $=\dfrac{1}{2}\displaystyle\int x^2\mathrm{d}(\mathrm{e}^{2x})=\dfrac{1}{2}x^2\mathrm{e}^{2x}-\dfrac{1}{2}\displaystyle\int \mathrm{e}^{2x}\cdot 2x\mathrm{d}x=\dfrac{1}{2}x^2\mathrm{e}^{2x}-\dfrac{1}{2}\displaystyle\int x\mathrm{d}(\mathrm{e}^{2x})$

$=\dfrac{1}{2}x^2\mathrm{e}^{2x}-\dfrac{1}{2}x\mathrm{e}^{2x}+\dfrac{1}{2}\displaystyle\int \mathrm{e}^{2x}\mathrm{d}x=\dfrac{1}{4}(2x^2-2x+1)\mathrm{e}^{2x}+C$

(B)

1. 原式 $=\dfrac{1}{a^2}\displaystyle\int \dfrac{\mathrm{d}\sin x}{1+\left(\dfrac{\sin x}{a}\right)^2}=\dfrac{1}{a}\displaystyle\int \dfrac{\mathrm{d}\left(\dfrac{\sin x}{a}\right)}{1+\left(\dfrac{\sin x}{a}\right)^2}=\dfrac{1}{a}\arctan\left(\dfrac{\sin x}{a}\right)+C$

2. 原式 $=\displaystyle\int (\tan x-1)^{\frac{1}{2}}\mathrm{d}(\tan x-1)=2\sqrt{\tan x-1}+C$

3. 原式 $=\displaystyle\int (\sin x-\cos x)^{-\frac{1}{3}}\mathrm{d}(\sin x-\cos x)=\dfrac{3}{2}\sqrt[3]{(\sin x-\cos x)^2}+C$

$=\dfrac{3}{2}\sqrt[3]{1-\sin 2x}+C$

4. 原式 $=\displaystyle\int \dfrac{\mathrm{d}(\cos x+\sin x)}{\cos x+\sin x}=\ln|\cos x+\sin x|+C$

5. 原式 $\xlongequal{\sqrt{x}=t}\displaystyle\int \dfrac{\tan t}{t}\cdot 2t\mathrm{d}t=2\displaystyle\int \tan t\mathrm{d}t=2\displaystyle\int \dfrac{\sin t}{\cos t}\mathrm{d}t=-2\displaystyle\int \dfrac{\mathrm{d}\cos t}{\cos t}=-2\ln|\cos t|+$

$C=-2\ln\left|\cos\sqrt{x}\right|+C$

6. 原式 $\xlongequal{x=\sec t}\displaystyle\int \dfrac{\sec t\cdot\tan t}{\sec^2 t\cdot\tan t}\mathrm{d}t=\displaystyle\int \cos t\mathrm{d}t=\sin t+C=\dfrac{\sqrt{x^2-1}}{x}+C$

7. 原式 $\xlongequal{x=a\sec t}\displaystyle\int \dfrac{a\sec t\cdot\tan t}{a\sec t\cdot a\tan t}\mathrm{d}t=\dfrac{1}{a}\displaystyle\int \mathrm{d}t=\dfrac{1}{a}t+C=\dfrac{1}{a}\arccos\dfrac{a}{x}+C$

8. 原式 $\xlongequal{x=\sin t}\displaystyle\int \dfrac{\cos t\cdot\mathrm{d}t}{\cos^3 t}=\displaystyle\int \dfrac{\mathrm{d}t}{\cos^2 t}=\tan t+C=\dfrac{x}{\sqrt{1-x^2}}+C$

9. 原式 $=-\dfrac{1}{2}\displaystyle\int x^2\mathrm{d}\cos 2x=-\dfrac{1}{2}x^2\cos 2x+\dfrac{1}{2}\displaystyle\int \cos 2x\cdot 2x\mathrm{d}x$

$=-\dfrac{1}{2}x^2\cos 2x+\dfrac{1}{2}\displaystyle\int x\mathrm{d}\sin 2x=-\dfrac{1}{2}x^2\cos 2x+\dfrac{1}{2}x\sin 2x-\dfrac{1}{2}\displaystyle\int \sin 2x\mathrm{d}x$

$=-\dfrac{1}{2}x^2\cos 2x+\dfrac{1}{2}x\sin 2x+\dfrac{1}{4}\cos 2x+C$

10. 原式 $=\dfrac{1}{2}\displaystyle\int x^2\mathrm{d}\sin 2x=\dfrac{1}{2}x^2\sin 2x-\dfrac{1}{2}\displaystyle\int \sin 2x\cdot 2x\mathrm{d}x=\dfrac{1}{2}x^2\sin 2x+$

$\dfrac{1}{2}\displaystyle\int x\mathrm{d}(\cos 2x)$

$$= \frac{1}{2}x^2 \sin 2x + \frac{1}{2}x\cos 2x - \frac{1}{2}\int \cos 2x \mathrm{d}x$$

$$= \frac{1}{2}\left(x^2 \sin 2x + x\cos 2x - \frac{1}{2}\sin 2x\right) + C$$

11. 原式 $= 2\int \arcsin \sqrt{x}\, \mathrm{d}\sqrt{x} = 2\sqrt{x}\arcsin \sqrt{x} - 2\int \sqrt{x} \cdot \dfrac{\frac{1}{2\sqrt{x}}}{\sqrt{1-x}}\mathrm{d}x$

$$= 2\sqrt{x}\arcsin \sqrt{x} - \int \frac{\mathrm{d}x}{\sqrt{1-x}} = 2\sqrt{x}\arcsin \sqrt{x} + 2\sqrt{1-x} + C$$

12. 原式 $\xrightarrow{\sqrt{x}=t} \int t^2 \cdot \sin t \cdot 2t \mathrm{d}t = 2\int t^3 \sin t \mathrm{d}t = -2\int t^3 \mathrm{d}\cos t = -2t^3 \cos t +$

$$6\int t^2 \cos t \mathrm{d}t$$

$$= -2t^3 \cos t + 6\int t^2 \mathrm{d}\sin t = -2t^3 \cos t + 6t^2 \sin t - 12\int t\sin t \mathrm{d}t$$

$$= -2t^3 \cos t + 6t^2 \sin t + 12\int t\mathrm{d}\cos t = -2t^3 \cos t + 6t^2 \sin t + 12t\cos t -$$

$$12\int \cos t \mathrm{d}t$$

$$= -2t^3 \cos t + 6t^2 \sin t + 12t\cos t - 12\sin t + C$$

$$= -2(t^2-6)t\cos t + 6(t^2-2)\sin t + C$$

$$= -2(x-6)\sqrt{x}\cos \sqrt{x} + 6(x-2)\sin \sqrt{x} + C$$

13. 原式 $= x\arctan \sqrt{x} - \int x\mathrm{d}(\arctan \sqrt{x}) = x\arctan \sqrt{x} - \int \dfrac{x\mathrm{d}x}{2\sqrt{x}(1+x)}$

$$= x\arctan \sqrt{x} - \int \left(1 - \frac{1}{1+x}\right)\mathrm{d}\sqrt{x}$$

$$= x\arctan \sqrt{x} - \sqrt{x} + \arctan \sqrt{x} + C = (x+1)\arctan \sqrt{x} - \sqrt{x} + C$$

14. 设 $\dfrac{2x+3}{(x-2)(x+5)} = \dfrac{A}{x-2} + \dfrac{B}{x+5}$.

去分母得：$2x+3 \equiv A(x+5) + B(x-2)$.

令 $x=2$，得 $A=1$；令 $x=-5$，得 $B=1$.

故原式 $= \int \left(\dfrac{1}{x-2} + \dfrac{1}{x+5}\right)\mathrm{d}x = \ln|(x-2)(x+5)| + C$

15. 设 $\dfrac{x}{x^3-3x+2} = \dfrac{x}{(x-1)^2(x+2)} = \dfrac{A}{x-1} + \dfrac{B}{(x-1)^2} + \dfrac{C}{x+2}$.

去分母得：$x \equiv A(x-1)(x+2) + B(x+2) + C(x-1)^2$. （ * ）

令 $x=1$，得 $B=\dfrac{1}{3}$；令 $x=-2$，得 $C=-\dfrac{2}{9}$.

比较式（ * ）两边 x^2 的系数，得 $A+C=0$，故 $A=\dfrac{2}{9}$.

于是原式 $=\int\Big[\dfrac{2}{9(x-1)}+\dfrac{1}{3(x-1)^2}-\dfrac{2}{9(x+2)}\Big]\mathrm{d}x$

$\qquad =\dfrac{2}{9}\ln|x-1|-\dfrac{1}{3(x-1)}-\dfrac{2}{9}\ln|x+2|+C$

$\qquad =\dfrac{2}{9}\ln\Big|\dfrac{x-1}{x+2}\Big|-\dfrac{1}{3(x-1)}+C$

16. 设 $\dfrac{1}{(x+1)(x+2)(x+3)}=\dfrac{A}{x+1}+\dfrac{B}{x+2}+\dfrac{C}{x+3}$.

去分母,得 $1\equiv A(x+2)(x+3)+B(x+1)(x+3)+C(x+1)(x+2)$.

令 $x=-1$,得 $A=\dfrac{1}{2}$;令 $x=-2$,得 $B=-1$;令 $x=-3$,得 $C=\dfrac{1}{2}$.

故原式 $=\int\Big[\dfrac{1}{2(x+1)}-\dfrac{1}{x+2}+\dfrac{1}{2(x+3)}\Big]\mathrm{d}x$

$\qquad =\dfrac{1}{2}\ln|x+1|-\ln|x+2|+\dfrac{1}{2}\ln|x+3|+C$

$\qquad =\dfrac{1}{2}\ln\Big|\dfrac{(x+1)(x+3)}{(x+2)^2}\Big|+C$

17. 设 $\dfrac{1}{x(x+1)^2}=\dfrac{A}{x}+\dfrac{B}{x+1}+\dfrac{C}{(x+1)^2}$.

去分母,得:$1\equiv A(x+1)^2+Bx(x+1)+Cx.$ (＊)

令 $x=0$,得 $A=1$;令 $x=-1$,得 $C=1$.

比较式(＊)两边 x^2 的系数,得 $A+B=0$,故 $B=-1$.

于是原式 $=\int\Big[\dfrac{1}{x}-\dfrac{1}{x+1}-\dfrac{1}{(x+1)^2}\Big]\mathrm{d}x=\ln|x|-\ln|x+1|+\dfrac{1}{x+1}+C$

$\qquad =\ln\Big|\dfrac{x}{x+1}\Big|+\dfrac{1}{x+1}+C$

18. 原式 $=\int\dfrac{1-\sin x}{(1-\sin x)(1+\sin x)}\mathrm{d}x=\int\dfrac{1-\sin x}{\cos^2 x}\mathrm{d}x=\int\sec^2 x\mathrm{d}x+\int\dfrac{\mathrm{d}\cos x}{\cos^2 x}$

$\qquad =\tan x-\dfrac{1}{\cos x}+C$

19. $\displaystyle\int\sin(\ln x)\mathrm{d}x=x\sin(\ln x)-\int x\cos(\ln x)\cdot\dfrac{1}{x}\mathrm{d}x=x\sin(\ln x)-x\cos(\ln x)-$

$\qquad\qquad\displaystyle\int\sin(\ln x)\mathrm{d}x$

移项整理得:$\displaystyle\int\sin(\ln x)\mathrm{d}x=\dfrac{x}{2}[\sin(\ln x)-\cos(\ln x)]+C$

20. 原式 $=\dfrac{1}{2}\displaystyle\int\arccos x\mathrm{d}x^2=\dfrac{1}{2}x^2\arccos x-\dfrac{1}{2}\int x^2\mathrm{d}\arccos x=\dfrac{1}{2}x^2\arccos x+$

$\qquad\dfrac{1}{2}\cdot\displaystyle\int\dfrac{x^2}{\sqrt{1-x^2}}\mathrm{d}x$

$$= \frac{1}{2} x^2 \arccos x + \frac{1}{2} \int \frac{dx}{\sqrt{1-x^2}} - \frac{1}{2} \int \sqrt{1-x^2} \, dx$$

$$= \frac{1}{2} x^2 \arccos x + \frac{1}{2} \arcsin x - \frac{x}{4} \sqrt{1-x^2} - \frac{1}{4} \arcsin x + C$$

$$= \frac{1}{2} x^2 \arccos x + \frac{1}{4} \arcsin x - \frac{x}{4} \sqrt{1-x^2} + C$$

自测题答案与提示
自测题 A

(一)单项选择题

1. A   2. D   3. B   4. B   5. B   6. C   7. D   8. B   9. A
10. B

(二)填空题

1. $y = \frac{1}{2} x^2 + 2$ 2. $4e^{2x}$ 3. $\frac{1}{2} F(2x+1) + C$ 4. $-\frac{2}{(x-1)^2}$

5. $\arcsin x \, dx$ 6. $-\frac{1}{2} \ln|1-x^2| + C$ 7. 0   8. $-\frac{\sin \sqrt{x}}{2\sqrt{x}} + C$

9. $\frac{4}{7} x^{\frac{7}{4}} + C$ 10. $x \arctan x - \frac{1}{2} \ln(1+x^2) + C$

(三)计算题

1. 原式 $= 2e^x - \ln|x| - 5\cos x + C$

2. 原式 $= \int \frac{dx}{\sqrt{1-x^2}} = \arcsin x + C$

3. 原式 $= \frac{1}{2} \int \frac{dx^2}{1+(x^2)^2} = \frac{1}{2} \arctan x^2 + C$

4. 原式 $= -\int e^{\cos x} d\cos x = -e^{\cos x} + C$

5. 原式 $\xlongequal{\sqrt{x+1}=t} \int \frac{2t \, dt}{1+t} = 2 \int \left(1 - \frac{1}{1+t}\right) dt = 2(t - \ln|1+t|) + C$

$$= 2[\sqrt{x+1} - \ln(1+\sqrt{x+1})] + C$$

6. 原式 $= \int x^2 de^x = x^2 e^x - \int e^x \cdot 2x \, dx = x^2 e^x - 2 \int x \, de^x = x^2 e^x - 2x e^x +$

$$2 \int e^x \, dx = (x^2 - 2x + 2) e^x + C$$

7. 原式 $= \int \left(\frac{1}{x+1} - \frac{1}{x+2}\right) dx = \ln \left|\frac{x+1}{x+2}\right| + C$

自测题 B

(一)单项选择题

1. D　　2. D　　3. B　　4. C　　5. C　　6. D　　7. C　　8. A　　9. B

10. D

(二)填空题

1. 连续　　2. x^2+1　　3. $\ln x+C$　　4. $\sin x+(x-1)\cos x$　　5. $x+e^x+C$

6. $\arctan x, x^2\mathrm{d}x$　　7. $-\dfrac{1}{2}f\left(\dfrac{2}{x}\right)+C$　　8. $\arctan f(x)+C$　　9. $2x$

10. $\dfrac{1}{x}-\dfrac{2\ln x}{x}+C$　　提示：$\displaystyle\int xf'(x)\mathrm{d}x=\int x\mathrm{d}f(x)=xf(x)-\int f(x)\mathrm{d}x=$

$xf(x)-\dfrac{\ln x}{x}+C$，而 $f(x)=\left(\dfrac{\ln x}{x}\right)'=\dfrac{1-\ln x}{x^2}$.

(三)计算题

1. $\displaystyle\int\left(\dfrac{a}{x}+\dfrac{a^2}{x^2}+\dfrac{a^3}{x^3}\right)\mathrm{d}x=a\ln|x|-\dfrac{a^2}{x}-\dfrac{a^3}{2x^2}+C$

2. $\displaystyle\int\dfrac{\mathrm{d}x}{e^x+e^{-x}}=\int\dfrac{e^x\mathrm{d}x}{(e^x)^2+1}=\int\dfrac{\mathrm{d}e^x}{1+(e^x)^2}=\arctan e^x+C$

3. $\displaystyle\int\dfrac{x^2}{\sqrt{2-x}}\mathrm{d}x\xlongequal{\sqrt{2-x}=t}\int\dfrac{(2-t^2)^2}{t}\cdot(-2t)\mathrm{d}t=-2\int(2-t^2)^2\mathrm{d}t=-2\int(4-4t^2+t^4)\mathrm{d}t$

$=-2\left(4t-\dfrac{4}{3}t^3+\dfrac{1}{5}t^5\right)+C=-8(2-x)^{\frac{1}{2}}+\dfrac{8}{3}(2-x)^{\frac{3}{2}}-\dfrac{2}{5}(2-x)^{\frac{5}{2}}+C$

4. $\displaystyle\int e^{\sqrt{x}}\mathrm{d}x\xlongequal{\sqrt{x}=t}\int e^t\cdot 2t\mathrm{d}t=2\int t\mathrm{d}e^t=2te^t-2\int e^t\mathrm{d}t=2(t-1)e^t+C=2(\sqrt{x}-1)e^{\sqrt{x}}+C$

5. $\displaystyle\int\dfrac{\mathrm{d}x}{x\ln x\ln(\ln x)}=\int\dfrac{\mathrm{d}\ln x}{\ln x\ln(\ln x)}=\int\dfrac{\mathrm{d}[\ln(\ln x)]}{\ln(\ln x)}=\ln|\ln(\ln x)|+C$

6. $\displaystyle\int\dfrac{\mathrm{d}x}{x^2+5x+6}=\int\dfrac{\mathrm{d}x}{(x+2)(x+3)}=\int\left(\dfrac{1}{x+2}-\dfrac{1}{x+3}\right)\mathrm{d}x=\ln\left|\dfrac{x+2}{x+3}\right|+C$

7. $\displaystyle\int\dfrac{x^2-1}{x^4+1}\mathrm{d}x=\int\dfrac{1-\dfrac{1}{x^2}}{x^2+\dfrac{1}{x^2}}\mathrm{d}x=\int\dfrac{\mathrm{d}\left(x+\dfrac{1}{x}\right)}{\left(x+\dfrac{1}{x}\right)^2-2}=\dfrac{1}{2\sqrt{2}}\ln\left|\dfrac{x+\dfrac{1}{x}-\sqrt{2}}{x+\dfrac{1}{x}+\sqrt{2}}\right|+C$

$=\dfrac{1}{2\sqrt{2}}\ln\left(\dfrac{x^2-\sqrt{2}x+1}{x^2+\sqrt{2}x+1}\right)+C$

8. $\displaystyle\int\csc^4 x\mathrm{d}x=-\int\csc^2 x\mathrm{d}\cot x=-\int(1+\cot^2 x)\mathrm{d}\cot x=-\cot x-\dfrac{1}{3}\cot^3 x+C$

第七章　定积分

> 学习数学是为了探索宇宙的奥妙……. 数学集中并引导着我们的精力、自尊和愿望去认识真理, 并由此而生活在上帝的大家庭中. 正如文学诱导人们的情感与了解一样, 数学则启发人们的想象和推理.

——羌塞劳尔

一、基本要求

(1)掌握定积分的概念, 会用定积分的定义求一些简单的定积分.

(2)理解定积分的几何意义、性质和积分上限函数的概念及牛顿-莱布尼兹定理.

(3)会用换元法和分部积分法求定积分.

(4)能用定积分解决几何和物理上常见的一些实际问题.

二、内容提要

(一)定积分的概念

设 $f(x)$ 是定义在 $[a,b]$ 上的函数, 在 (a,b) 中插入 $n-1$ 个分点

$$a=x_0<x_1<x_2<\cdots<x_{i-1}<x_i<\cdots<x_n<b,$$

把区间 $[a,b]$ 分成 n 个小区间

$$[x_0,x_1],[x_1,x_2],\cdots,[x_{i-1},x_i],\cdots,[x_{n-1},x_n],$$

各个小区间的长度依次为

$$\Delta x_1=x_1-x_0,\Delta x_2=x_2-x_1,\cdots,\Delta x_i=x_i-x_{i-1},\cdots,\Delta x_n=x_n-x_{n-1}.$$

在每一个小区间 $[x_{i-1},x_i]$ 中任取一点 ξ_i, 作和式(称为积分和式)

$$\sum_{i=1}^{n} f(\xi_i)\Delta x_i.$$

令 $\lambda=\max\{\Delta x_1,\Delta x_2,\cdots,\Delta x_n\}$, 如果和式的极限

$$\lim_{\lambda\to 0}\sum_{i=1}^{n} f(\xi_i)\Delta x_i$$

存在, 且此极限值与区间 $[a,b]$ 的分法以及点 ξ_i 的取法无关, 则称此极限值为 $f(x)$

在$[a,b]$上的定积分(简称积分),记作

$$\int_a^b f(x)\mathrm{d}x,$$

即

$$\lim_{\lambda \to 0}\sum_{i=1}^n f(\xi_i)\Delta x_i = \int_a^b f(x)\mathrm{d}x.$$

其中$f(x)$称为被积函数,$f(x)\mathrm{d}x$称为被积表达式,x称为积分变量,a称为积分下限,b称为积分上限,$[a,b]$称为积分区间.

若$f(x)$在$[a,b]$上的定积分存在,则称$f(x)$在$[a,b]$上可积,否则称$f(x)$在$[a,b]$上不可积.

(二)定积分的几何意义

(1)当在$[a,b]$上$f(x)\geqslant 0$时,$\int_a^b f(x)\mathrm{d}x$在几何上表示由曲线$y=f(x)$与直线$x=a,x=b,y=0$所围成的曲边梯形的面积.

(2)当在$[a,b]$上$f(x)\leqslant 0$时,$\int_a^b f(x)\mathrm{d}x$在几何上表示由曲线$y=f(x)$与直线$x=a,x=b,y=0$所围成的曲边梯形的面积的相反数.

(三)定积分的性质

性质 1 设$f(x),g(x)$在$[a,b]$上都是可积的,则有$\int_a^b [f(x)\pm g(x)]\mathrm{d}x=$
$\int_a^b f(x)\mathrm{d}x \pm \int_a^b g(x)\mathrm{d}x.$

性质 2 设k为常数,则有$\int_a^b kf(x)\mathrm{d}x = k\int_a^b f(x)\mathrm{d}x.$

性质 3 设$f(x)$在所讨论的区间上可积,则有$\int_a^b f(x)\mathrm{d}x = \int_a^c f(x)\mathrm{d}x + \int_c^b f(x)\mathrm{d}x.$

性质 4 设$f(x),g(x)$在$[a,b]$上都是可积的,且$f(x)\leqslant g(x)$,则有$\int_a^b f(x)\mathrm{d}x \leqslant$
$\int_a^b g(x)\mathrm{d}x.$

推论 1 设在$[a,b]$上$f(x)\geqslant 0$,则有

$$\int_a^b f(x)\mathrm{d}x \geqslant 0.$$

推论 2 设在$[a,b]$上$m\leqslant f(x)\leqslant M$,则有

$$m(b-a)\leqslant \int_a^b f(x)\mathrm{d}x \leqslant M(b-a).$$

性质 5 设 $f(x)$ 在 $[a,b]$ 上可积,则 $|f(x)|$ 在 $[a,b]$ 上也可积,且有

$$\left| \int_a^b f(x)\mathrm{d}x \right| \leqslant \int_a^b |f(x)|\mathrm{d}x.$$

性质 6 (积分中值定理)设 $f(x)$ 在 $[a,b]$ 上连续,则在 $[a,b]$ 上至少存在一点 ξ,使得

$$\int_a^b f(x)\mathrm{d}x = f(\xi)(b-a)\,(a \leqslant \xi \leqslant b).$$

(四)微积分基本公式

1. 积分上限函数

设 $f(x)$ 在 $[a,b]$ 上连续,$x \in [a,b]$,则 $\int_a^b f(t)\mathrm{d}t$ 也是 x 的函数,称为积分上限函数,记作 $\varphi(x) = \int_a^x f(t)\mathrm{d}t$.

2. 原函数存在定理

设 $f(x)$ 在 $[a,b]$ 上连续,则积分上限函数 $\varphi(x) = \int_a^x f(t)\mathrm{d}t$ 在 $[a,b]$ 上可导,且

$$\varphi'(x) = \left[\int_a^x f(t)\mathrm{d}t \right]' = f(x).$$

3. 牛顿-莱布尼兹公式(微积分基本定理)

设 $f(x)$ 在 $[a,b]$ 上连续,$F(x)$ 是 $f(x)$ 的一个原函数,即 $F'(x) = f(x)$,则有

$$\int_a^b F'(x)\mathrm{d}x = \int_a^b f(x)\mathrm{d}x = F(b) - F(a) = F(x)\Big|_a^b.$$

(五)积分法

1. 换元积分法

设 $f(x)$ 在 $[a,b]$ 上连续,令 $x = \varphi(t)$,且满足:

(1) $\varphi(\alpha) = a, \varphi(\beta) = b$;

(2) 当 t 从 α 变化到 β 时,$\varphi(t)$ 单调地从 a 变到 b;

(3) $\varphi'(t)$ 在 $[\alpha,\beta]$ 上连续,

则有

$$\int_a^b f(x)\mathrm{d}x = \int_\alpha^\beta f[\varphi(t)]\varphi'(t)\mathrm{d}t.$$

2. 分部积分法

设 $u(x),v(x)$ 在 $[a,b]$ 上都有连续的导数,则有

$$\int_a^b u(x)v'(x)\mathrm{d}x=u(x)v(x)\Big|_a^b-\int_a^b v(x)u'(x)\mathrm{d}x,$$

或简写为

$$\int_a^b u\,\mathrm{d}v=[uv]_a^b-\int_a^b v\,\mathrm{d}u.$$

(六)定积分的应用

1. 几何上的应用

(1)平面图形的面积. 设 $f(x)$ 在 $[a,b]$ 上连续,则由曲线 $y=f(x)$ 和直线 $x=a,x=b,y=0$ 所围成的曲边梯形的面积为

$$A=\int_a^b |f(x)|\mathrm{d}x.$$

由连续曲线 $y=f(x),y=g(x)$ 与直线 $x=a,x=b$ 所围成的平面图形的面积为

$$A=\int_a^b |f(x)-g(x)|\mathrm{d}x.$$

(2)平面曲线的弧长. 设 $y=f(x)$ 在 $[a,b]$ 上有连续的导数,则曲线 $y=f(x)$ 上从 $x=a$ 到 $x=b$ 所对应的曲线段的弧长为

$$S=\int_a^b \sqrt{1+[f'(x)]^2}\mathrm{d}x.$$

若曲线的参数方程为 $x=x(t),y=y(t),\alpha\leqslant t\leqslant\beta$,则相应的曲线段的弧长为

$$S=\int_a^b \sqrt{[x'(t)]^2+[y'(t)]^2}\mathrm{d}t.$$

(3)旋转体的体积. 由连续曲线 $y=f(x)$ 与直线 $x=a,x=b,y=0$ 围成的曲边梯形绕 x 轴旋转一周,所得的旋转体的体积为

$$V=\int_a^b \pi[f(x)]^2\mathrm{d}x.$$

2. 物理上的应用

(1)变速直线运动的路程. 若物体以 $v=v(t)$ 做变速直线运动,则在时间段 $[a,b]$ 内所走的路程为

$$S=\int_a^b v(t)\mathrm{d}t.$$

(2)变力所做的功. 设物体在变力的作用下沿直线运动,变力的方向与直线平行且不变,而力的大小发生改变,即 $F=F(x)$,则物体在该力的作用下从 $x=a$ 移

动到 $x=b$ 所做的功为

$$W=\int_a^b F(x)\,\mathrm{d}x.$$

三、本章知识网络图

定积分 {

定积分的概念 {
定义(分割、取点、求和、取极限)
几何意义
}

可积函数类 {
闭区间上连续函数
闭区间上至多有有限个第一类间断点的函数
单调有界函数
}

性质 {
$\int_a^b \left[f(x)\pm g(x)\right]\mathrm{d}x=\int_a^b f(x)\,\mathrm{d}x\pm\int_a^b g(x)\,\mathrm{d}x$

$\int_a^b f(x)\,\mathrm{d}x=\int_a^c f(x)\,\mathrm{d}x+\int_c^b f(x)\,\mathrm{d}x$

$\int_a^b f(x)\,\mathrm{d}x=-\int_b^a f(x)\,\mathrm{d}x$

$f(x)\leqslant g(x)\int_a^b f(x)\,\mathrm{d}x\leqslant\int_a^b g(x)\,\mathrm{d}x$

$\left|\int_a^b f(x)\,\mathrm{d}x\right|\leqslant\int_a^b |f(x)|\,\mathrm{d}x$

积分中值定理
}

积分上限函数(变上限积分) {
$\Phi(x)=\int_a^b f(t)\,\mathrm{d}t\Rightarrow\Phi'(x)=f(x)$

$\Phi(x)=\int_{\varphi(x)}^{\psi(x)} f(t)\,\mathrm{d}t\Rightarrow\Phi'(x)$
$\quad=f[\psi(x)]\psi'(x)-f[\varphi(x)]\varphi'(x)$
}

积分法 {
牛顿-莱布尼兹公式
换元积分法
分部积分法
利用函数的周期性、奇偶性
}

定积分的应用 {
几何上的应用 {
平面图形的面积
平面曲线的弧长
旋转体的体积
}
物理上的应用 {
变速直线运动经过的路程
变力做功
}
}

}

四、习题

(一)单项选择题

(A)

1. 下面结论正确的是( ).

A. 若 $f(x)$ 与 $g(x)$ 在 $[a,b]$ 上都可积,则 $f[g(x)]$ 在 $[a,b]$ 上必可积

B. 若 $f(x)$ 在 $[a,b]$ 上可积,$g(x)$ 在 $[a,b]$ 上不可积,则 $f(x)+g(x)$ 在 $[a,b]$ 上必不可积

C. 若 $f(x)$ 与 $g(x)$ 在 $[a,b]$ 上都不可积,则 $f(x)+g(x)$ 在 $[a,b]$ 上必不可积

D. 若 $f(x)$ 在 $[a,b]$ 上可积,则在 $[a,b]$ 上必存在一点 ξ 使得 $\int_a^b f(x)\mathrm{d}x = f(\xi) \cdot (a-b)$

2. 下面结论正确的是( ).

A. 若 $[a,b] \supseteq [c,d]$,则 $\int_a^b f(x)\mathrm{d}x \geqslant \int_a^b f(x)\mathrm{d}x$

B. 若 $|f(x)|$ 在 $[a,b]$ 上可积,则 $f(x)$ 在 $[a,b]$ 上必可积

C. 若 $f(x)$ 是周期为 T 的连续函数,则对任意实常数 a,都有 $\int_a^{a+T} f(x)\mathrm{d}x = \int_0^T f(x)\mathrm{d}x$

D. 若 $f(x)$ 在 $[a,b]$ 上可积,则 $f(x)$ 在 (a,b) 上必存在一个原函数

3. 下列各式不成立的是( ).

A. $\int_x^1 \dfrac{1}{1+t^2} = -\int_1^x \dfrac{\mathrm{d}t}{1+t^2} \ (x>0)$

B. $\int_0^1 x^m(1-x)^n\mathrm{d}x = \int_0^1 x^n(1-x)^m\mathrm{d}x$

C. $\int_0^{\frac{\pi}{2}} \dfrac{\sin x}{\sin x + \cos x}\mathrm{d}x = \int_0^{\frac{\pi}{2}} \dfrac{\cos\theta}{\sin\theta + \cos\theta}\mathrm{d}\theta$

D. $\int_0^2 \dfrac{1}{(x-1)^2}\mathrm{d}x = -2$

4. 下列各式不成立的是( ).

A. $\int_a^b f(x)\mathrm{d}x = \int_a^b f(t)\mathrm{d}t$　　　B. 若 $f(x)>0$,则 $\int_a^b f(x)\mathrm{d}x > 0 (b<a)$

C. $\int_a^b f(x)\mathrm{d}x = -\int_b^a f(t)\mathrm{d}t$　　　D. $\int_a^a f(x)\mathrm{d}x = -\int_a^a f(t)\mathrm{d}t$

5. 若 $\int_0^1 (2x+b)\mathrm{d}x = 2$,则 $b=($ 　　).

A. 0　　　　　　　　B. −1　　　　　　　　C. 1　　　　　　　　D. 2

6. 曲线 $y=\sin 2x$，$y=\cos x$ 与直线 $x=0$，$x=\pi$ 所围成的平面图形的面积等于（　　）.

　A. 1　　　　　　　B. $\dfrac{1-\sqrt{3}}{2}$　　　　　C. 1　　　　　　　D. 2

7. 若积分 $\displaystyle\int_{a}^{2\ln 2}\dfrac{\mathrm{d}x}{\sqrt{\mathrm{e}^x-1}}=\dfrac{\pi}{6}$，则 $a=$（　　）.

　A. 0　　　　　　　B. 1　　　　　　　　C. e　　　　　　　D. ln 2

8. 下列各式不成立的是（　　）.

A. $\mathrm{d}\left[\displaystyle\int_{a}^{t}f(x)\mathrm{d}x\right]=\left[\displaystyle\int_{a}^{t}f(x)\mathrm{d}x\right]'$　　　　B. $\displaystyle\int_{a}^{t}\mathrm{d}[f(x)]=f(t)-f(a)$

C. $\left[\displaystyle\int_{a}^{t}f(x)\mathrm{d}x\right]'=f(t)$　　　　　　　　D. $\mathrm{d}\left[\displaystyle\int_{a}^{t}f(x)\mathrm{d}x\right]=f(t)\mathrm{d}t$

9. 设函数 $y=\displaystyle\int_{0}^{x}(t-1)\mathrm{e}^{t^2}\mathrm{d}t$，则函数的极值点为（　　）.

　A. $x=0$　　　　　B. $x=1$　　　　　C. $x=2$　　　　　D. $x=\mathrm{e}$

10. $\displaystyle\int_{0}^{x}f(t)\mathrm{d}t=\dfrac{x^2}{4}$，则 $\displaystyle\int_{0}^{4}\dfrac{1}{\sqrt{x}}f(\sqrt{x})\mathrm{d}x=$（　　）.

　A. 16　　　　　　B. 8　　　　　　　C. 4　　　　　　　D. 2

11. $\displaystyle\int_{-1}^{2}\dfrac{1}{x^2}\mathrm{d}x=$（　　）.

　A. $-\dfrac{3}{2}$　　　　　B. $\dfrac{1}{2}$　　　　　C. $-\dfrac{1}{2}$　　　　　D. 不存在

12. $f(x)$ 在 $[a,b]$ 上连续是 $\displaystyle\int_{a}^{b}f(x)\mathrm{d}x$ 存在的（　　）.

A. 必要条件　　　　　　　　　　　　B. 充要条件

C. 充分条件　　　　　　　　　　　　D. 不充分也不必要条件

（B）

1. 下列各式不等于零的是（　　）.

A. $\displaystyle\int_{\frac{1}{2}}^{\frac{1}{2}}\ln\dfrac{1-x}{1+x}\mathrm{d}x$　　　　　　　　B. $\displaystyle\int_{-3}^{3}\dfrac{x^5\cos x}{3x^2+2}\mathrm{d}x$

C. $\displaystyle\int_{\frac{\pi}{2}}^{\frac{3\pi}{2}}\dfrac{\sin x}{\sqrt{1-\cos 2x}}\mathrm{d}x$　　　　　D. $\displaystyle\int_{1}^{3}\dfrac{1}{(x-1)(x-3)}\mathrm{d}x$

2. 下列各式的值等于零的是（　　）.

A. $\displaystyle\lim_{x\to+\infty}x\mathrm{e}^{-x^2}\int_{0}^{x}\mathrm{e}^{t^2}\mathrm{d}t$　　　　　B. $\displaystyle\lim_{x\to+\infty}x^{-1}\mathrm{e}^{-x^2}\int_{0}^{x}t^2\mathrm{e}^{t^2}\mathrm{d}t$

C. $\lim\limits_{x\to 0}\dfrac{\displaystyle\int_0^0 x\ln(1+t)\,\mathrm{d}t}{x^2}$　　　　　　　　　　D. $\lim\limits_{x\to 0}\dfrac{\displaystyle\int_0^x \ln(1+t^2)\,\mathrm{d}t}{x^2}$

3. 下列各式的值等于 1 的是(　　　).

A. $\lim\limits_{x\to +\infty} x\mathrm{e}^{-x^2}\displaystyle\int_0^x \mathrm{e}^{t^2}\,\mathrm{d}t$　　　　　　B. $\lim\limits_{x\to +0} x^{-1}\displaystyle\int_0^x \cos^2 t\,\mathrm{d}t$

C. $\lim\limits_{x\to 0}\dfrac{\displaystyle\int_0^x \ln(1+t)\,\mathrm{d}t}{x^2}$　　　　　　　　D. $\lim\limits_{x\to 0}\dfrac{\displaystyle\int_0^x \ln(1+t^2)\,\mathrm{d}t}{x^2}$

4. 若 $f(\pi)=2$,且 $\displaystyle\int_0^\pi [f(x)+f''(x)]\sin x\,\mathrm{d}x=5$,则 $f(0)=(\quad\quad)$.

A. 1　　　　　　　B. 2　　　　　　　C. 3　　　　　　　D. 4

5. 若 $f(0)=1,f(2)=3,f'(2)=5$,则 $\displaystyle\int_0^1 xf''(2x)\,\mathrm{d}x=(\quad\quad)$.

A. 1　　　　　　　B. 2　　　　　　　C. 3　　　　　　　D. 4

6. 设正值函数 $f(x)$ 在 $[a,b]$ 上连续,则函数 $F(x)=\displaystyle\int_a^x f(t)\,\mathrm{d}t+\int_b^x \dfrac{1}{f(t)}\,\mathrm{d}t$ 在 (a,b) 内一定有(　　　)个根.

A. 0　　　　　　　B. 1　　　　　　　C. 2　　　　　　　D. 3

7. 设 $f(x)=\begin{cases} x^2, & 1\leqslant x\leqslant 2 \\ x, & 0\leqslant x<1 \end{cases}$,则 $\phi(x)=\displaystyle\int_0^x f(t)\,\mathrm{d}t$ 在区间 $(0,2)$ 上(　　　).

A. 有可去间断点　　　　　　　　　B. 有第一类间断点

C. 有第二类间断点　　　　　　　　D. 是连续的

8. 设 $f(x)=\dfrac{\mathrm{d}}{\mathrm{d}x}\displaystyle\int_0^x \sin(t-x)\,\mathrm{d}t$,则 $f(x)=(\quad\quad)$.

A. $\sin x$　　　　B. $-\sin x$　　　　C. $1-\sin x$　　　　D. $-1+\cos x$

(二)填空题

(A)

1. $\displaystyle\int_{-1}^1 \sin x\,\mathrm{d}x=$ _____ .

2. 已知 $f(x)$ 是 $\mathbf{R}$ 上的连续函数,若 $f(-x)=f(x)$,则 $\varphi(x)=\displaystyle\int_1^x f(t)\,\mathrm{d}t$ 的奇偶性是_____ .

3. 设 $f(x)=\begin{cases} \mathrm{e}^x, & x\geqslant 0 \\ 1+x^2, & x<0 \end{cases}$,则 $\displaystyle\int_{\frac{1}{2}}^2 f(1-x)\,\mathrm{d}x=$ _____ .

4. 已知 $\displaystyle\int_{-a}^a (2x-1)\,\mathrm{d}x=-4$,则 $a=$ _____ .

5. $F(x)=\displaystyle\int_0^x f(2t+1)\,\mathrm{d}t$ 的导数是_____ .

6. $\dfrac{\mathrm{d}}{\mathrm{d}x}\left[\displaystyle\int_1^a \dfrac{\sin x}{x}\mathrm{d}x\right]=$ _____.

7. $\dfrac{\mathrm{d}}{\mathrm{d}x}\left[\displaystyle\int_0^x \sin(-t)\mathrm{d}t\right]=$ _____.

8. 若 $f(x)$ 是奇函数,则 $\displaystyle\int_0^x f(t)\mathrm{d}t$ 是 _____ 函数.

9. 若 $f(x)$ 是偶函数,则 $\displaystyle\int_0^x f(t)\mathrm{d}t$ 是 _____ 函数.

10. $\displaystyle\int_{-1}^2 |2-x-x^2|\mathrm{d}x=$ _____.

11. 设 $f(x)=\cos x$,则 $\displaystyle\int_0^{\frac{\pi}{2}} \mathrm{d}f(2x)=$ _____.

12. $\displaystyle\int_{-\pi}^{\pi} \cos 2x\cos 5x\mathrm{d}x=$ _____.

13. $\displaystyle\int_{-\pi}^{\pi} \sin 4x\cos 5x\mathrm{d}x=$ _____.

14. 若 $f(x)$ 是以 T 为周期的函数,且 $\displaystyle\int_0^T f(x)\mathrm{d}x=a$,则 $\displaystyle\int_{T+1}^{2T+1} f(t)\mathrm{d}t=$

_____.

15. $\displaystyle\int_0^2 |x-1|\mathrm{d}x=$ _____.

16. $\displaystyle\int_{-\pi}^{\pi} \mathrm{e}^{-|x|}\sin x\cos 5x\mathrm{d}x=$ _____.

(B)

1. 设 $f(x)=\displaystyle\int_1^x \dfrac{\ln t}{1+t}\mathrm{d}t,x>0$,则 $f(x)+f\left(\dfrac{1}{x}\right)=$ _____.

2. 设 $f(x)$ 在 $(-\infty,+\infty)$ 内连续,且 $f(0)=2$,则函数 $y=-\displaystyle\int_0^{\sin x} f(t)\mathrm{d}t$ 在 $x=0$ 处的导数是 _____.

3. 已知 $a=\displaystyle\int_x^{\frac{\pi}{2}} \sin t\mathrm{d}t,F(x)=\displaystyle\int_{-1}^a \dfrac{\mathrm{d}t}{1+\arccos t}$,则 $F'(x)=$ _____.

4. 设 $f(x)=\begin{cases}\dfrac{1}{1+x},&x\geq 0\\[2mm]\dfrac{\mathrm{e}^x}{1+\mathrm{e}^x},&x<0\end{cases}$,则 $\displaystyle\int_0^2 f(x-1)\mathrm{d}x=$ _____.

(三)解答与证明题

(A)

1. 利用定积分的几何意义说明下列等式成立:

$(1) \displaystyle\int_0^2 x \mathrm{d}x = 2;$　　　　　　　　　　$(2) \displaystyle\int_0^1 \sqrt{1-x^2}\,\mathrm{d}x = \dfrac{\pi}{4};$

$(3) \displaystyle\int_{-\pi}^{\pi} \sin x \mathrm{d}x = 0;$　　　　　　　　$(4) \displaystyle\int_{-\pi}^{\pi} \cos x \mathrm{d}x = 2\int_0^{\pi} \cos x \mathrm{d}x.$

2. 根据定积分的性质比较下列各组积分值的大小：

$(1) \displaystyle\int_1^4 x^2 \mathrm{d}x, \int_1^4 x^3 \mathrm{d}x;$　　　　　　　$(2) \displaystyle\int_0^1 x^2 \mathrm{d}x, \int_0^1 x^5 \mathrm{d}x;$

$(3) \displaystyle\int_0^1 x \mathrm{d}x, \int_0^1 \ln(1+x)\mathrm{d}x;$　　　　$(4) \displaystyle\int_0^1 e^x \mathrm{d}x, \int_0^1 (1+x)\mathrm{d}x;$

$(5) \displaystyle\int_0^{\frac{\pi}{2}} \sin x \mathrm{d}x, \int_0^{\frac{\pi}{2}} \sin^2 x \mathrm{d}x;$　　　　$(6) \displaystyle\int_1^2 \ln x \mathrm{d}x, \int_1^2 (\ln x)^2 \mathrm{d}x.$

3. 求函数 $y = \displaystyle\int_0^x \cos t \mathrm{d}t$ 在点 $x = 0$ 和 $x = \dfrac{\pi}{3}$ 处的导数.

4. 求下列函数的导数：

$(1) y = \displaystyle\int_0^{x^2} \sqrt{1+t^2}\,\mathrm{d}t;$　　　　　　$(2) y = \displaystyle\int_x^{x^2} \dfrac{1}{\sqrt{1+t^3}}\mathrm{d}t;$

$(3) y = \displaystyle\int_0^{x^2} t e^{-t} \mathrm{d}t;$　　　　　　　$(4) y = \displaystyle\int_{\sin x}^{\cos x} \cos(\alpha t)^2 \mathrm{d}t.$

5. 计算下列定积分：

$(1) \displaystyle\int_0^4 x^3 \mathrm{d}x;$　　　　　　　　$(2) \displaystyle\int_1^a \left(x^2 + \dfrac{1}{x^3}\right)\mathrm{d}x;$

$(3) \displaystyle\int_{e-1}^3 \dfrac{\mathrm{d}x}{1+x}$　　　　　　　$(4) \displaystyle\int_0^2 \dfrac{\mathrm{d}x}{\sqrt{4-x^2}};$

$(5) \displaystyle\int_{-1}^1 \dfrac{3x^4+3x^2+1}{1+x^2}\mathrm{d}x;$　　　$(6) \displaystyle\int_0^{\frac{\pi}{4}} \tan^2 x \mathrm{d}x;$

$(7) \displaystyle\int_0^{2\pi} |\cos x| \mathrm{d}x;$　　　　　　$(8) \displaystyle\int_0^{\sqrt{3}a} \dfrac{\mathrm{d}x}{a^2+x^2}(a<0).$

6. 设 $f(x) = \begin{cases} \dfrac{x^2}{2}, & x>1 \\ x+1, & x\leqslant 1 \end{cases}$, 求 $\displaystyle\int_0^2 f(x)\mathrm{d}x.$

7. 求极限：

$(1) \displaystyle\lim_{x\to+\infty} \dfrac{\displaystyle\int_0^x (\arctan t)^2 \mathrm{d}t}{\sqrt{x^2+1}};$　　　$(2) \displaystyle\lim_{x\to+\infty} \dfrac{\left(\displaystyle\int_0^x e^{t^2}\mathrm{d}t\right)^2}{\displaystyle\int_0^x e^{2t^2}\mathrm{d}t}.$

8. 计算：

$(1) \displaystyle\int_0^{\frac{\pi}{2}} \cos^5 x \sin x \mathrm{d}x;$　　　　$(2) \displaystyle\int_0^{\pi} \sqrt{\sin^3 x - \sin^5 x}\,\mathrm{d}x;$

(3) $\int_{-\frac{\pi}{2}}^{\frac{\pi}{2}} \cos x \cos 2x \, dx$；　　　　　　　(4) $\int_{-\sqrt{2}}^{\sqrt{2}} \sqrt{8-2y^2} \, dy$；

(5) $\int_{-\frac{\pi}{2}}^{\frac{\pi}{2}} 4\cos^4 x \, dx$；　　　　　　　　(6) $\int_{-\sqrt{2}}^{\sqrt{2}} \frac{\arctan y}{1+y^2} \, dy$；

(7) $\int_0^1 x e^{-\frac{x^2}{2}} \, dx$；　　　　　　　　　(8) $\int_{-2}^0 \frac{dy}{2+2y+y^2}$.

9. 设 $f(x)$ 为以 l 为周期的连续函数，证明：$\int_b^{l+b} f(x) \, dx = \int_0^l f(x) \, dx$.

10. 设 $f(x)$ 为连续函数，证明：

(1)若 $f(x)$ 为奇函数，则 $\int_0^x f(t) \, dt$ 为偶函数；

(2)若 $f(x)$ 为偶函数，则 $\int_0^x f(t) \, dt$ 为奇函数.

11. 计算：

(1) $\int_0^1 \arcsin x \, dx$；　　　　　　　　(2) $\int_0^1 e^{\sqrt{t}} \, dt$；

(3) $\int_0^1 t e^{-t} \, dt$；　　　　　　　　　(4) $\int_1^e x \ln x \, dx$；

(5) $\int_0^1 t \arctan t \, dt$；　　　　　　　(6) $\int_1^e \sin(\ln x) \, dx$；

(7) $\int_0^{\frac{\pi}{2}} e^{2x} \sin x \, dx$；　　　　　　　(8) $\int_0^\pi (x \sin x)^2 \, dx$；

(9) $\int_0^1 (1+x^2)^{\frac{n}{2}} \, dx$（$n$ 为正整数）.

12. 求由下列各曲线所围成的图形的面积：

(1) $y = \frac{x^2}{2}$, $x^2 + y^2 = 8$；

(2) $y = \frac{1}{x}$, $y = x$, $x = 2$, $y = 0$；

(3) $y = e^x$, $y = e^{-x}$, $x = 1$；

(4) $y = \ln x$, $y = \ln a$, $y = \ln b$, $x = 0$（$b > a > 0$）；

(5) $y = x$, $y = \sqrt{x}$；

(6) $y = 2x$, $y = 3 - x^2$；

(7) $y = 2x + 3$, $y = x^2$；

(8) $y = e^x$, $y = e$, $x = 0$.

13. 求抛物线 $y = -x^2 + 4x - 3$ 及其在点 $(0, -3)$ 和 $(3, 0)$ 处的切线所围成的图形的面积.

14. 求抛物线 $y^2 = 2px$ 及其在点 $\left(\frac{p}{2}, p\right)$ 处的法线所围成的图形的面积.

(B)

1. 利用定积分定义计算下列积分：

(1) $\int_a^b x\mathrm{d}x(a<b)$；

(2) $\int_a^b (x^2+1)\mathrm{d}x(a<b)$；

(3) $\int_0^1 \mathrm{e}^x\mathrm{d}x$.

2. 设在 $[a,b]$ 上 $f(x)\geqslant 0$ 且连续，若 $\int_a^b f(x)\mathrm{d}x=0$，试证明：

$$f(x)\equiv 0, x\in[a,b].$$

3. 设在 $[a,b]$ 上 $f(x)\geqslant 0$ 且连续，若 $f(x)$ 在 $[a,b]$ 上不恒为零，试证明：

$$\int_a^b f(x)\mathrm{d}x>0.$$

4. 设在 $[a,b]$ 上 $f(x)\geqslant g(x)$ 且 $f(x),g(x)$ 都连续，若 $\int_a^b [f(x)-g(x)]\mathrm{d}x=0$，试证明：

$$f(x)\equiv g(x), x\in[a,b].$$

5. 估计下列积分的值：

(1) $\int_{\frac{\pi}{4}}^{\frac{3\pi}{4}} (1+\sin^2 x)\mathrm{d}x$；

(2) $\int_1^4 (x^2+1)\mathrm{d}x$；

(3) $\int_{\frac{\sqrt{3}}{3}}^{\sqrt{3}} x\arctan x\mathrm{d}x$；

(4) $\int_3^0 \mathrm{e}^{(x^2-x)}\mathrm{d}x$.

6. 求由关系式 $y=\int_0^t \cos u\mathrm{d}u, x=\int_0^t \sin u\mathrm{d}u$ 所确定的函数 y 对 x 的导数.

7. 求由方程 $\int_0^y \mathrm{e}^t\mathrm{d}t+\int_0^x \sin t\mathrm{d}t=0$ 所确定的隐函数的导数 y'_x.

8. 设 k 及 l 为正整数且 $k\neq l$，试证明：

(1) $\int_{-\pi}^{\pi} \cos kx\mathrm{d}x=0$；

(2) $\int_{-\pi}^{\pi} \cos kx\sin lx\mathrm{d}x=0$；

(3) $\int_{-\pi}^{\pi} \cos kx\cos lx\mathrm{d}x=0$；

(4) $\int_{-\pi}^{\pi} \sin lx\sin kx\mathrm{d}x=0$；

(5) $\int_{-\pi}^{\pi} \cos^2 kx\mathrm{d}x=\pi$；

(6) $\int_{-\pi}^{\pi} \sin^2 kx\mathrm{d}x=\pi$.

9. 设 $f(x)=\begin{cases}\sin x, 0\leqslant x\leqslant\pi \\ 0, \quad x<0 \text{ 或 } x>\pi\end{cases}$，求 $F(x)=\int_{-10}^x f(t)\mathrm{d}t$ 在 $[-10,10]$ 上的表达式.

10. 设 $f(x)$ 在 $[a,b]$ 上连续且 $f(x)>0, F(x)=\int_a^x f(t)\mathrm{d}t+\int_b^x \frac{1}{f(t)}\mathrm{d}t$.

证明：

(1) $F'(x) \geqslant 2$；

(2) 方程 $F(x)=0$ 在 (a,b) 内只有一个根.

11. 设 $f(x)$ 为连续函数，证明：

(1) $\int_{-b}^{b} f(y)\mathrm{d}y = \int_{-b}^{b} f(-y)\mathrm{d}y$；　　　　(2) $\int_{-a}^{a} f(x^2)\mathrm{d}x = 2\int_{0}^{a} f(x^2)\mathrm{d}x$；

(3) $\int_{a}^{b} f(x)\mathrm{d}x = \int_{a}^{b} f(a+b-x)\mathrm{d}x$；　　　(4) $\int_{x}^{1} \dfrac{\mathrm{d}x}{1+x^2} = \int_{\pi}^{\frac{1}{x}} \dfrac{\mathrm{d}x}{1+x^2} \ (x>0)$；

(5) $\int_{0}^{\pi} \sin^m x \mathrm{d}x = 2\int_{0}^{\frac{\pi}{2}} \sin^m x \mathrm{d}x$.

12. 求曲线 $\begin{cases} x = a\cos^3 t \\ y = a\sin^3 t \end{cases} (a>0)$ 所围成的图形的面积.

13. 求由摆线 $x=a(t-\sin t), y=a(1-\cos t), a>0$ 的一拱 $(0 \leqslant t \leqslant 2\pi)$ 与横轴所围成的图形的面积.

14. 计算曲线 $y = \dfrac{\sqrt{x}(3-x)}{3}$ 上相应于 $1 \leqslant x \leqslant 3$ 的一段弧的长度.

15. 计算曲线 $y = \ln x$ 上相应于 $\sqrt{2} \leqslant x \leqslant 4$ 的一段弧的长度.

16. 计算圆的渐近线 $y = a(\sin t - t\cos t), x = a(\cos t + t\sin t)$ 上相应于 $0 \leqslant t \leqslant \pi$ 的一段弧的长度.

17. 计算摆线 $y = a(1-\cos t), x = a(t-\sin t)$ 上相应于 $0 \leqslant t \leqslant \pi$ 的一段弧的长度.

18. 求由下列已知曲线所围成的图形绕指定的轴旋转所得的旋转体的体积：

(1) $x^2 + (y-5)^2 = 16$，绕 x 轴；

(2) $y = x^2, y = 16$，绕 y 轴；

(3) $y = \ln x, x = 0, y = \mathrm{e}, y = \dfrac{1}{\mathrm{e}}$，绕 y 轴；

(4) $x = y^2, x = 4, x = 16$，绕 x 轴；

(5) $x^2 + y^2 = a^2$，绕 $x = b$ 轴 $(b>a>0)$；

(6) $y = x^3, x = 3, y = 0$，绕 x 轴.

19. 由实验知道弹簧在拉伸过程中需要的力 F（单位：N）与伸长量 S（单位：cm）成正比，即 $F = kS$（k 是比例常数），如果把弹簧由原长拉伸 8 cm，求所做的功.

20. 一圆柱形水池高为 5 m，底面半径为 4 m，要把池内的水全部抽出来，至少需做多少功？

21. 求证：把质量为 m kg 的物体从地球表面送到高为 h m 处所做的功为 $W = \dfrac{kmMh}{R(R+h)}$，其中 k 是引力常数，M（kg）是地球的质量，R（m）是地球的半径.

22. 一辆汽车以 $x = 4t^2$（x 表示位移，单位为 m；t 表示时间，单位为 s）做直线运动,受到的阻力 $F(\mathrm{N})$ 与速度 $v(\mathrm{m/s})$ 之间的关系是 $F=\dfrac{v^2}{8}$. 求汽车由 $x=0$ 运动到 $x=100$ 时克服阻力所做的功.

23. 一物体以速度 $v(\mathrm{m/s})=2t^2+3t$ 做直线运动,求它从 $t=0$ 到 $t=5$ 所走过的路程.

24. 一铁球从高处自由落下(重力加速度为 $g=9.8\ \mathrm{m/s^2}$),假设从开始运动落下时计时,那么当 $t=10\ \mathrm{s}$ 时铁球落下了多少米?

五、自测题

自测题 A(100 分)

(一)单项选择题(每题 3 分,共 30 分)

1. 下面结论正确的是(　　).

A. 若 $f(x)$ 与 $g(x)$ 在 $[a,b]$ 上都可积,则 $f[g(x)]$ 在 $[a,b]$ 上必可积

B. 若 $f(x)$ 在 $[a,b]$ 上可积,$g(x)$ 在 $[a,b]$ 上不可积,则 $f[g(x)]$ 在 $[a,b]$ 上可积

C. 若 $f(x)$ 与 $g(x)$ 在 $[a,b]$ 上都不可积,则 $f(x)+g(x)$ 在 $[a,b]$ 上必不可积

D. 若 $f(x)$ 在 $[a,b]$ 上连续,则在 $[a,b]$ 上必存在一点 ξ,使得 $\displaystyle\int_a^b f(x)\mathrm{d}x=f(\xi)\cdot(b-a)$

2. 下面结论正确的是(　　).

A. 若 $[a,b]\supseteq[c,d]$,则 $\displaystyle\int_a^b f(x)\mathrm{d}x\geqslant\int_c^d f(x)\mathrm{d}x$

B. 若 $f(x)$ 在 $[a,b]$ 上可积,则 $|f(x)|$ 在 $[a,b]$ 上必可积

C. 若 $f(x)$ 是连续函数,则有 $\dfrac{\mathrm{d}}{\mathrm{d}x}\displaystyle\int_a^t f(x)\mathrm{d}x=f(x)$

D. 若 $f(x)$ 在 $[a,b]$ 上可积,则 $f(x)$ 在 (a,b) 上至少有一个原函数

3. 下列各式不等于零的是(　　).

A. $\displaystyle\int_{-\frac{1}{2}}^{\frac{1}{2}}\ln\frac{1-x}{1+x}\mathrm{d}x$

B. $\displaystyle\int_{-3}^{3}\frac{x^5\cos x}{3x^2+2}\mathrm{d}x$

C. $\displaystyle\int_{-\frac{\pi}{2}}^{\frac{\pi}{2}}\frac{\sin 2x}{\sqrt{1-\cos^2 x}}\mathrm{d}x$

D. $\displaystyle\int_{-1}^{1}\sin|x|\mathrm{d}x$

4. 下列各式的值等于零的是(　　)

A. $\displaystyle\lim_{x\to+\infty}\mathrm{e}^{-x^2}\int_0^x \mathrm{e}^{t^2}\mathrm{d}t$

B. $\displaystyle\lim_{x\to+\infty}x^{-1}\mathrm{e}^{-x^2}\int_0^x t^2\mathrm{e}^{t^2}\mathrm{d}t$

C. $\displaystyle\lim_{x\to0}\frac{\displaystyle\int_0^x\ln(1+t)\mathrm{d}t}{x^2}$

D. $\displaystyle\lim_{x\to0}\frac{\displaystyle\int_0^x\ln(1+t^2)\mathrm{d}t}{x^3}$

5. 下列各式不成立的是( ).

A. $\int_x^1 \dfrac{1}{1+t^2}\mathrm{d}t = \int_1^{\frac{1}{x}} \dfrac{\mathrm{d}t}{1+t^2}\ (x<0)$

B. $\int_0^1 x^m(1-x)^n\mathrm{d}x = \int_0^1 x^n(1-x)^m\mathrm{d}x$

C. $\int_0^{\frac{\pi}{2}} \dfrac{\sin x}{\sin x + \cos x}\mathrm{d}x = \int_0^{\frac{\pi}{2}} \dfrac{\cos \theta}{\sin \theta + \cos \theta}\mathrm{d}\theta$

D. $\int_0^{2\pi} |\sin x|\mathrm{d}x = \int_0^{2\pi} |\cos x|\mathrm{d}x$

6. 下列各式不成立的是( ).

A. $\int_a^b f(x)\mathrm{d}x = \int_a^b f(t)\mathrm{d}t$ B. $\mathrm{d}\left[\int_a^b f(x)\mathrm{d}x\right] = f(x)\mathrm{d}x$

C. $\int_a^b f(x)\mathrm{d}x = -\int_b^a f(t)\mathrm{d}t$ D. $\int_a^b f(x)\mathrm{d}x = 0$

7. 对积分 $I = \int_1^e \sqrt{x}\ln x\mathrm{d}x$ 的值估计正确的是( ).

A. $\dfrac{1}{2} < I < \dfrac{\sqrt{2}}{2}$ B. $0 < I < 1$

C. $1 < I < \sqrt{e}$ D. $I < \dfrac{1}{2}$

8. $\lim\limits_{x\to 0} x^{-1}\int_0^x \cos^2 t\mathrm{d}t$ 的值是( ).

A. 0   B. 1   C. 2   D. 3

9. 曲线 $y = \sin 2x$ 与直线 $x = 0, x = \pi, y = 0$ 所围成的平面图形的面积等于( ).

A. 0   B. 1   C. 2   D. 3

10. 若 $f(\pi) = 4$,且 $\int_0^\pi [f(x) + f''(x)]\sin x\mathrm{d}x = 5$,则 $f(0) = ($ $)$.

A. 1   B. 2   C. 3   D. 4

(二)填空题(每题 3 分,共 30 分)

1. $\int_{-1}^1 e^{-x^2}\tan x\mathrm{d}x = $ _____.

2. $\left(\int_{-1}^1 x\sin x^2\mathrm{d}x\right)' = $ _____.

3. 设 $f(0)-1, f(2)=3, f'(2)=4$,则 $\int_0^1 xf''(2x)\mathrm{d}x = $ _____.

4. 设 $f(x) = \begin{cases} e^x, & x\geqslant 0 \\ 1+x^2, & x<0 \end{cases}$,则 $\int_0^2 f(1-x)\mathrm{d}x = $ _____.

5. 已知 $\int_{-a}^{a}(2x^3-1)\mathrm{d}x=4$，则 $a=$ _____.

6. 设 $f(x)$ 的一个原函数是 $\sin x$，则 $\int_{0}^{\frac{\pi}{2}}xf(x)\mathrm{d}x=$ _____.

7. 设可微函数 $f(x)$ 恒满足 $f(x)=3x-\sqrt{1-x^2}\int_{0}^{1}\left[f(x)\right]^2\mathrm{d}x$，则 $f(x)=$

_____.

8. $\dfrac{\mathrm{d}}{\mathrm{d}x}\left[\int_{x^2}^{x^3}\dfrac{\mathrm{d}t}{\sqrt{1+t^4}}\right]=$ _____.

9. 设 $f(x)$ 在 $(-\infty,+\infty)$ 内连续，且 $f(0)=5$，则函数 $y=\int_{0}^{\sin x}f(t)\mathrm{d}t$ 在 $x=0$

处的导数是 _____.

10. 若 $f(x)$ 是偶函数，则 $\int_{0}^{x}tf(t)\mathrm{d}t$ 是 _____ 函数.

(三)解答与证明题(40 分)

1. 计算(每小题 5 分)：

(1) $\displaystyle\int_{0}^{1}\dfrac{x+2}{x^2-x-2}\mathrm{d}x$；　　　　　　　　　(2) $\displaystyle\int_{0}^{1}x\arctan x\mathrm{d}x$；

(3) $\displaystyle\lim_{x\to+\infty}\dfrac{\left(\int_{0}^{x}\mathrm{e}^{t^2}\mathrm{d}t\right)^2}{\int_{0}^{x}\mathrm{e}^{2t^2}\mathrm{d}t}$；　　　　　(4) $\displaystyle\int_{-\pi}^{\pi}\sin|x|\mathrm{d}x$.

2. 求由下列各曲线所围成的图形的面积(每小题 5 分)：

(1) $x^2+y^2=8$，$y=|x|$；

(2) $y=\dfrac{1}{x}$，$y=2x$，$x=\mathrm{e}$，$y=0$.

3. 证明 $\displaystyle\int_{0}^{x}f(t)(x-t)\mathrm{d}t=\int_{0}^{x}\left[\int_{0}^{t}f(u)\mathrm{d}u\right]\mathrm{d}t$，其中 $f(u)$ 是 **R** 上的连续函数.

(10 分)

自测题 B(100 分)

(一)单项选择题(每题 3 分，共 30 分)

1. 设 $\ln x=\int_{1}^{x}f(t)\mathrm{d}t$，则 $f'(x)=($ 　　　).

A. $\dfrac{1}{x}$　　　　　　B. $x\ln x$　　　　　　C. $-\dfrac{1}{x^2}$　　　　　　D. e^x

2. 若 $\int_{0}^{1}(2x+b)\mathrm{d}x=2$，则 $b=($ 　　　).

A. 1　　　　　　　B. $\dfrac{1}{2}$　　　　　　　C. 0　　　　　　　D. -1

3. 已知 $F'(x)=f(x)$，则 $\displaystyle\int_a^x f(t+a)\,\mathrm{d}f=($　　　）.

A. $F(x)-F(a)$　　　　　　　　　　B. $F(t)-F(a)$

C. $F(x+a)-F(2a)$　　　　　　　　D. $F(t+a)-F(2a)$

4. 下列计算正确的是（　　　）.

A. $\displaystyle\int_1^3 \dfrac{\mathrm{d}x}{(x-2)^2}=\left.\dfrac{1}{2-x}\right|=-2$

B. $\varphi(x)=\displaystyle\int_a^x f(t)\,\mathrm{d}t$，则 $\varphi(-x)=\displaystyle\int_a^x f(-t)\,\mathrm{d}(-t)$

C. 令 $x=t^2,t\in[-1,1]$，则 $\displaystyle\int_0^1 \sqrt{x}\,\mathrm{d}x=\displaystyle\int_{-1}^1 t\cdot 2t\,\mathrm{d}t$

D. $f(x)$ 在 $[-a,a]$ 上连续，$\displaystyle\int_{-a}^a x[f(x)+f(-x)]\,\mathrm{d}x=0$

5. 已知 $f(x)$ 为连续函数，若 $f(-x)=f(x)$，则 $\varphi(x)=\displaystyle\int_0^x f(t)\,\mathrm{d}t$ 是（　　　）.

A. 奇函数　　　　B. 偶函数　　　　　C. 复合函数　　　　D. 非奇非偶函数

6. $\displaystyle\int_{-1}^2 |x^2-1|\,\mathrm{d}x=($　　　）.

A. $\dfrac{2}{3}$　　　　　　　B. $\dfrac{4}{3}$　　　　　　　C. $\dfrac{5}{3}$　　　　　　　D. $\dfrac{8}{3}$

7. 设 $a>0$，根据定积分的几何意义可知，$\displaystyle\int_{-a}^a \sqrt{a^2-x^2}\,\mathrm{d}x=($　　　）.

A. $\dfrac{\pi}{2}$　　　　　　　B. $\dfrac{\pi a^2}{2}$　　　　　　　C. πa　　　　　　　D. πa^2

8. $\displaystyle\int_{-\frac{\pi}{2}}^{\frac{\pi}{2}} \dfrac{x^2\sin x}{1+x^2}\,\mathrm{d}x=($　　　）.

A. -1　　　　　　　B. 0　　　　　　　C. $\dfrac{1}{2}$　　　　　　　D. 1

9. 设 $f(x)$ 的一个原函数是 $\sin x$，则 $\displaystyle\int_0^{\frac{\pi}{2}} xf(x)\,\mathrm{d}x=($　　　）.

A. $\dfrac{\pi}{2}+1$　　　　B. $\dfrac{\pi}{2}$　　　　　C. $\dfrac{\pi}{2}-1$　　　　D. $\dfrac{\pi}{2}-2$

10. $\displaystyle\int_0^4 \dfrac{1}{1+\sqrt{x}}\,\mathrm{d}x=($　　　）.

A. $4-2\ln 3$　　　　B. $4-\ln 3$　　　　C. $4+\ln 3$　　　　D. $4+2\ln 3$

(二)填空题（每题 3 分，共 30 分）

1. 已知 $\displaystyle\int_a^x f(t)\,\mathrm{d}t=5x^3+40$，则 $a=$＿＿＿＿＿＿＿.

2. $\dfrac{\mathrm{d}}{\mathrm{d}x}\left[\displaystyle\int_0^{x^2}\ln(t^2+1)\mathrm{d}t\right]=$_____.

3. $\displaystyle\int_{-1}^1(\mathrm{e}^{|x|}-x^2\sin x)\mathrm{d}x=$_____.

4. $\displaystyle\int_0^1\dfrac{\mathrm{d}x}{\mathrm{e}^x+\mathrm{e}^{-x}}=$_____.

5. $\lim\limits_{x\to 0}\dfrac{\displaystyle\int_0^x\arctan t\,\mathrm{d}t}{x^2}=$_____.

6. $\dfrac{\mathrm{d}}{\mathrm{d}x}\left[\displaystyle\int_a^b\dfrac{\sin x}{x}\mathrm{d}x\right]=$_____.

7. $\displaystyle\int_0^\pi\sqrt{\sin^3 x-\sin^5 x}\,\mathrm{d}x=$_____.

8. 由直线 $x=0,x=3$ 和曲线 $f(x)=x^2-\sin^6 x+3$ 所围成的平面图形的面积为 S,则 $\displaystyle\int_{-3}^3 f(x)\mathrm{d}x=$_____.

9. 若曲线 $y=f(x)$ 在 $[a,b]$ 上有连续的导数,则相应的曲线 $y=f(x)$ 的弧长为_____.

10. 设 $\displaystyle\int_0^x f(t)\mathrm{d}t=x\sin x$,则 $f(x)=$_____.

(三)解答题(共 40 分)

1. 求 $\displaystyle\int_1^{\mathrm{e}^2}x\ln x\mathrm{d}x$.(5 分)

2. 已知 $f(x)=\begin{cases}\mathrm{e}^x, & x\geqslant 0\\ 1+x^2, & x<0\end{cases}$,求 $\displaystyle\int_{\frac{1}{2}}^2 f(1-x)\mathrm{d}x$.(5 分)

3. 求函数 $f(x)=\displaystyle\int_0^x t\mathrm{e}^{-t^2}$ 的极值.(5 分)

4. 求由曲线 $y=\dfrac{1}{x}$ 与直线 $y=x,x=2,y=0$ 所围成的图形的面积.(5 分)

5. 求 $y=\mathrm{e}^2,y=\sin x,x=0$ 与 $x=\dfrac{\pi}{2}$ 所围成的平面图形绕 x 轴旋转一周所成的旋转体的体积.(5 分)

6. 计算圆的渐近线 $y=a(\sin t-t\cos t),x=a(\cos t+t\sin t)$ 上相应于 $0\leqslant t\leqslant 2\pi$ 的一段弧的长度.(8 分)

7. 求由下列已知曲线所围成的图形绕指定的轴旋转所得的旋转体的体积(每小题 7 分):

(1) $y=x^2,y=9$,绕 y 轴;

(2) $y=\ln x,y=0,x=\mathrm{e},x=\dfrac{1}{\mathrm{e}}$,绕 x 轴.

习题答案与提示

(一)单项选择题

1.B 提示:在 A 项中,选取 $f(x)=\dfrac{1}{x}$,$x\in[1,3]$;$g(x)=x-2$,$x\in[1,3]$,则 $f(x)$ 与 $g(x)$ 在 $[1,3]$ 上都是连续函数,从而是可积的,但是 $f[g(x)]=\dfrac{1}{x-2}$,$x\in[1,3]$ 有一个第二类间断点 $x=2$,$\lim\limits_{x\to2}\dfrac{1}{x-2}=\infty$,从而 $f[g(x)]=\dfrac{1}{x-2}$ 在 $[1,3]$ 上不可积,故 A 不正确.

再看 B 的结论:假设 $f(x)+g(x)$ 在 $[a,b]$ 可积,$f(x)$ 在 $[a,b]$ 上可积,则由定积分的性质知,$[f(x)+g(x)]-f(x)=g(x)$ 在 $[a,b]$ 上可积,这与已知 $g(x)$ 在 $[a,b]$ 上不可积矛盾,故 B 正确.

C 不正确. 如令 $f(x)=\begin{cases}1,x\text{ 是有理数}\\0,x\text{ 是无理数}\end{cases}$,$g(x)=\begin{cases}0,x\text{ 是有理数}\\1,x\text{ 是无理数}\end{cases}$,则 $f(x)$ 与 $g(x)$ 在 $[0,1]$ 上都不可积,但 $f(x)+g(x)=1$(x 是任意实数)在 $[0,1]$ 上可积.

将 D 与积分中值定理比较,可知其不正确.

2.C 提示:A 不正确. 如 $\displaystyle\int_0^1(-x)\mathrm{d}x=-\dfrac{1}{2}$,$\displaystyle\int_0^2(-x)\mathrm{d}x=-2$.

B 不正确,如 $f(x)=\begin{cases}-1,x\text{ 是有理数}\\1,\ \ x\text{ 是无理数}\end{cases}$,则 $\displaystyle\int_0^1|f(x)|\mathrm{d}x=\int_0^1 1\mathrm{d}x=1$,而 $\displaystyle\int_0^1 f(x)\mathrm{d}x$ 不存在.

C 正确,参见教材上例题.

D 不正确. 如 $f(x)=\begin{cases}x,\ \ \ \ \ \ \ 0\leqslant x\leqslant1\\x^2+2,1<x\leqslant2\end{cases}$ 在 $[0,2]$ 上有一个不连续点 $x=1$,但 $\displaystyle\int_0^2 f(x)\mathrm{d}x$ 存在,可 $f(x)$ 在 $(0,2)$ 不存在原函数. 根据原函数存在定理,只有当 $f(x)$ 是连续函数时,$f(x)$ 的原函数存在.

3.D 提示:由交换积分的上下限要变号知 A 成立;利用 $t=1-x$ 换元知 B 成立;利用 $\theta=\dfrac{\pi}{2}-t$ 换元及 $\sin\left(\dfrac{\pi}{2}-t\right)=\cos t$,$\cos\left(\dfrac{\pi}{2}-t\right)=\sin t$ 知 C 成立,故剩下 D 不成立.

4.B   5.C

6.A 提示:如图 7-1 所示,由图形的对称性知所求的面积为

$$2\int_0^{\frac{\pi}{6}}(\cos x-\sin 2x)\mathrm{d}x+2\int_0^{\frac{\pi}{2}}(\sin 2x-\cos x)\mathrm{d}x$$

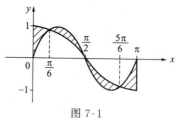

图 7-1

$$=2\left[\sin x+\frac{1}{2}\cos 2x\right]_0^{\frac{\pi}{6}}+2\left[-\frac{1}{2}\cos 2x-\sin x\right]_{\frac{\pi}{6}}^{\frac{\pi}{2}}=1.$$

7. D　提示:设 $t=\sqrt{e^x-1}$,则 $x=\ln(t^2+1)$,$dx=\dfrac{2t}{t^2+1}dt$,$x=2\ln 2$ 时 $t=\sqrt{3}$,

$x=a$ 时令 $t=b$,则有

$$\int_a^{2\ln 2}\frac{dx}{\sqrt{e^x-1}}=\int_b^{\sqrt{3}}\frac{1}{t}\cdot\frac{2t}{t^2+1}dt=\int_b^{\sqrt{3}}\frac{2dt}{t^2+1}=2\arctan t\Big|_b^{\sqrt{3}}=\frac{2\pi}{3}-2\arctan b=\frac{\pi}{6}.$$

所以 $\arctan b=\dfrac{1}{2}\left(\dfrac{3\pi}{3}-\dfrac{\pi}{6}\right)=\dfrac{\pi}{4}$.

所以 $b=1$,从而 $a=\ln(1^2+1)=\ln 2$.

8. A

9. B　提示:$y'=(x-1)e^{x^2}$,令 $y'=0$ 得驻点 $x=1$,易见在 $x=1$ 两侧 y' 的符号相反,故 $x=1$ 是极值点.

10. D　提示:由 $\int_0^x f(t)dt=\dfrac{x^2}{4}$ 知 $f(x)=\left(\dfrac{x^2}{4}\right)'=\dfrac{x}{2}$,所以 $\int_0^4\dfrac{1}{\sqrt{x}}f(\sqrt{x})dx=$

$$\int_0^4\frac{1}{\sqrt{x}}\cdot\frac{\sqrt{x}}{2}dx=\frac{x}{2}\Big|_0^4=2.$$

另法:设 $t=\sqrt{x}$,则 $x=t^2(t\geqslant 0)$,$dx=2tdt$.所以 $\int_0^4\dfrac{1}{\sqrt{x}}f(\sqrt{x})dx=\int_0^2\dfrac{1}{t}f(t)\cdot$

$2tdt=\int_0^2 2f(t)dt=2\cdot\dfrac{2^2}{4}=2.$

11. D　提示:$x=0$ 是 $\dfrac{1}{x^2}$ 的不连续点,且 $x\to 0$ 时 $\dfrac{1}{x^2}\to\infty$,故 $\dfrac{1}{x^2}$ 在 $[-1,2]$ 上不可积.

12. C

(B)

1. D　提示:由 $\int_a^a f(x)dx=0$ 知 $\int_{\frac{1}{2}}^{\frac{1}{2}}\ln\dfrac{1-x}{1+x}dx=0$;

由 $f(x)=\dfrac{x^5\cos x}{3x^2+2}$ 在 $[-3,3]$ 上是奇函数,得 $\int_{-3}^3\dfrac{x^3\cos x}{3x^2+2}dx=0$;

由 $\dfrac{\sin x}{\sqrt{1-\cos 2x}}=\dfrac{\sin x}{2|\sin x|}=\begin{cases}\dfrac{\sqrt{2}}{2}, & \dfrac{\pi}{2}\leqslant x\leqslant\pi\\[2mm]-\dfrac{\sqrt{2}}{2}, & \pi<x\leqslant\dfrac{3\pi}{2}\end{cases}$,且 $x=\pi$ 是第一类间断点,故

$$\int_{\frac{\pi}{2}}^{\frac{3\pi}{2}}\frac{\sin x}{\sqrt{1-\cos 2x}}dx=\int_{\frac{\pi}{2}}^{\pi}\frac{\sqrt{2}}{2}dx+\int_{\pi}^{\frac{3\pi}{2}}\left(-\frac{\sqrt{2}}{2}\right)dx=0.$$

2.D　提示：$\lim\limits_{x\to+\infty} xe^{-x^2}\int_0^x e^{t^2}dt = \lim\limits_{x\to+\infty}\dfrac{\displaystyle\int_0^x e^{t^2}dt}{\dfrac{e^{x^2}}{x}} = \lim\limits_{x\to+\infty}\dfrac{e^{x^2}}{2e^{x^2}-x^{-2}e^{x^2}} = \lim\limits_{x\to+\infty}\dfrac{1}{2-\dfrac{1}{x^2}} = \dfrac{1}{2}$；

$\lim\limits_{x\to+\infty} x^{-1}e^{-x^2}\int_0^x t^2 e^{t^2}dt = \lim\limits_{x\to+\infty}\dfrac{\displaystyle\int_0^x t^2 e^{t^2}dt}{xe^{x^2}} = \lim\limits_{x\to+\infty}\dfrac{x^2 e^{x^2}}{e^{x^2}+2x^2 e^{x^2}} = \lim\limits_{x\to+\infty}\dfrac{x^2}{1+2x^2} = \dfrac{1}{2}$；

$\lim\limits_{x\to0}\dfrac{\displaystyle\int_0^x \ln(1+t)dt}{x^2} = \lim\limits_{x\to0}\dfrac{\ln(1+x)}{2x} = \lim\limits_{x\to0}\dfrac{\dfrac{1}{1+x}}{2} = \dfrac{1}{2}$.

3.B　提示：$\lim\limits_{x\to0} x^{-1}\int_0^x \cos^2 t\,dt = \lim\limits_{x\to0}\dfrac{\displaystyle\int_0^x \cos^2 t\,dt}{x} = \lim\limits_{x\to0}\dfrac{\cos^2 x}{1} = 1$.

4.C　提示：因为$\displaystyle\int_0^\pi \sin x\cdot f''(x)dx = f'(x)\cdot\sin x\Big|_0^\pi - \int_0^\pi f'(x)\cdot\cos x\,dx$

$= -\displaystyle\int_0^\pi f'(x)\cdot\cos x\,dx = -f(x)\cos x\Big|_0^\pi + \int_0^\pi f(x)\cdot(-\sin x)dx$

$= f(\pi)+f(0)-\displaystyle\int_0^\pi f(x)\cdot\sin x\,dx$,

所以$\displaystyle\int_0^\pi [f(x)+f''(x)]\sin x\,dx = \int_0^\pi f''(x)\sin x\,dx + \int_0^\pi f(x)\cdot\sin x\,dx = f(\pi)+f(0)=5$. 所以 $f(0)=5-f(\pi)=5-2=3$.

5.B　提示：$\displaystyle\int_0^1 xf''(2x)dx = \dfrac{1}{4}\int_0^2 tf''(t)dt = \dfrac{1}{4}tf'(t)\Big|_0^2 - \dfrac{1}{4}\int_0^2 f'(t)dt$

$= \dfrac{1}{2}f'(2)-\dfrac{1}{4}f(t)\Big|_0^2 = \dfrac{1}{2}f'(2)-\dfrac{1}{4}f(2)+\dfrac{1}{4}f(0)=2$.

6.B　提示：由 $f(x)>0$ 知 $F'(x)=f(x)+\dfrac{1}{f(x)}\geqslant2$, 故 $F(x)$ 在 $[a,b]$ 上单调递增，又 $F(a)=0+\displaystyle\int_b^a \dfrac{1}{f(t)}dt<0, f(b)=\int_a^b f(t)dt+0>0$, 根据零点定理和 $f(x)$ 的单调性知，只有一个根在 (a,b) 内.

7.D　提示：$f(x)$ 在 $[0,2]$ 上连续，故 $\phi(x)=\displaystyle\int_0^x f(t)dt$ 在 $(0,2)$ 的是 $f(x)$ 的原函数，从而 $\phi(x)$ 是连续的、可导的.

8.B　提示：$\dfrac{d}{dx}\displaystyle\int_0^x \sin(t-x)dt = \dfrac{d}{dt}\Big[-\cos(t-x)\Big|_0^x\Big] = \dfrac{d}{dx}\Big[-1+\cos(-x)\Big] = \dfrac{d(\cos x-1)}{dx} = -\sin x$.

注：此题不能利用 $\Big[\displaystyle\int_0^x f(t)dt\Big]' = f(x)$ 来解，因为被积函数 $\sin(t-x)$ 中还含有变

量 x.

(二)填空题

(A)

1. 0　提示:$e^{-x^2}\sin x$ 是一个奇函数.

2. 不能确定　提示:若 $f(x)=0$,则 $\phi(x)=0$ 既是奇函数又是偶函数;若 $f(x)=\cos x$,则 $\phi(x)=\sin x-\sin 1$ 既非奇函数又非偶函数.

3. $\dfrac{1}{3}+\sqrt{e}$　提示:设 $t=1-x$,则 $\displaystyle\int_{\frac{1}{2}}^{2}f(1-x)\mathrm{d}x=\int_{\frac{1}{2}}^{-1}-f(t)\mathrm{d}t=\int_{-1}^{\frac{1}{2}}f(t)\mathrm{d}t=$

$\displaystyle\int_{-1}^{0}(1+x^2)\mathrm{d}x+\int_{0}^{\frac{1}{2}}e^x\mathrm{d}x=\dfrac{1}{3}+\sqrt{e}$.

4. 2　　　5. $f(2x+1)$

6. 0　提示:$\displaystyle\int_{1}^{a}\dfrac{\sin x}{x}\mathrm{d}x$ 是一个常量,常量的导数为零.

7. $-\sin x$　　　8. 偶　　　9. 奇

10. $5\dfrac{1}{6}$　提示:因为 $|2-x-x^2|=\begin{cases}2-x-x^2,&-1\leqslant x\leqslant 1\\x^2+x-2,&x\geqslant 1\end{cases}$,

所以 $\displaystyle\int_{-1}^{2}|2-x-x^2|\mathrm{d}x=\int_{-1}^{1}(2-x-x^2)\mathrm{d}x+\int_{1}^{2}(x^2+x-2)\mathrm{d}x$.

11. -2　提示:$\displaystyle\int_{0}^{\frac{\pi}{2}}\mathrm{d}f(2x)=\int_{0}^{\frac{\pi}{2}}\mathrm{d}(\cos 2x)=\cos 2x\Big|_{0}^{\frac{\pi}{2}}=-2$.

12. 0　提示:$\displaystyle\int_{-\pi}^{\pi}\cos 2x\cos 5x\mathrm{d}x=\int_{-\pi}^{\pi}\dfrac{1}{2}[\cos(2x+5x)+\cos(2x-5x)]\mathrm{d}x$

$$=\int_{-\pi}^{\pi}\dfrac{1}{2}(\cos 7x+\cos 3x)\mathrm{d}x$$

$$=\dfrac{1}{2}\left[\dfrac{1}{7}\sin 7x+\dfrac{1}{3}\sin 3x\right]_{-\pi}^{\pi}=0.$$

13. 0　提示:$\displaystyle\int_{-\pi}^{\pi}\sin 4x\cos 5x\mathrm{d}x=\int_{-\pi}^{\pi}\dfrac{1}{2}[\sin(4x+5x)+\sin(4x-5x)]\mathrm{d}x$

$$=\int_{-\pi}^{\pi}\dfrac{1}{2}(\sin 9x-\sin x)\mathrm{d}x$$

$$=\dfrac{1}{2}\left[-\dfrac{1}{9}\cos 9x+\cos x\right]_{-\pi}^{\pi}=0.$$

14. a　提示:这是周期函数的特性,解法见教材上例题.

15. 1

16. 0　提示:$e^{-|x|}\sin x\cos 5x$ 是个奇函数.

(B)

1. $\dfrac{1}{2}\ln^2 x$　提示：$f\left(\dfrac{1}{x}\right)=\displaystyle\int_1^{\frac{1}{x}}\dfrac{\ln t}{1+t}\mathrm{d}t=\int_1^x\dfrac{\ln\dfrac{1}{u}}{1+\dfrac{1}{u}}\left(-\dfrac{1}{u^2}\mathrm{d}u\right)=\int_1^x\dfrac{\ln u}{u(1+u)}\mathrm{d}u=$

$\displaystyle\int_1^x\dfrac{\ln t}{t(1+t)}\mathrm{d}t.$ 所以 $f(x)+f\left(\dfrac{1}{x}\right)=\displaystyle\int_1^x\left[\dfrac{\ln t}{t(1+t)}+\dfrac{\ln t}{1+t}\right]\mathrm{d}t=\int_1^x\dfrac{\ln t}{t}\mathrm{d}t=\dfrac{1}{2}\ln^2 x.$

2. -2　提示：$y=-\displaystyle\int_0^{\sin x}f(t)\mathrm{d}t$ 可看成是由 $y=-\displaystyle\int_0^u f(t)\mathrm{d}t$ 和 $u=\sin x$ 复

合而成的函数，故 $y'_x=\left[-\displaystyle\int_0^u f(t)\mathrm{d}t\right]'_u\cdot(\sin x)'_x=-f(u)\cdot\cos x=-f(\sin x)\cdot$

$\cos x.$ 所以 $\left.|y'\right|_{x=0}=-f(\sin 0)\cdot\cos 0=-f(0)=-2.$

3. $-\dfrac{\sin x}{1+x}$　提示：$a=\displaystyle\int_x^{\frac{\pi}{2}}\sin t\mathrm{d}t=\left.-\cos t\right|_x^{\frac{\pi}{2}}=\cos x.$ 所以 $F(x)=\displaystyle\int_{-1}^{\cos x}\dfrac{\mathrm{d}t}{1+\arccos t}$，根

据 2 中的方法可得：

$$F'(x)=\dfrac{1}{1+\arccos(\cos x)}\cdot(\cos x)'_x=-\dfrac{\sin x}{1+x}.$$

4. $2\ln 2-\ln(e+1)+1$　提示：$f(x)$ 只有一个第一类不连续点 $x=0$，故 $f(x)$

可积；$\displaystyle\int_0^2 f(x-1)\mathrm{d}x=\int_{-1}^1 f(t)\mathrm{d}t=\int_0^1\dfrac{\mathrm{d}t}{1+t}+\int_{-1}^0\dfrac{e^t}{1+e^t}\mathrm{d}t=\left.\ln(1+t)\right|_0^1+$

$\left.\ln(1+e^t)\right|_{-1}^0=2\ln 2-\ln\dfrac{1+e}{e}.$

(三)解答与证明题

(A)

1. 略

2. 提示：(1)因为 $x^3-x^2=x^2(x-1)\geqslant 0,x\in[1,4],x^3\not\equiv x^2$，所以 $\displaystyle\int_1^4 x^2\mathrm{d}x<$

$\displaystyle\int_1^4 x^3\mathrm{d}x.$

(2)因为 $x^2-x^5=x^2(1-x^3)\geqslant 0,x\in[0,1],x^2\not\equiv x^5$，所以 $\displaystyle\int_0^1 x^2\mathrm{d}x>\int_0^1 x^5\mathrm{d}x.$

(3)因为 $[x-\ln(1+x)]'=1-\dfrac{1}{1+x}\geqslant 0,x\in[0,1]$，所以 $x-\ln(1+x)\geqslant 0$ 且

$x\not\equiv\ln(1+x)$，所以 $\displaystyle\int_0^1 x\mathrm{d}x>\int_0^1\ln(1+x)\mathrm{d}x.$

余略.

3. $y'=\cos x,\left.y'\right|_{x=0}=\cos 0=1,\left.y'\right|_{x=\frac{\pi}{3}}=\cos\dfrac{\pi}{3}=\dfrac{1}{2}.$

4. (1) $y' = 2x\sqrt{1+x^4}$　(2) $y' = \dfrac{2x}{\sqrt{1+x^6}} - \dfrac{1}{\sqrt{1+x^3}}$　(3) $y' = 2x \cdot x^2 \cdot e^{-x^2}$

(4) $y' = -\sin x \cdot \cos(a\cos x)^2 - \cos x \cdot \cos(a\sin x)^2$

5. (1) 4^3　(2) $\dfrac{1}{3}(a^3-1) + \dfrac{1}{2}\left(1 - \dfrac{1}{a^2}\right)$　(3) $\ln 4 - 1$　(4) $\dfrac{\pi}{2}$

(5) $2 + \dfrac{\pi}{2}$　(6) $1 - \dfrac{\pi}{4}$　(7) 4　(8) $\dfrac{\pi}{3a}$

6. $\displaystyle\int_0^2 f(x)\,\mathrm{d}x = \int_0^1 (x+1)\,\mathrm{d}x + \int_1^2 \dfrac{x^2}{2}\,\mathrm{d}x = \dfrac{8}{3}$

7. (1) $\displaystyle\lim_{x\to+\infty} \dfrac{\displaystyle\int_0^x (\arctan t)^2\,\mathrm{d}t}{\sqrt{x^2+1}} = \lim_{x\to+\infty} \dfrac{(\arctan x)^2}{\dfrac{x}{\sqrt{x^2+1}}} = \lim_{x\to+\infty} \dfrac{\sqrt{x^2+1}}{x}\lim_{x\to+\infty}(\arctan x)^2 = $

$1 \cdot \left(\dfrac{\pi}{2}\right)^2 = \dfrac{\pi^2}{4}.$

(2) $\displaystyle\lim_{x\to+\infty} \dfrac{\left(\displaystyle\int_0^x e^{t^2}\,\mathrm{d}t\right)^2}{\displaystyle\int_0^x e^{2t^2}\,\mathrm{d}t} = \lim_{x\to+\infty} \dfrac{e^{x^2} \cdot 2\displaystyle\int_0^x e^{t^2}\,\mathrm{d}t}{e^{2x^2}} = \lim_{x\to+\infty} \dfrac{2\displaystyle\int_0^x e^{t^2}\,\mathrm{d}t}{e^{x^2}} = \lim_{x\to+\infty} \dfrac{2e^{x^2}}{2xe^{x^2}} = $

$\displaystyle\lim_{x\to+\infty} \dfrac{1}{x} = 0.$

8. (1) $\dfrac{1}{b}$

(2) $\displaystyle\int_0^\pi \sqrt{\sin^3 x - \sin^5 x}\,\mathrm{d}x = \int_0^\pi \sqrt{\sin^3 x \cdot \cos^2 x}\,\mathrm{d}x = \int_0^{\frac{\pi}{2}} (\sin x)^{\frac{3}{2}}\cos x\,\mathrm{d}x - \int_{\frac{\pi}{2}}^\pi (\sin x)^{\frac{3}{2}} \cdot$

$\cos x\,\mathrm{d}x = \dfrac{2}{5} - \left(-\dfrac{2}{5}\right) = \dfrac{4}{5}.$

(3) $\dfrac{2}{3}$

(4) 设 $y = 2\sin x$，则 $\displaystyle\int_{-\sqrt{2}}^{\sqrt{2}} \sqrt{8 - 2y^2}\,\mathrm{d}y = \int_{-\frac{\pi}{4}}^{\frac{\pi}{4}} 4\sqrt{2}\cos^2 x\,\mathrm{d}x = 8\sqrt{2}\int_0^{\frac{\pi}{4}} \cos^2 x\,\mathrm{d}x$

$= \displaystyle\int_0^{\frac{\pi}{4}} 4\sqrt{2}(1 + \cos 2x)\,\mathrm{d}x = 4\sqrt{2}\left(x + \dfrac{\sin 2x}{2}\right)\Big|_0^{\frac{\pi}{4}} = \sqrt{2}\pi + 2\sqrt{2}.$

(5) $\displaystyle\int_{-\frac{\pi}{2}}^{\frac{\pi}{2}} 4\cos^4 x\,\mathrm{d}x = \int_{-\frac{\pi}{2}}^{\frac{\pi}{2}} (1 + \cos 2x)^2\,\mathrm{d}x = \int_{-\frac{\pi}{2}}^{\frac{\pi}{2}} \left(1 + 2\cos 2x + \dfrac{1 + \cos 4x}{2}\right)\mathrm{d}x$

$= \left[\dfrac{3x}{2} + \sin 2x + \dfrac{1}{8}\sin 4x\right]_{-\frac{\pi}{2}}^{\frac{\pi}{2}} = \dfrac{3\pi}{2}.$

(6) 0　提示：因为 $\dfrac{\arctan y}{1+y^2}$ 是个奇函数.

(7) $1-\mathrm{e}^{-\frac{1}{2}}$

(8) $\displaystyle\int_{-2}^{0}\frac{\mathrm{d}y}{2+2y+y^{2}}=\int_{-2}^{0}\frac{\mathrm{d}(1+y)}{1+(1+y)^{2}}=\arctan(1+y)\Big|_{-2}^{0}=\frac{\pi}{2}$.

9. 提示：参见教材.

10. 提示：参见教材.

11. (1) $\dfrac{\pi}{2}-1$　　　(2) 2　　　(3) $1-2\mathrm{e}^{-1}$　　　(4) $\dfrac{\mathrm{e}^{2}}{4}+\dfrac{1}{4}$　　　(5) $\dfrac{\pi}{4}-\dfrac{1}{2}$

(6) 因为 $\displaystyle\int\sin(\ln x)\mathrm{d}x=x\sin(\ln x)-\int\cos(\ln x)\mathrm{d}x=x\sin(\ln x)-$

$x\cos(\ln x)-\displaystyle\int\sin(\ln x)\mathrm{d}x$，所以 $\displaystyle\int\sin(\ln x)\mathrm{d}x=\frac{1}{2}[x\sin(\ln x)-x\cos(\ln x)]+$

c，所以 $\displaystyle\int_{1}^{\mathrm{e}}\sin(\ln x)\mathrm{d}x=\frac{1}{2}[x\sin(\ln x)-x\cos(\ln x)]_{1}^{\mathrm{e}}=\frac{1}{2}[\mathrm{e}\sin 1-\mathrm{e}\cos 1+1]$

(7) 因为 $\displaystyle\int\mathrm{e}^{2x}\cdot\sin x\mathrm{d}x=-\mathrm{e}^{2x}\cdot\cos x+\int 2\mathrm{e}^{2x}\cdot\cos x\mathrm{d}x=\mathrm{e}^{2x}\cdot\cos x+2\mathrm{e}^{2x}\cdot$

$\sin x-\displaystyle\int 4\mathrm{e}^{2x}\cdot\sin x\mathrm{d}x$，所以 $\displaystyle\int\mathrm{e}^{2x}\cdot\sin x\mathrm{d}x=\frac{1}{5}[2\mathrm{e}^{2x}\cdot\sin x-\mathrm{e}^{2x}\cdot\cos x]+c$，所

以 $\displaystyle\int_{0}^{\frac{\pi}{2}}\mathrm{e}^{2x}\cdot\sin x\mathrm{d}x=\frac{1}{5}[2\mathrm{e}^{2x}\cdot\sin x-\mathrm{e}^{2x}\cdot\cos x]_{0}^{\frac{\pi}{2}}=\frac{1}{5}[2\mathrm{e}^{\pi}+1]$

(8) 因为 $\displaystyle\int_{0}^{\pi}(x\sin x)^{2}\mathrm{d}x=\int_{0}^{\pi}x^{2}\cdot\frac{1-\cos 2x}{2}\mathrm{d}x=\frac{x^{3}}{6}\Big|_{0}^{\pi}-\frac{1}{2}\int_{0}^{\pi}x^{2}\cos 2x\mathrm{d}x$，

$\displaystyle\int x^{2}\cos 2x\mathrm{d}x=\frac{1}{2}x^{2}\sin 2x-\int x\sin 2x\mathrm{d}x=\frac{1}{2}x^{2}\sin 2x+\frac{1}{2}x\cos 2x-\int\frac{1}{2}\cos 2x\mathrm{d}x$

$=\dfrac{1}{2}x^{2}\sin 2x+\dfrac{1}{2}x\cos 2x-\dfrac{1}{4}\sin 2x+C$，所以 $\displaystyle\int_{0}^{\pi}(x\sin x)^{2}\mathrm{d}x=\frac{\pi^{3}}{6}-$

$\dfrac{1}{2}\left[\dfrac{1}{2}x^{2}\sin 2x+\dfrac{1}{2}x\cos 2x-\dfrac{1}{4}\sin 2x\right]_{0}^{\pi}=\dfrac{\pi^{3}}{6}-\dfrac{\pi}{4}$

(9) $n=1$ 时，$\displaystyle\int_{0}^{1}(1+x^{2})^{\frac{1}{2}}\mathrm{d}x=\left[\frac{x}{2}\sqrt{x^{2}+1}+\frac{1}{2}\ln\left|x+\sqrt{x^{2}+1}\right|\right]_{0}^{1}$

$$=\frac{\sqrt{2}}{2}+\frac{1}{2}\ln(1+\sqrt{2})；$$

$n=2$ 时，$\displaystyle\int_{0}^{1}(1+x^{2})^{\frac{2}{2}}\mathrm{d}x=\left[x+\frac{x^{3}}{3}\right]_{0}^{1}=\frac{4}{3}；$

$n\geqslant 3$ 时，由 $\displaystyle\int(1+x^{2})^{\frac{n}{2}}\mathrm{d}x=x(1+x^{2})^{\frac{n}{2}}-n\int x^{2}(1+x^{2})^{\frac{n}{2}-1}\mathrm{d}x$

$$=x(1+x^{2})^{\frac{n}{2}}-n\int(1+x^{2})^{\frac{n}{2}}\mathrm{d}x+n\int(1+x^{2})^{\frac{n}{2}-1}\mathrm{d}x.$$

得 $\displaystyle\int(1+x^{2})^{\frac{n}{2}}\mathrm{d}x=\frac{1}{n+1}x(1+x^{2})+\frac{n}{n+1}\int(1+x^{2})^{\frac{n}{2}-1}\mathrm{d}x.$

利用此公式可将幂指数 $\dfrac{n}{2}$ 降低至 $n=1$ 或 2 的情形.

12. $(1)A=\displaystyle\int_{-2}^{2}\left(\sqrt{8-x^{2}}-\dfrac{x^{2}}{2}\right)\mathrm{d}x=2\int_{0}^{2}\left(\sqrt{8-x^{2}}-\dfrac{x^{2}}{2}\right)\mathrm{d}x$

$\qquad\qquad =2\left[\dfrac{x}{2}\sqrt{8-x^{2}}+4\arcsin\dfrac{x}{2\sqrt{2}}-\dfrac{x^{3}}{6}\right]_{0}^{2}=\dfrac{4}{3}+2\pi$

$(2)A=\displaystyle\int_{0}^{1}x\mathrm{d}x+\int_{1}^{2}\dfrac{1}{x}\mathrm{d}x=\dfrac{1}{2}+\ln 2$

$(3)A=\displaystyle\int_{0}^{1}(\mathrm{e}^{x}-\mathrm{e}^{-x})\mathrm{d}x=[\mathrm{e}^{x}+\mathrm{e}^{-x}]_{0}^{1}=\mathrm{e}+\dfrac{1}{\mathrm{e}}-2$

$(4)A=\displaystyle\int_{\ln a}^{\ln b}\mathrm{e}^{y}\mathrm{d}y=\mathrm{e}^{y}\Big|_{\ln a}^{\ln b}=b-a$

$(5)A=\displaystyle\int_{0}^{1}(\sqrt{x}-x)\mathrm{d}x=\left[\dfrac{2}{3}x^{\frac{3}{2}}-\dfrac{x^{2}}{2}\right]_{0}^{1}=\dfrac{2}{3}-\dfrac{1}{2}=\dfrac{1}{6}$

$(6)A=\displaystyle\int_{-3}^{1}(3-x^{2}-2x)\mathrm{d}x=\left[3x-\dfrac{x^{3}}{3}-x^{2}\right]_{-3}^{1}=10\,\dfrac{2}{3}$

$(7)A=\displaystyle\int_{-1}^{3}(2x+3-x^{2})\mathrm{d}x=\left[x^{2}+3x-\dfrac{x^{3}}{3}\right]_{-1}^{3}=10\,\dfrac{2}{3}$

$(8)A=\displaystyle\int_{0}^{\mathrm{e}}\dfrac{y}{\mathrm{e}}\mathrm{d}y=\dfrac{y^{2}}{2\mathrm{e}}\Big|_{0}^{\mathrm{e}}=\dfrac{\mathrm{e}}{2}$

13. 抛物线在点 $(0,-3)$ 处切线为 $y=4x-3$,在点 $(3,0)$ 处的切线为 $y=-2x+b$,两切线的交点是 $\left(\dfrac{3}{2},3\right)$;

$\qquad$ 所求的面积是: $\displaystyle\int_{0}^{\frac{3}{2}}(4x-3+x^{2}-4x+3)\mathrm{d}x+\int_{\frac{3}{2}}^{3}(6-2x+x^{2}-4x+3)\mathrm{d}x=$

$\dfrac{x^{3}}{3}\Big|_{0}^{\frac{3}{2}}+\left[9x-3x^{2}+\dfrac{x^{3}}{3}\right]_{\frac{3}{2}}^{3}=\dfrac{9}{4}$

14. 抛物线 $y^{2}=2px$ 在点 $\left(\dfrac{p}{2},p\right)$ 处的切线斜率为 1,所以法线方程是 $y=-x+\dfrac{3p}{2}$,法线与抛物线交点是 $\left(\dfrac{p}{2},p\right)$,$\left(\dfrac{9p}{2},-3p\right)$,所求的面积是:

$\displaystyle\int_{-3p}^{p}\left(-y+\dfrac{3p}{2}-\dfrac{y^{2}}{2p}\right)\mathrm{d}y=\left[-\dfrac{y^{2}}{2}+\dfrac{3p}{2}y-\dfrac{y^{3}}{6p}\right]_{-3p}^{p}=\dfrac{16}{3}p^{2}$

(B)

1. $(1)\dfrac{1}{2}(b^{2}-a^{2})$　　提示:由 $f(x)=x$ 连续知 $\displaystyle\int_{a}^{b}x\mathrm{d}x$ 存在. 根据定义可将 $[a,b]$

平分为 n 个小区间：$\left[a,a+\dfrac{b-a}{n}\right],\cdots,\left[a+\dfrac{(i-1)(b-a)}{n},a+\dfrac{i(b-a)}{n}\right],\cdots,\left[a+\right.$

$\dfrac{(n-1)(b-a)}{n},b\Big],(i=1,2,\cdots,n).$ 在第 i 个区间上取 $\xi_i=a+\dfrac{(i-1)(b-a)}{n}$，则 $\lambda=$

$\dfrac{b-a}{n},\lambda\rightarrow0\Leftrightarrow n\rightarrow\infty,\Delta x_i=\lambda.$

$$\sum_{i=1}^{n}f(\xi_i)\cdot\Delta x_i=\sum_{i=1}^{n}\left[a+\frac{(i-1)(b-a)}{n}\right]\cdot\frac{b-a}{n}$$

$$=\frac{na(b-a)}{n}+\frac{(b-a)^2}{n^2}\sum_{i=1}^{n}(i-1)$$

$$=a(b-a)+\frac{(b-a)^2}{n^2}\cdot\frac{n(n-1)}{2}$$

$$=a(b-a)+\frac{(b-a)^2(n-1)}{2n}.$$

所以 $\displaystyle\lim_{\lambda\rightarrow0}\sum_{i=1}^{n}f(\xi_i)\cdot\Delta x_i=\lim_{n\rightarrow\infty}\left[a(b-a)+\frac{(b-a)^2(n-1)}{2n}\right]=a(b-a)+$

$\dfrac{(b-a)^2}{2}=\dfrac{1}{2}(b^2-a^2).$

(2) $\dfrac{1}{3}(b^3-a^3)+(b-a)$　提示：思路与(1)类似，将 $[a,b]$ 平分为 n 个小区间，

在第 i 个小区间上取 $\xi_i=a+\dfrac{(i-1)(b-a)}{n}.$

$$\sum_{i=1}^{n}f(\xi_i)\cdot\Delta x_i=\sum_{i=1}^{n}\left\{\left(a+\frac{(i-1)(b-a)}{n}\right)^2+1\right\}\cdot\frac{b-a}{n}$$

$$=n(a^2+1)\cdot\frac{b-a}{n}+\sum_{i=1}^{n}\left[\frac{2a(i-1)(b-a)}{n}+\frac{(i-1)^2(b-a)^2}{n^2}\right]\frac{b-a}{n}$$

$$=(a^2+1)(b-a)+\frac{2a(b-a)^2}{n^2}\sum_{i=1}^{n}(i-1)+\frac{(b-a)^3}{n^3}\sum_{i=1}^{n}(i-1)^2$$

$$=(a^2+1)(b-a)+\frac{a(b-a)^2(n-1)}{n}+\frac{(b-a)^3(n-1)(2n-1)}{6n^2}.$$

所以 $\displaystyle\lim_{\lambda\rightarrow0}\sum_{i=1}^{n}f(\xi_i)\cdot\Delta x_i=\lim_{n\rightarrow\infty}\left[(a^2+1)(b-a)+\frac{a(b-a)^2(n-1)}{n}+\frac{(b-a)^3(n-1)(2n-1)}{6n^2}\right]$

$$=(a^2+1)(b-a)+a(b-a)^2+\frac{1}{3}(b-a)^3$$

$$=(b-a)+(b-a)\left[a^2+ab-a^2+\frac{1}{3}(b-a)^2\right]$$

$$= (b-a) + \frac{1}{3}(b^3 - a^3).$$

(3)e−1 提示：与(1)类似，将 $[0,1]$ 平分为 n 个小区间，在第 i 个小区间 $\left[\frac{i-1}{n}, \frac{i}{n}\right]$ 上取 $\xi_i = \frac{i-1}{n}$，$i=1,\cdots,n$. 则 $\lambda = \frac{1}{n} = \Delta x_i$.

$$\sum_{i=1}^{n} f(\xi_i) \cdot \Delta x_i = \sum_{i=1}^{n} e^{\frac{i-1}{n}} \cdot \frac{1}{n}$$
$$= \frac{1}{n}(e^0 + e^{\frac{1}{n}} + \cdots + e^{\frac{n-1}{n}})$$
$$= \frac{1}{n} \cdot \frac{e^0 - e^{\frac{n}{n}}}{1 - e^{\frac{1}{n}}} = \frac{1-e}{n(1-e^{\frac{1}{n}})},$$

所以 $\displaystyle\lim_{\lambda \to 0} \sum_{i=1}^{n} f(\xi_i) \cdot \Delta x_i = \lim_{n \to \infty} \frac{1-e}{n(1-e^{\frac{1}{n}})}$

$$= (1-e) \lim_{n \to \infty} \frac{\frac{1}{n}}{1 - e^{\frac{1}{n}}}$$
$$= (1-e) \lim_{n \to \infty} \frac{-\frac{1}{n^2}}{-e^{\frac{1}{n}} \cdot \left(-\frac{1}{n^2}\right)}$$
$$= (1-e) \lim_{n \to \infty} \left(\frac{-1}{e^{\frac{1}{n}}}\right) = e-1.$$

2. 提示：由 $f(x) \geq 0$ 且连续可知 $0 \leq f(x) \leq M$（M 为非负常数）. 假设 $x_0 \in [a, b]$，使 $f(x_0) = A > 0$，则由 $f(x)$ 的连续性可知在 x_0 的某一个邻域内恒有 $f(x) > \frac{A}{2} > 0$，不妨设该邻域为 $[x_0 - \delta, x_0 + \delta]$（当 $x_0 = a$ 时设为 $[a, a+2\delta]$；当 $x_0 = b$ 时设为 $[b-2\delta, b]$），则有 $\int_{x_0-\delta}^{x_0+\delta} f(x)\mathrm{d}x \geq \frac{A}{2} \cdot 2\delta = A \cdot \delta > 0$；另一方面，$\int_{x_0-\delta}^{x_0+\delta} f(x)\mathrm{d}x \leq \int_a^b f(x)\mathrm{d}x = 0$；这与 $A \cdot \delta > 0$ 矛盾，所以 $f(x) \equiv 0$，$x \in [a, b]$.

注：$f(x)$ 的连续性在这里的作用是关键的，如令 $f(x) = \begin{cases} 1, x=a \\ 0, a < x \leq b \end{cases}$，则 $f(x) \geq 0$ 在 $[a, b]$ 上只有一个第一类间断点，且有 $\int_a^b f(x)\mathrm{d}x = 0$.

3. 提示：证明思路见 2. 由 $f(x) \geq 0$ 及 $f(x) \not\equiv 0$ 知存在 $x_0 \in [a, b]$，使 $f(x_0) = A > 0$，类似的有 $\int_a^b f(x)\mathrm{d}x \geq \int_{x_0-\delta}^{x_0+\delta} f(x)\mathrm{d}x \geq A \cdot \delta > 0$.

4. 提示：设 $F(x) = f(x) - g(x)$，则 $F(x) \geq 0$，$x \in [a, b]$，且 $F(x)$ 在 $[a, b]$ 上连续，由 $\int_a^b F(x)\mathrm{d}x = \int_a^b [f(x) - g(x)]\mathrm{d}x = 0$ 及 2 的结论知 $F(x) \equiv 0$，$x \in [a, b]$，

从而 $f(x) \equiv g(x), x \in [a, b]$.

5. 提示：(1)因为 $\dfrac{1}{2} \leqslant \sin^2 x \leqslant 1, x \in \left[\dfrac{\pi}{4}, \dfrac{3\pi}{4}\right]$，所以 $\dfrac{3}{2} \leqslant 1 + \sin^2 x \leqslant 2$，所以

$\dfrac{3}{2} \cdot \left(\dfrac{3\pi}{4} - \dfrac{\pi}{4}\right) \leqslant \displaystyle\int_{\frac{\pi}{4}}^{\frac{3\pi}{4}} (1 + \sin^2 x) \mathrm{d}x \leqslant 2 \cdot \left(\dfrac{3\pi}{4} - \dfrac{\pi}{4}\right)$，即 $\dfrac{3\pi}{4} \leqslant \displaystyle\int_{\frac{\pi}{4}}^{\frac{3\pi}{4}} (1 + \sin^2 x) \mathrm{d}x \leqslant \pi$.

(2)因为 $2 \leqslant x^2 + 1 \leqslant 17, x \in [1, 4]$，所以 $6 \leqslant \displaystyle\int_1^4 (x^2 + 1) \mathrm{d}x \leqslant 17 \times 3 = 51$.

(3)因为 $\dfrac{\pi}{6} x \leqslant x \arctan x \leqslant \dfrac{\pi}{3} x$，所以 $\displaystyle\int_{\frac{\sqrt{3}}{3}}^{\sqrt{3}} \dfrac{\pi x}{6} \mathrm{d}x \leqslant \displaystyle\int_{\frac{\sqrt{3}}{3}}^{\sqrt{3}} x \arctan x \mathrm{d}x \leqslant \displaystyle\int_{\frac{\sqrt{3}}{3}}^{\sqrt{3}} \dfrac{\pi x}{3} \mathrm{d}x$，

即 $\dfrac{2\pi}{9} \leqslant \displaystyle\int_{\frac{\sqrt{3}}{3}}^{\sqrt{3}} x \arctan x \mathrm{d}x \leqslant \dfrac{4\pi}{9}$.

(4)因为 $-\dfrac{1}{4} \leqslant x^2 - x \leqslant 6, x \in [0, 3]$，所以 $\mathrm{e}^{-\frac{1}{4}} \leqslant \mathrm{e}^{(x^2 - x)} \leqslant \mathrm{e}^6$，所以 $3\mathrm{e}^{-\frac{1}{4}} \leqslant$

$\displaystyle\int_0^3 \mathrm{e}^{(x^2 - x)} \mathrm{d}x \leqslant 3\mathrm{e}^6$，所以 $-3\mathrm{e}^6 \leqslant \displaystyle\int_0^3 \mathrm{e}^{(x^2 - x)} \mathrm{d}x \leqslant -3\mathrm{e}^{-\frac{1}{4}}$.

6. 提示：因为 $y_t' = \cos t, x_t' = \sin t$，又 $y_t' = y_x' \cdot x_t'$，所以 $y_x' = \dfrac{y_t'}{x_t'} = \dfrac{\cos t}{\sin t}$，又

$y = \sin u \big|_0^t = \sin t, x = -\cos u \big|_0^t = -\cos t + 1$，所以 $y_x' = \dfrac{\cos t}{\sin t} = \dfrac{1 - x}{y}$.

7. 提示：由原方程得 $\mathrm{e}^y - 1 - \cos x + 1 = 0$，即 $\mathrm{e}^y - \cos x = 0$，所以 $\mathrm{e}^r \cdot y_x' + \sin x = 0$，所以 $y_x' = -\sin x \cdot \mathrm{e}^{-y}$.

8. 证明略

9. 当 $-10 \leqslant x < 0$ 时，$F(x) = \displaystyle\int_{-10}^x 0 \mathrm{d}x = 0$；

当 $0 \leqslant x \leqslant \pi$ 时，$F(x) = \displaystyle\int_{-10}^0 0 \mathrm{d}x + \displaystyle\int_0^x \sin t \mathrm{d}t = -\cos x + 1$；

当 $10 \geqslant x > \pi$ 时，$F(x) = \displaystyle\int_{-10}^x 0 \mathrm{d}x + \displaystyle\int_0^\pi \sin t \mathrm{d}t + \displaystyle\int_\pi^x 0 \mathrm{d}x = 2$.

所以 $F(x) = \begin{cases} 0, & -10 \leqslant x < 0 \\ 1 - \cos x, & 0 \leqslant x \leqslant \pi. \\ 2, & \pi < x \leqslant 10 \end{cases}$

10. (1)$F'(x) = f(x) + \dfrac{1}{f(x)} \geqslant 2$.

(2)由 $F(a) = \displaystyle\int_b^a \dfrac{1}{f(t)} \mathrm{d}t < 0, F(b) = \displaystyle\int_b^a f(t) \mathrm{d}t > 0$ 及 $F'(x) \geqslant 2$ 即证.

11. 提示：(1)令 $y = -t$ 换元.

(2)只需证明 $\displaystyle\int_0^a f(x^2) \mathrm{d}x = \displaystyle\int_{-a}^0 f(x^2) \mathrm{d}x$.

(3)设 $t = a + b - x$，则 $\displaystyle\int_a^b f(a + b - x) \mathrm{d}x = \displaystyle\int_b^a f(t)(-\mathrm{d}t) = \displaystyle\int_a^b f(t) \mathrm{d}t$.

(4) 设 $x=\dfrac{1}{t}(t>0)$，则 $\displaystyle\int_x^1 \dfrac{\mathrm{d}x}{1+x^2}=\int_{\frac{1}{x}}^1 \dfrac{-\dfrac{1}{t^2}\mathrm{d}t}{1+\dfrac{1}{t^2}}=-\int_{\frac{1}{x}}^1 \dfrac{\mathrm{d}t}{1+t^2}=\int_1^{\frac{1}{x}} \dfrac{\mathrm{d}t}{1+t^2}.$

(5) $\displaystyle\int_0^\pi \sin^m x\,\mathrm{d}x=\int_0^{\frac{\pi}{2}} \sin^m x\,\mathrm{d}x+\int_{\frac{\pi}{2}}^\pi \sin^m x\,\mathrm{d}x.$ 而令 $x=\pi-t$，则

$$\int_{\frac{\pi}{2}}^\pi \sin^m x\,\mathrm{d}x=\int_{\frac{\pi}{2}}^0 \sin^m(\pi-t)\cdot(-\mathrm{d}t)=\int_0^{\frac{\pi}{2}} \sin^m t\,\mathrm{d}t.$$

12. 所求的面积为 $\displaystyle 4\int_0^a y\,\mathrm{d}x=-4\int_0^{\frac{\pi}{2}} a\sin^3 t(-3a\cos^2 t\sin t)\,\mathrm{d}t$

$$=3a^2\int_0^{\frac{\pi}{2}} \sin^2 2t\sin^2 t\,\mathrm{d}t=3a^2\int_0^{\frac{\pi}{2}} \dfrac{1-\cos 4t}{2}\cdot\dfrac{1-\cos 2t}{2}\,\mathrm{d}t$$

$$=\dfrac{3a^2}{4}\int_0^{\frac{\pi}{2}}(1-\cos 2t-\cos 4t+\cos 2t\cos 4t)\,\mathrm{d}t$$

$$=\dfrac{3a^2\pi}{8}.$$

13. $\displaystyle A=\int_0^{2\pi a} y\,\mathrm{d}x=\int_0^{2\pi} a(1-\cos t)\cdot a(1-\cos t)\,\mathrm{d}t=a^2\int_0^{2\pi}\left(1+\dfrac{1+\cos 2t}{2}-2\cos t\right)\mathrm{d}t.$

$$=a^2\left[\dfrac{3t}{2}+\dfrac{1}{4}\sin 2t-2\sin t\right]_0^{2\pi}=3a^2\pi.$$

14. $y'=\dfrac{1}{2\sqrt{x}}-\dfrac{\sqrt{x}}{2}$，

$$l=\int_1^3 \sqrt{1+(y')^2}\,\mathrm{d}x=\int_1^3 \sqrt{\left(\dfrac{1}{2\sqrt{x}}+\dfrac{\sqrt{x}}{2}\right)^2}\,\mathrm{d}x$$

$$=\int_1^3\left(\dfrac{1}{2\sqrt{x}}+\dfrac{\sqrt{x}}{2}\right)\mathrm{d}x=\left[\sqrt{x}+\dfrac{1}{3}x^{\frac{3}{2}}\right]_1^3=2\sqrt{3}-\dfrac{4}{3}.$$

15. $y'=\dfrac{1}{x}$，

$$l=\int_{\sqrt{2}}^4 \sqrt{1+\dfrac{1}{x^2}}\,\mathrm{d}x=\int_{\sqrt{2}}^4 \dfrac{\sqrt{1+x^2}}{x}\,\mathrm{d}x$$

$$=\left[\sqrt{x^2+1}+\ln\left|\dfrac{1-\sqrt{x^2+1}}{x}\right|\right]_{\sqrt{2}}^4=\sqrt{17}+\ln\dfrac{\sqrt{17}-1}{4}-\sqrt{3}-\ln\dfrac{\sqrt{3}-1}{\sqrt{2}}.$$

16. $y'(t)=at\sin t,\ x'(t)=at\cos t.$

$$l=\int_0^\pi \sqrt{(y'(t))^2+(x'(t))^2}\,\mathrm{d}t=\int_0^\pi at\,\mathrm{d}t=\dfrac{a\pi^2}{2}.$$

17. $y'(t)=a\sin t,\ x'(t)=a-a\cos t.$

$$l=\int_0^\pi \sqrt{(a\sin t)^2+(a-a\cos t)^2}=\int_0^\pi \sqrt{2a^2(1-\cos t)}\,\mathrm{d}t=\int_0^\pi 2a\sin\dfrac{t}{2}\,\mathrm{d}t=4a.$$

18. (1) $V = \pi \int_{-4}^{4} (5 + \sqrt{16 - x^2})^2 \, dx - \pi \int_{-4}^{4} (5 - \sqrt{16 - x^2})^2 \, dx = 40\pi \int_{0}^{4} \sqrt{16 - x^2} \, dx$
$= 160\pi^2$.

(2) 128π　　(3) $\dfrac{\pi}{2}(e^{2e} - e^{\frac{2}{e}})$　　　(4) 120π　　(5) $2\pi^2 a^2 b$　　(6) $\dfrac{3^7 \pi}{7}$

19. $W = \displaystyle\int_{0}^{8} ks \, ds = \dfrac{k}{2} s^2 \Big|_{0}^{8} = 32k$.

20. $W = \displaystyle\int_{0}^{5} 16\,000 g\pi x \, dx = 200\,000 g\pi$.

21. 提示:参见教材例题.

22. $V = x'_t = 8t, F = \dfrac{V^2}{8} = 8t^2 = 2x$,

$W = \displaystyle\int_{0}^{100} F(x) \, dx = \int_{0}^{100} 2x \, dx = x^2 \Big|_{0}^{100} = 10\,000$.

23. $S = \displaystyle\int_{0}^{5} (2t^2 + 3t) \, dt = \left[\dfrac{2}{3} t^3 + \dfrac{3}{2} t^2\right]_{0}^{5} = \dfrac{250}{3} + \dfrac{75}{2}$.

24. $V = \displaystyle\int_{0}^{t} g \, dt = gt = 9.8t$,　　$S = \displaystyle\int_{0}^{10} V(t) \, dt = \dfrac{9.8}{2} t^2 \Big|_{0}^{10} = 490$.

自测题答案与提示

自测题 A

(一)单项选择题

1. D　　2. B　　3. D　　4. A　　5. A　　6. B

7. C　　提示:$1 \leqslant x \leqslant e$ 时,$1 \leqslant \sqrt{x} \leqslant \sqrt{e}$,$\ln x \leqslant \sqrt{x} \ln x \leqslant \sqrt{e} \ln x$.

$1 = \displaystyle\int_{1}^{e} \ln x \, dx \leqslant \int_{1}^{e} \sqrt{x} \ln x \, dx \leqslant \sqrt{e} \int_{1}^{e} \ln x \, dx = \sqrt{e}$.

8. B　　9. C　　10. A

(二)填空题

1. 0　　提示:奇函数积分性质.

2. 0　　提示:常量的导数为零.

3. $\dfrac{3}{2}$　　提示:$\displaystyle\int_{0}^{1} xf''(2x) \, dx = \dfrac{1}{4} \int_{0}^{2} tf''(t) \, dt = \dfrac{1}{4} tf'(t) \Big|_{0}^{2} - \dfrac{1}{4} \int_{0}^{2} f'(t) \, dt$.

4. $e + \dfrac{1}{3}$　　提示:$\displaystyle\int_{0}^{2} f(1 - x) \, dx = -\int_{1}^{-1} f(t) \, dt = \int_{0}^{1} e^t \, dt + \int_{-1}^{0} (1 + t^2) \, dt$.

5. -2

6. $\dfrac{\pi}{2} - 1$　　提示:$f(x) = \cos x, \displaystyle\int_{0}^{\frac{\pi}{2}} x\cos x \, dx = x\sin x \Big|_{0}^{\frac{\pi}{2}} - \int_{0}^{\frac{\pi}{2}} \sin x \, dx$.

7. $3x-3\sqrt{1-x^2}$ 或 $3x-\dfrac{3}{2}\sqrt{1-x^2}$　　提示：设 $\displaystyle\int_0^1[f(x)]^2\,dx=C$，则 $f(x)=3x-$

$C\sqrt{1-x^2}$，$\displaystyle\int_0^1[f(x)]^2\,dx=\int_0^1[3x-C\sqrt{1-x^2}]^2\,dx=C$，即 $\Big[3x^3+C^2x-\dfrac{C^2}{3}x^3+$

$2C(1-x^2)^{\frac{3}{2}}\Big]\Big|_0^1=C$，$2C^2-9C+9=0$，$C_1=\dfrac{3}{2}$，$C_2=3$.

8. $\dfrac{3x^2}{\sqrt{1+x^{12}}}-\dfrac{2x}{\sqrt{1+x^8}}$

9. 5　提示：$y'\big|_{x=0}=\cos xf(\sin x)\big|_{x=0}=f(0)=5$.

10. 偶　提示：$\displaystyle\int_0^{-x}tf(t)\,dt=\int_0^x(-u)f(-u)(-du)=\int_0^x uf(u)\,du=\int_0^x tf(t)\,dt$.

(三)解答与证明题

1. (1) $\displaystyle\int_0^1\dfrac{x+2}{x^2-x-2}\,dx=\int_0^1\dfrac{x+2}{(x-2)(x+1)}\,dx=\int_0^1\Big(\dfrac{4}{3(x-2)}-\dfrac{1}{3(x+1)}\Big)\,dx$

$=\Big[\dfrac{4}{3}\ln|x-2|-\dfrac{1}{3}\ln|x+1|\Big]\Big|_0^1=-\dfrac{5}{3}\ln 2$

(2) $\displaystyle\int_0^1 x\arctan x\,dx=\dfrac{x^2}{2}\arctan x\Big|_0^1-\int_0^1\dfrac{x^2}{2(1+x^2)}\,dx=\dfrac{\pi}{8}-\dfrac{x}{2}\Big|_0^1+\dfrac{1}{2}\arctan x\Big|_0^1=\dfrac{\pi}{4}-\dfrac{1}{2}$

(3) $\displaystyle\lim_{x\to+\infty}\dfrac{\Big(\int_0^x e^{t^2}\,dt\Big)^2}{\int_0^x e^{2t^2}\,dt}=\lim_{x\to+\infty}\dfrac{e^{x^2}\cdot 2\int_0^x e^{t^2}\,dt}{e^{2x^2}}=\lim_{x\to+\infty}\dfrac{2\int_0^x e^{t^2}\,dt}{e^{x^2}}=\lim_{x\to+\infty}\dfrac{2e^{x^2}}{2x\cdot e^{x^2}}=0$

(4) $\displaystyle\int_{-\pi}^{\pi}\sin|x|\,dx=2\int_0^{\pi}\sin x\,dx=-2\cos x\Big|_0^{\pi}=4$

2. (1) 由 $\begin{cases}y=|x|\\x^2+y^2=8\end{cases}$ 得 $\begin{cases}x=-2\\y=2\end{cases}$，$\begin{cases}x=2\\y=2\end{cases}$，$A=\displaystyle\int_{-2}^2(\sqrt{8-x^2})-|x|)\,dx=$

$2\displaystyle\int_0^2(\sqrt{8-x^2}-x)\,dx=2\pi$

(2) $\displaystyle\int_0^{\frac{\sqrt2}{2}}2x\,dx+\int_{\frac{\sqrt2}{2}}^e\dfrac{1}{x}\,dx=\dfrac{3}{2}-\ln\dfrac{\sqrt2}{2}$

3. 证：设 $\displaystyle\int_0^t f(u)\,du=F(t)$，则

$\displaystyle\int_0^x f(t)(x-t)\,dt=x\int_0^x f(t)\,dt-\int_0^x tf(t)\,dt=xF(x)-x\cdot F(0)-tF(t)\Big|_0^x+$

$\displaystyle\int_0^x F(t)\,dt=\int_0^x F(t)\,dt$.

(因为 $F(0)=0$)

自测题 B

(一)单项选择题

1. C　　2. A　　3. C　　4. D　　5. A　　6. D　　7. B　　8. B　　9. C

10. A

(二)填空题

1. -2　提示:$f(x)=(5x^3+40)'=15x^2$,$\int_a^x 15x^2\,\mathrm{d}x=5x^3-5a^3=5x^3+40,a=-2$.

2. $2x\ln(x^4+1)$

3. $2\mathrm{e}-2$

4. $\arctan\mathrm{e}-\dfrac{\pi}{4}$　提示:$\int_0^1\dfrac{1}{\mathrm{e}^x+\mathrm{e}^{-x}}\mathrm{d}x=\int_0^1\dfrac{\mathrm{e}^x}{1+\mathrm{e}^{2x}}\mathrm{d}x=\arctan\mathrm{e}^x\Big|_0^1=\arctan\mathrm{e}-\dfrac{\pi}{4}$.

5. $\dfrac{1}{2}$　提示:$\lim\limits_{x\to0}\dfrac{\displaystyle\int_0^x\arctan t\,\mathrm{d}t}{x^2}=\lim\limits_{x\to0}\dfrac{\arctan x}{2x}=\lim\limits_{x\to0}\dfrac{\frac{1}{1+x^2}}{2}=\dfrac{1}{2}$.

6. 0　提示:常量的导数为零.

7. $\dfrac{4}{5}$　提示:$\int_0^\pi\sqrt{\sin^3 x-\sin^5 x}\,\mathrm{d}x=\int_0^\pi(\sin x)^{\frac{3}{2}}|\cos x|\,\mathrm{d}x=\int_0^{\frac{\pi}{2}}(\sin x)^{\frac{3}{2}}\cdot$

$\cos x\mathrm{d}x-\int_{\frac{\pi}{2}}^\pi(\sin x)^{\frac{3}{2}}\cos x\mathrm{d}x=\dfrac{2}{5}(\sin x)^{\frac{5}{2}}\Big|_0^{\frac{\pi}{2}}-\dfrac{2}{5}(\sin x)^{\frac{5}{2}}\Big|_0^{\frac{\pi}{2}}=\dfrac{4}{5}$.

8. $2S$　提示:$f(x)$是一个偶函数.

9. $\displaystyle\int_a^b\sqrt{1+(f'(x))^2}\,\mathrm{d}x$

10. $\sin x+x\cos x$

(三)解答题

1. $\displaystyle\int_1^{\mathrm{e}^2}x\ln x\mathrm{d}x=\dfrac{1}{2}x^2\ln x\Big|_1^{\mathrm{e}^2}-\int_1^{\mathrm{e}^2}\dfrac{1}{2}x^2\cdot\dfrac{1}{x}\mathrm{d}x=\mathrm{e}^4-\dfrac{1}{2}\int_1^{\mathrm{e}^2}x\mathrm{d}x=\dfrac{3}{4}\mathrm{e}^4+\dfrac{1}{4}$.

2. 设 $t=1-x$,当 $x=\dfrac{1}{2}$ 时 $t=\dfrac{1}{2}$,当 $x=2$ 时 $t=-1$,$\mathrm{d}x=-\mathrm{d}t$.

所以 $\displaystyle\int_{\frac{1}{2}}^2 f(1-x)\mathrm{d}x=\int_{\frac{1}{2}}^{-1}f(t)(-\mathrm{d}t)=\int_{-1}^{\frac{1}{2}}f(t)\mathrm{d}t$

$=\displaystyle\int_{-1}^0(1+x^2)\mathrm{d}x+\int_0^{\frac{1}{2}}\mathrm{e}^x\mathrm{d}x=\left[x+\dfrac{x^3}{3}\right]_{-1}^0+\mathrm{e}^x\Big|_0^{\frac{1}{2}}=\sqrt{\mathrm{e}}+\dfrac{1}{3}$.

3. $f'(x)=x\mathrm{e}^{-x^2}$,$f''(x)=\mathrm{e}^{-x^2}-2x^2\mathrm{e}^{-x^2}$.

令 $f'(x)=0$ 得 $x=0$,而 $f''(0)=1>0$,所以 $f(x)$ 在 $x=0$ 处取得极小值.

极小值为 $f(0)=\displaystyle\int_0^0 t\mathrm{e}^{-t^2}\,\mathrm{d}t=0$；$f(x)$无极大值.

4. $S=\displaystyle\int_0^1 x\mathrm{d}x+\int_1^2 \frac{1}{x}\mathrm{d}x=\frac{x^2}{2}\Big|_0^1+\ln x\Big|_1^2=\frac{1}{2}+\ln 2.$

5. $V=\pi\displaystyle\int_0^{\frac{\pi}{2}}(\mathrm{e}^2)^2\mathrm{d}x-\pi\int_0^{\frac{\pi}{2}}(\sin x)^2\mathrm{d}x=\pi\mathrm{e}^4 x\Big|_0^{\frac{\pi}{2}}-\pi\int_0^{\frac{\pi}{2}}\frac{1-\cos 2x}{2}\mathrm{d}x=\frac{\mathrm{e}^4\pi^2}{2}-$

$\pi\left[\dfrac{x}{2}-\dfrac{\sin 2x}{4}\right]_0^{\frac{\pi}{2}}=\dfrac{\mathrm{e}^4\pi^2}{2}-\dfrac{\pi^2}{4}.$

6. $2a\pi^2$

7. (1) $\dfrac{81\pi}{2}$　　(2) $\displaystyle\int_{\frac{1}{\mathrm{e}}}^{\mathrm{e}}\pi(\ln x)^2\mathrm{d}x=\pi[x\ln^2 x-2x\ln x+2x]_{\frac{1}{\mathrm{e}}}^{\mathrm{e}}=\pi\left(\mathrm{e}-\dfrac{5}{\mathrm{e}}\right)$

第八章　　微积分思想作文

给你一双数学家的眼睛,丰富你观察世界的方式;

给你一个睿智的头脑,帮助你进行理性思维;

给你一套研究模式,使它成为你探索世界奥秘的望远镜和显微镜;

给你提供新的机会,让你在交叉学科中寻求乐土,利用你的勤奋和智慧去做出发明和创造.

——张顺燕

一、基本要求

(1)理解数学思想与数学方法的含义.

(2)通过数学思想作文训练,掌握微积分学的重要思想方法及其应用.

二、内容提要

(一)数学思想作文导论

1. 数学思想

数学思想是人们对数学规律的理性认识,是对数学知识与方法本质特征的高度抽象概括.数学思想也是数学学习的一种指导思想和普遍适用的方法.

2. 数学思想作文

数学作文是在数学学习活动中借助语文课的写作形式对学生进行综合训练的一种有效方式.数学作文可以写成很多形式,如记叙式的、说明式的、抒情式的、思辨式的,如果写作基础较好,甚至可以写成小说、故事、童话、猜想,以及其他奇趣文体.

数学思想作文是数学作文中的一种,是围绕学习过程中接触的数学思想撰写的体会文章,要求作者正确地阐述相关教学内容中的数学思想.因而其意义在于以数学思想为中心的基础训练,以及提高习作者的数学素质和综合素质.

3. 自由作文

自由作文是不由教师出题目、给材料,而由学生自己拟题、选材、定体的作文训练方式.

(二)微积分思想及作文示例

本书重点概述五种微积分思想:极限思想、恒等变换思想、构造思想、建模思想、化归思想.

（1）所谓极限思想，是指用极限概念分析问题和解决问题的一种数学思想．极限概念的本质，就是用联系变动的观点，把所考察的对象看作某对象在无限变化过程中变化的结果．它是微积分学的一种重要数学思想．

（2）通过运算，把一个数学式子换成另一个与它恒等的数学式子，叫作恒等变换．恒等变换思想就是运用恒等变换的思路去解决数学问题的一种数学思想．

（3）数学构造思想蕴含着模型思想、变换思想、特殊与一般对立转化等一系列思想方法的数学创造性思维体系．在这个体系中，数学问题的处理可以根据数学问题的条件，按照某种期望的目标或需要，开拓思维视野，运用丰富的想象力，考察各种知识间的内在联系，或形式上的某种相似性，构造或设计一个恰当的元素，把原问题转化为有助于该问题解决的新的数学模型，通过对这个数学模型的研究去实现原问题的解决．

（4）建模思想是对某种事物或现象中所包含的数量关系和空间形式进行数学概括、描述和抽象的理论体系．在这个体系中，数学模型是数学基础知识与数学应用之间的桥梁，一切数学概念、公式、方程、各类函数、数学理论体系以及数学概念与符号所表述出来的某个系统的数学结构等都是数学模型．

（5）"化归"是转化和归结的简称．这种思想提供的通用方法是：将一个待解决的问题通过某种转化手段，使之归结为另一个相对较易解决的问题或规范化的问题，即模式化的、已能解决的问题，既然转化后的问题已可解决，那么原问题也就解决了．

三、本章知识网络图

微积分思想作文
- 数学思想
- 数学思想作文写作辅导
  - 明确写作目的，树立必胜信心
  - 联系学习实际，注重平时积累
  - 谋篇胸有成竹，行文顺理成章
- 作文示例
  - 极限思想
  - 恒等变换思想
  - 构造思想
  - 建模思想
  - 化归思想
- 自由作文

四、习题

请以下列内容为主题，写一篇数学作文，体裁可以多样：

(1)微积分中的有限与无限.

(2)微积分中的以直代曲.

(3)导数思想、定积分思想在经济问题中的应用.

(4)微积分思想方法在物理解题中的应用.

(5)微积分在生活中的作用.

(6)微积分学中的美与理.

(7)微积分的创立与发展.

(8)你对微积分的批判性思考.

(9)关于微积分的科学幻想和感悟.

(10)微积分学研究方法的价值.

后 记

微积分是少数民族预科的一门重要的基础课程.针对少数民族预科学生在学习中出现的常见问题,也为了帮助少数民族预科学生和爱好数学的自学者更有效地学习这门课程,我们编写了这本书.

本书可作为广西普通高等学校少数民族预科教材《微积分基础》的配套学习辅导书、习题课参考书和课外练习册.

本书在内容选材和结构设计上兼顾少数民族预科学生和自学者的特点,内容精炼、条理清楚、重点突出.各章内容包括基本要求、内容提要、本章知识网络图、习题和自测题五部分,以帮助读者复习和对知识点的融会贯通.为提高读者的学习效率,每章末均附有习题和自测题的参考答案与提示,可供读者学习时参考.

本书由广西民族大学预科教育学院数学教研室全体成员编写.具体分工是:梁丽杰(第一章)、杨社平(第二章、第八章)、黄永彪(第三章)、蒙江凌(第四章)、梁元星(第五章)、沈彩霞(第六章)、贺仁初(第七章).在编写过程中,广西民族大学有关部门和预科教育学院的领导给予了大力支持和帮助,在本书的编写过程中,作者参考了一些专家、学者所提供的与微积分相关的大量文献,除本书所列出的主要参考书籍之外,其他恕不一一列出。在此,我们对文献的作者深表歉意。同时,对这些文献的作者均表示衷心的感谢!同时感谢北京理工大学出版社编辑为本书付出的辛勤工作.

限于编者的学识及水平,疏漏、谬误与不足之处在所难免,恳请读者批评指正.

编 者